新工程建设之路·计算机类专业规划教材

# 嵌入式系统导论

钱晓捷　程　楠　编著

电子工业出版社
Publishing House of Electronics Industry
北京·BEIJING

## 内 容 简 介

本书基于 ARM Cortex-M3 处理器的 STM32 微控制器，使用 MDK-ARM 开发软件和 C 语言，结合 STM32 驱动程序库和 STM32 开发板，面向底层应用编程，介绍嵌入式计算机系统的工作原理和应用技术，包括嵌入式系统组成、Cortex-M3 处理器编程结构、常用指令、STM32 微控制器通用输入/输出端口（GPIO）、外部中断接口（EXTI）、串行接口（USART）、直接存储器传输接口（DMA）、定时器接口（SysTick、IWDG、WWDG、TIMx、RTC）和模拟接口（ADC、DAC）等。

本书可以作为高等院校计算机、电子、通信及自动控制等专业"嵌入式系统导论"或"嵌入式系统基础"的教材或参考书，也适合嵌入式系统应用开发人员和希望学习嵌入式系统的普通读者和技术人员参考。

未经许可，不得以任何方式复制或抄袭本书之部分或全部内容。
版权所有，侵权必究。

**图书在版编目(CIP)数据**

嵌入式系统导论 / 钱晓捷，程楠编著. —北京：电子工业出版社，2017.7
ISBN 978-7-121-31594-7

Ⅰ. ① 嵌…  Ⅱ. ① 钱… ② 程…  Ⅲ. ①微型计算机－系统设计  Ⅳ. ① TP360.21

中国版本图书馆 CIP 数据核字（2017）第 116748 号

策划编辑：章海涛
责任编辑：章海涛　　　　　特约编辑：徐　堃
印　　刷：北京虎彩文化传播有限公司
装　　订：北京虎彩文化传播有限公司
出版发行：电子工业出版社
　　　　　北京市海淀区万寿路 173 信箱　邮编　100036
开　　本：787×1092　1/16　　印张：12.75　　字数：330 千字
版　　次：2017 年 7 月第 1 版
印　　次：2023 年 2 月第 10 次印刷
定　　价：34.00 元

凡所购买电子工业出版社图书有缺损问题，请向购买书店调换。若书店售缺，请与本社发行部联系，联系及邮购电话：(010) 88254888，88258888。

质量投诉请发邮件至 zlts@phei.com.cn，盗版侵权举报请发邮件至 dbqq@phei.com.cn。

本书咨询联系方式：192910558（QQ 群）。

# 前 言

嵌入式系统是一个快速发展的领域，又是一个知识覆盖面广、技术范围宽的交叉学科。本书面向底层开发的初学者，侧重软件编程，是一本相对初级的"入门"教材。本书是在作者多年教学基础上整理、总结而成的，教材内容结合教学体会，既适合教师进行教学，又利于学生自主学习，具有一定特色。

在内容上，本书基于 ARM 公司 Cortex-M3 处理器的 STM32 微控制器，使用主流的 MDK-ARM 开发软件和高级语言（C 语言），结合 STM32 驱动程序库和 STM32 开发板，介绍嵌入式系统的工作原理和应用技术。在结构上，本书不是照搬产品参考手册，也有别于数据手册的面面俱到，而是从学习者角度重新编排，做到有详有略，既有对技术、原理的补充说明，又有对程序代码的分析和解释。相较于大量的中英文资料，尤其是参考手册、用户指南之类的官方文档，本书没有烦琐的寄存器细节和堆砌的固件库函数列表，而是进行知识重组、内容提炼，并尝试在正文中提供一些阅读帮助，还通过大量习题让读者巩固所学；另外，设计开放性题目，引导读者阅读相关文档、深入学习。

全书在前 2 章提供必要的基础知识，后续章节以完成示例项目为目标（案例导向），介绍相关技术，分析程序流程，详解核心代码，突出实践和提供指导。希望读者完成每个项目，"学中做、做中学"，即所谓"DIY（Do It Yourself）"和"LBD（Learning By Doing）"。

本书面向信息技术类专业的普通本科（专科）学生或自学者，考虑初学者的实际知识水平，努力以清晰的结构，浅显的语言，循序渐进、由浅入深，结合示例项目，展开 STM32 微控制器及其基本外设接口的编程应用。读者应熟悉 C 语言编程，最好具有计算机组成原理或者微机原理的先修知识。另外，课程虽然涉及硬件接口，但本书重点讲述软件编程，配合开发环境的软件模拟，可以不需购买开发板，也可以购买价格低廉的 STM32 开发板。

本书由郑州大学钱晓捷组织，钱晓捷和程楠共同编写。钱晓捷老师编写了前 7 章以及第 8 章和第 9 章前 2 节的初稿；程楠老师编写剩余章节的初稿，并验证了所有示例项目。全书由钱晓捷老师统稿。本书编写和试用过程中，得到张青、姚俊婷等老师的帮助，在此表示感谢。

由于编者水平有限，本书难免会有疏漏和不当之处，欢迎广大师生和读者指正（iexjqian@zzu.edu.cn，iencheng@zzu.edu.cn）。

本书为读者提供相关教学资源（含电子课件），有需要者，请登录 http://www.hxedu.com.cn，注册之后进行下载。

作 者

# 本书教学要求

全书共分 10 章，各章的教学要求如下。

| 目 录 | 教学要求 |
| --- | --- |
| 第 1 章<br>嵌入式系统设计基础 | 熟悉嵌入式系统的概念、特点和组成，了解嵌入式系统的开发模式、流程以及配套的软件、硬件 |
| 第 2 章<br>ARM Cortex-M3 处理器 | 了解 ARM 处理器发展，熟悉 Cortex-M3 处理器的结构、寄存器和存储器地址空间 |
| 第 3 章<br>Thumb 指令系统 | 理解 ARM 指令集和 Thumb 指令集；通过语句格式、程序结构、变量定义和常量表达，了解 ARM 统一汇编语言 UAL 的特点；通过数据寻址、常用指令，了解 Thumb 指令系统的特色，进而理解 STM32 启动代码及其作用；通过简单汇编语言程序的开发，掌握 MDK-ARM 集成开发工具的使用 |
| 第 4 章<br>STM32 微控制器 | 了解 STM32 系列微控制器及其系统结构，熟悉 CMSIS 和 STM32 库及其作用，掌握 C 语言在嵌入式系统开发的应用特点，掌握复位和时钟控制单元（RCC）的作用 |
| 第 5 章<br>STM32 的通用 I/O 端口 | 在了解通用 I/O 端口（GPIO）功能、结构、寄存器的基础上，结合 LED 控制输出和按键查询输入两个 GPIO 示例项目，掌握使用 MDK 进行项目创建、STM32 库函数使用、GPIO 应用程序编写、模拟运行和硬件仿真的整个开发过程，最后总结基于 STM32 库开发的一般规则 |
| 第 6 章<br>CM3 异常和 STM32 中断 | 了解 Cortex-M3 的异常和中断控制器（NVIC）；结合 STM32 外部中断（EXTI），实现按键中断的示例项目；掌握中断控制器的初始化配置和外设的中断配置，以及中断服务程序的编写 |
| 第 7 章<br>STM32 的串行通信接口 | 在了解异步串行通信协议基础上，熟悉 STM32 的串行接口（USART）功能，结合 C 语言标准输入/输出函数的重定向示例项目，掌握 USART 接口的应用 |
| 第 8 章<br>STM32 的 DMA 接口 | 在理解直接存储器传输（DMA）的作用的基础上，熟悉 STM32 支持的 DMA 功能，结合 USART 接口的 DMA 传输示例项目，掌握 DMA 初始化配置和应用编程 |
| 第 9 章<br>STM32 的定时器接口 | 以定时为主线，熟悉系统时钟（SysTick）、STM32 看门狗（IWDG 和 WWDG）、STM32 基本定时器（TIMx）和实时时钟（RTC）的功能结构；各结合一个定时相关的示例项目，掌握它们的编程应用 |
| 第 10 章<br>STM32 的模拟接口 | 熟悉 STM32 模拟/数字转换器（ADC）和数字/模拟转换器（DAC）的结构及特性；结合数据采集和电压输出示例项目，掌握它们的编程应用 |

# 目 录

第1章 嵌入式系统设计基础 ·········································································· 1
　1.1 嵌入式系统概述 ················································································ 1
　　1.1.1 什么是嵌入式系统 ········································································ 1
　　1.1.2 嵌入式系统的技术特点 ··································································· 2
　　1.1.3 嵌入式系统的组成 ········································································ 2
　1.2 嵌入式系统的开发 ············································································· 4
　　1.2.1 嵌入式系统的开发模式 ··································································· 4
　　1.2.2 嵌入式系统开发需要的软件、硬件 ····················································· 5
　　1.2.3 软件开发流程 ············································································· 6
　习题1 ································································································ 7

第2章 ARM Cortex-M3 处理器 ···································································· 9
　2.1 ARM 处理器 ···················································································· 9
　2.2 Cortex-M3 处理器结构 ······································································ 10
　2.3 寄存器 ·························································································· 13
　2.4 存储器组织 ···················································································· 15
　习题2 ······························································································· 18

第3章 Thumb 指令系统 ············································································ 20
　3.1 ARM 指令集和 Thumb 指令集 ······························································ 20
　3.2 统一汇编语言 ················································································· 21
　　3.2.1 汇编语言的语句格式 ···································································· 21
　　3.2.2 汇编语言的程序结构 ···································································· 22
　　3.2.3 存储器空间分配指示符 ································································· 24
　　3.2.4 常量表达 ················································································· 24
　3.3 数据寻址 ······················································································· 25
　　3.3.1 寄存器寻址 ·············································································· 26
　　3.3.2 存储器寻址 ·············································································· 27
　3.4 常用指令 ······················································································· 28
　　3.4.1 处理器指令格式 ········································································· 28
　　3.4.2 数据传送指令 ············································································ 29
　　3.4.3 数据处理指令 ············································································ 31
　　3.4.4 分支跳转指令 ············································································ 32

3.5 STM32 启动代码 ································································· 33
3.6 开发工具 MDK ································································· 37
　　3.6.1 MDK 安装 ································································· 37
　　3.6.2 MDK 目录结构 ···························································· 38
　　3.6.3 创建应用程序 ······························································ 39
　　3.6.4 汇编语言程序的开发 ······················································ 42
习题 3 ······················································································ 44

## 第 4 章 STM32 微控制器 ···························································· 46
4.1 STM32 微控制器结构 ························································· 46
　　4.1.1 STM32 系列微控制器 ····················································· 46
　　4.1.2 STM32 系统结构 ·························································· 48
　　4.1.3 STM32 存储结构 ·························································· 49
4.2 STM32 微控制器开发 ························································· 51
　　4.2.1 Cortex 微控制器软件接口标准 CMSIS ································ 51
　　4.2.2 STM32 驱动程序库 ······················································· 53
　　4.2.3 C 语言应用 ································································ 54
4.3 复位与时钟控制（RCC） ···················································· 57
习题 4 ······················································································ 62

## 第 5 章 STM32 的通用 I/O 端口 ··················································· 65
5.1 GPIO 的结构和功能 ··························································· 65
5.2 GPIO 寄存器 ···································································· 66
　　5.2.1 GPIO 寄存器的功能 ······················································ 67
　　5.2.2 GPIO 寄存器的应用 ······················································ 68
5.3 GPIO 输出应用示例：LED 灯的亮灭控制 ······························· 70
　　5.3.1 项目创建和选项配置 ····················································· 70
　　5.3.2 应用程序分析 ······························································ 72
　　5.3.3 应用程序编写 ······························································ 76
　　5.3.4 程序模拟运行 ······························································ 79
　　5.3.5 程序硬件仿真 ······························································ 81
5.4 GPIO 输入应用示例：查询按键状态 ······································ 83
　　5.4.1 程序分析和编写 ··························································· 84
　　5.4.2 程序调试和运行 ··························································· 86
5.5 STM32 库编程总结 ···························································· 88
　　5.5.1 基于 STM32 库的开发过程 ·············································· 88
　　5.5.2 使用 STM32 库的一般规则 ·············································· 88
　　5.5.3 对比直接对寄存器编程 ·················································· 91
习题 5 ······················································································ 93

## 第6章 CM3 异常和 STM32 中断 ·············· 96

### 6.1 Cortex-M3 的异常 ·············· 96
### 6.2 STM32 的中断应用 ·············· 99
#### 6.2.1 NVIC 初始化配置 ·············· 100
#### 6.2.2 外部中断 EXTI ·············· 101
#### 6.2.3 GPIO 引脚的中断配置 ·············· 104
#### 6.2.4 芯片外设的中断配置 ·············· 104
### 6.3 EXTI 应用示例：按键中断 ·············· 105
#### 6.3.1 主程序流程 ·············· 105
#### 6.3.2 中断初始化配置 ·············· 106
#### 6.3.3 中断应用程序编写 ·············· 108
### 习题 6 ·············· 110

## 第7章 STM32 的串行通信接口 ·············· 112

### 7.1 串行异步通信 ·············· 112
#### 7.1.1 串行异步通信字符格式 ·············· 112
#### 7.1.2 串行异步通信接口 ·············· 113
### 7.2 通用同步/异步接收/发送器 ·············· 114
#### 7.2.1 STM32 的 USART 功能 ·············· 115
#### 7.2.2 STM32 的 USART 应用 ·············· 116
### 7.3 USART 应用示例：实现 C 语言标准输入/输出函数 ·············· 118
#### 7.3.1 USART 初始化配置 ·············· 118
#### 7.3.2 输入/输出函数的重定向 ·············· 120
#### 7.3.3 信息交互应用程序 ·············· 122
#### 7.3.4 USART 接口的中断应用 ·············· 124
### 习题 7 ·············· 128

## 第8章 STM32 的 DMA 接口 ·············· 130

### 8.1 DMA 控制器 ·············· 130
#### 8.1.1 DMA 传输过程 ·············· 130
#### 8.1.2 STM32 的 DMA 功能 ·············· 131
#### 8.1.3 STM32 的 DMA 应用 ·············· 132
### 8.2 DMA 应用示例：USART 接口的 DMA 传输 ·············· 135
#### 8.2.1 DMA 初始化配置 ·············· 135
#### 8.2.2 DMA 传输应用程序编写 ·············· 137
### 8.3 DMA、USART 和 GPIO 的综合应用 ·············· 139
#### 8.3.1 综合应用的项目分析 ·············· 139
#### 8.3.2 综合应用的编程 ·············· 140
### 习题 8 ·············· 143

# 第 9 章 STM32 的定时器接口 ································································ 145

## 9.1 系统时钟（SYSTICK） ····················································································· 145
### 9.1.1 系统嘀嗒定时器 ························································································· 145
### 9.1.2 SysTick 应用示例：精确定时 ······································································· 148

## 9.2 STM32 看门狗 ································································································ 150
### 9.2.1 独立看门狗 ······························································································· 150
### 9.2.2 IWDG 应用示例：IWDG 复位 ···································································· 153
### 9.2.3 窗口看门狗 ······························································································· 154
### 9.2.4 WWDG 应用示例：适时"喂狗" ································································ 157

## 9.3 STM32 定时器 ································································································ 159
### 9.3.1 基本定时器 ······························································································· 159
### 9.3.2 基本定时器应用示例：周期性定时中断 ························································· 162

## 9.4 STM32 实时时钟 ····························································································· 165
### 9.4.1 RTC 结构及特性 ························································································ 165
### 9.4.2 RTC 应用示例：闹钟 ·················································································· 168

习题 9 ······················································································································ 171

# 第 10 章 STM32 的模拟接口 ·············································································· 173

## 10.1 STM32 的 ADC 接口 ···················································································· 173
### 10.1.1 ADC 结构及特性 ······················································································ 173
### 10.1.2 ADC 的转换模式 ······················································································ 178
### 10.1.3 STM32 的 ADC 函数 ················································································ 179
### 10.1.4 ADC 应用示例：数据采集 ········································································· 181

## 10.2 STM32 的 DAC 接口 ···················································································· 185
### 10.2.1 DAC 结构及特性 ······················································································ 185
### 10.2.2 STM32 的 DAC 函数 ················································································ 188
### 10.2.3 DAC 应用示例：输出模拟电压 ·································································· 190

习题 10 ···················································································································· 192

参考文献 ······················································································································ 194

# 第 1 章　嵌入式系统设计基础

进入 21 世纪，嵌入式系统（Embedded System）逐渐流行。嵌入式系统是嵌入式计算机系统的简称，是相对于通用计算机系统而言的一类专用计算机系统。嵌入式系统无处不在，广泛应用于科学研究、工程设计、军事领域，以及人们日常生活的方方面面。各种嵌入式设备（系统）在数量上远远超过通用计算机系统。

本章主要介绍嵌入式系统的定义、特点、组成和开发，为学习嵌入式系统设计奠定基础。

## 1.1　嵌入式系统概述

嵌入式系统的发展是在微处理器（Microprocessor）问世后，源于单片机（Single Chip Microcomputer，SCM）。单片机是指通常用于控制领域的微处理器芯片，其内部除中央处理器（CPU）外，还集成了计算机的其他一些主要部件，如只读存储器（ROM）和随机读写存储器（RAM）、定时器、并行接口、串行接口，有的芯片集成了模拟/数字（A/D）、数字/模拟（D/A）转换电路等。换句话说，一块芯片几乎就是一台计算机，只要配上少量的外部电路和设备，就可以构成具体的应用系统。单片机是国内习惯的名称，国际上多称为微控制器（Micro Controller）或嵌入式控制器（Embedded Controller）。

微控制器的发展初期（1976 至 1978 年）以英特尔（Intel）公司的 8 位 MCS-48 系列为代表。1978 年以后，微控制器进入普及阶段，以 8 位为主，最著名的是英特尔公司的 8 位 MCS-51 系列，还有爱特梅尔（Atmel）公司的 8 位 AVR 系列、Microchip Technology 公司的 PIC 系列。1982 年以后，出现了高性能的 16 位、32 位微控制器，如英特尔公司的 16 位 MCS-96/98 系列、基于 ARM（Advanced RISC Machine）处理器核心的 32 位微控制器。

通常，单片机主要是指 8 位微控制器。至今，兼容 8 位 51 系列的单片机仍然在各种产品中广泛应用。因此，国内称为"单片机"的课程、教材等多以 51 系列为教学内容。16 位微控制器由于性价比不高，几乎被 32 位微控制器替代。32 位微控制器多基于 ARM 处理器。ARM 处理器采用精简指令集 RISC（Reduced Instruction Set Computer）结构，具有耗电少、成本低、性能高的特点，因此广泛应用于 32 位嵌入式系统。所以，通常所说的嵌入式系统主要是指基于 ARM 核心的微控制器构成的计算机系统。在微控制器领域，ARM 处理器传统上使用 ARM7 和 ARM9（在高性能应用场合使用 ARM11），而目前应用 Cortex-M 系列，最基本、最主要的是 Cortex-M3（本书的教学内容）。更高性能的 ARM 处理器有 Cortex-M4 等，性能略低但功耗更低的有 Cortex-M0/M1 等。

### 1.1.1　什么是嵌入式系统

简单地说，嵌入式系统是将计算机的软件、硬件嵌入机电设备所构成的专用计算机系统。这个说法虽然简单，但是体现了嵌入式系统的 3 个基本特点：嵌入性、专用性、计算机系统。

美国电气和电子工程师协会（Institute of Electrical and Electronics Engineers，IEEE）给出的定义是：嵌入式系统是"用于控制、监视或辅助设备、机器或装置操作的仪器"（devices used to control, monitor, or assist the operation of equipment, machinery or plants）。国内一般采用的较完整的定义是：嵌入式系统是以应用为中心，以计算机技术为基础，软件、硬件可剪裁，以适用于应用系统对功能、可靠性、成本、体积、功耗等要求严格的专用计算机系统。这些定义表明，嵌入式系统主要体现了 3 方面的含义：① 嵌入式系统与具体应用系统紧密结合，具有很强的专用性；② 嵌入式系统融合先进的计算机技术、电子技术以及各应用领域的具体技术；③ 嵌入式系统必须根据应用需求对软件、硬件进行高效设计，量体裁衣，剔除冗余，在满足功能性和可靠性的基础上降低产品成本和能源损耗。

基于以上含义，在现代社会，人们随时携带的智能移动终端（智能手机、平板电脑等）就是高性能的嵌入式系统。实际上，人们的日常生活、工作中到处存在各种各样的嵌入式系统，如控制系统、智能仪器、家用电器、网络通信设备、医疗设备等。

### 1.1.2 嵌入式系统的技术特点

较之功能强大、置于桌面的通用计算机系统，多隐藏于机电设备内部的嵌入式系统显然有所不同，因此在研发和应用中的软件、硬件呈现出独有的特点。

#### 1. 硬件的特点

为了能够嵌入具体的设备，嵌入式系统的硬件电路高度集成，体积较小。同时，在保证功能性、实时性、可靠性等基础上，硬件电路还需要具有低成本、低功耗等特性。这使得嵌入式系统本身无法支持自身的开发，所以开发环境受限，系统调试复杂。

由于开发的应用程序常需要直接控制硬件电路，因此要求嵌入式系统开发人员具有一定的计算机硬件工作原理方面的知识。

#### 2. 软件的特点

嵌入式系统的软件包括系统软件（主要是嵌入式操作系统）和应用软件。一些功能简单的嵌入式系统可以没有操作系统支持，或者只是功能单一的监控程序。相对于通用计算机系统，嵌入式系统的系统软件和应用软件往往紧密结合成一个有机的整体，并呈现如下特点。

- ❖ 实时性和可靠性：系统能够随时响应各种应用事件，并及时处理完成。为应对复杂的现场情况，系统需要具有抗干扰能力、自我恢复等能力。
- ❖ 软件剪裁和固化：软件程序能够结合具体应用适当剪裁、组合，达到最优，并保存在半导体存储器芯片（不是保存在外部磁盘上）中，使得系统开机后可以直接运行。
- ❖ 代码高效：虽然存储器容量不断增加，但减少程序二进制代码仍然非常重要。精练的代码不仅节省了存储空间，还提升了执行性能，同时提高了系统的实时性、可靠性，并能够降低功耗。

### 1.1.3 嵌入式系统的组成

嵌入式系统主要由嵌入式处理器、外围硬件设备、嵌入式操作系统（可选）和用户应用程序组成，如图 1-1 所示。

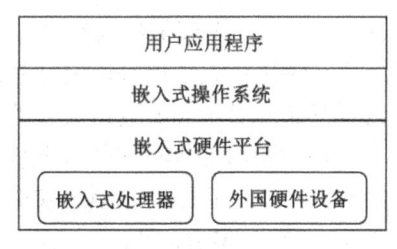

图 1-1 嵌入式系统组成结构

**1. 嵌入式处理器**

嵌入式处理器是指作为运算和控制中心的中央处理器 CPU。随着嵌入式系统的发展，作为硬件核心部件的嵌入式处理器呈现出多样性，有如下芯片类型。

① 微控制器（Micro Controller Unit，MCU）：也称为单片机，一般以某种处理器为核心，芯片内部集成存储器、输入/输出（I/O）接口等必要电路，具有体积小、功耗少、成本低等特点，是目前嵌入式系统的主流产品，如大量基于 ARM 处理器的微控制器。

② 嵌入式微处理器（Embedded Microprocessor Unit，MPU）：源于通用微处理器，但按照嵌入式应用需求专门设计。在功能上与标准通用微处理器基本一样，但在降低功耗、提高抗干扰能力等方面做了改进，如 AM186/88、386EX、PowerPC、MIPS 处理器等。

③ 数字信号处理器（Digital Signal Processor，DSP）：一种对系统结构和指令系统进行特殊设计的处理器。其内部集成有高速乘法器，能够执行快速乘法和加法运算，更适合数字信号的高速处理。DSP 芯片自 1979 年英特尔公司开发 Intel 2920 以后，经历了多代发展，其中美国德州仪器 TI（Texas Instruments）公司的 TMS320 各代产品具有代表性，还有摩托罗拉公司的 DSP56000 系列。

④ 片上系统（System on Chip，SoC）：随着集成电路制作工艺和电子设计自动化技术迅速发展，可以针对具体应用，把整个电子系统全部集成于一块半导体芯片中，构成片上系统。SoC 技术把处理器、存储器和各种外设作为器件库，以便用户根据应用需求自行开发、设计应用系统，实现了真正的"量体裁衣"。

**2. 外围硬件设备**

嵌入式系统的硬件除了处理器核心，生产厂商还应根据需要，配套常用接口电路、外围器件以及具体外设。这里的设备（Device）不仅包括通常所说的输入/输出设备（外设，Peripheral），还包括各种接口电路（Interface）器件等。常用的接口电路如下所述。

① 系统基本电路：提供嵌入式系统运行必需的时钟电路、复位电路、供电电路以及基本的存储器（Flash ROM、SRAM）。

② 基本接口电路：如通用 I/O 端口、通信接口、定时电路、模拟/数字转换电路。

③ 常用外设支持电路：如 CAN 总线、USB 接口、存储卡接口、以太网接口等。

**3. 嵌入式操作系统**

嵌入式系统经历了无操作系统、简单操作系统（监控程序）和实时操作系统阶段。对于工作简单、任务单一的嵌入式系统，可能并不需要操作系统；而功能强大、任务复杂的嵌入式系统通常需要利用操作系统。嵌入式操作系统一方面为应用程序提供底层硬件驱动的支持，另一方面可以减少开发工作量。对工作任务有严格时间要求的嵌入式系统，需要实时操作系统

（Real-Time Operation System，RTOS）调度多个任务的执行，并满足实时性。

20世纪70年代后期出现嵌入式系统操作系统以来，经过发展，面向不同应用，形成了多种嵌入式操作系统。例如，广泛应用的嵌入式Linux获得大量的硬件支持，具有源码开放、内核稳定、软件丰富等优势，并提供完善的网络支持和文件管理机制等。智能手机和平板电脑主要应用Google公司的Android系统和Apple公司的iOS系统。实时操作系统常用免费的uC/OS-II（现在已发展为uC/OS-III）或者商业化的VxWorks等。

**4．用户应用程序**

用户应用程序是按照具体应用项目需求而开发的应用软件，是开发人员的主要工作。嵌入式系统开发人员可以笼统地分成嵌入式硬件工程师和嵌入式软件程序员。

从事硬件设计的硬件工程师需要完成器件选择、PCB板设计等工作，通常使用硬件描述语言（Hardware Description Language，HDL）进行电子设计。为硬件电路设计软件接口的硬件工程师（或软件程序员）需要了解低层硬件电路，熟悉启动程序（Bootloader）和设备驱动程序，通常使用C/C++语言和汇编语言进行软件编程。

嵌入式软件程序员又分为系统程序员和应用程序员。系统程序员的主要工作涉及嵌入式操作系统的剪裁和移植、驱动程序编写和移植等，通常使用C/C++语言和汇编语言。应用程序员的主要任务是基于嵌入式操作系统面向高层应用，使用C++、Java等进行面向对象技术开发。

本书作为"嵌入式系统导论"课程的教材，主要介绍基本的入门知识，涉及的内容面向从事底层硬件设计的软件程序员。

## 1.2 嵌入式系统的开发

类似常规的工程设计方法，嵌入式系统的开发分成3个阶段：分析、设计和实现。需求分析结束，开发人员通常面临一个纠结的问题，即硬件平台和软件平台的选择。硬件平台主要指处理器，软件平台主要指操作系统、编程语言和集成开发环境等。其中，处理器的选择是最重要的。C语言简洁、高效，具有广泛的库函数支持，目前是嵌入式系统开发最主要的编程语言。

### 1.2.1 嵌入式系统的开发模式

由于嵌入式系统往往软、硬件资源有限，无法直接支持开发，通常需要通用微型机（个人计算机，即PC）的支持，被称为宿主机（Host）；待开发的嵌入式系统称为目标机（Target）。所以，嵌入式系统一般采用宿主机-目标机开发模式（如图1-2所示），以便利用宿主机上丰富的软件、硬件资源以及良好的开发环境和调试工具，来开发目标机上的软件。

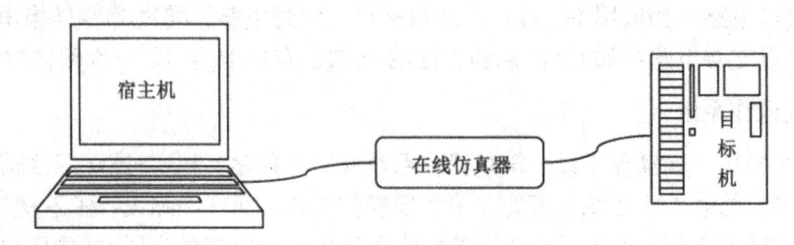

图1-2 宿主机-目标机开发模式

宿主机-目标机组成的开发平台中，宿主机建立完整的开发环境，交叉编译产生目标机的可执行代码,然后通过在线仿真器、串行接口、网络等方式下载到目标机运行。这称为交叉开发(Cross Development)。其中,交叉编译是指宿主机的开发软件将源程序编译生成目标机的机器代码,而不是运行于宿主机本身的可执行代码。

在目标机运行交叉开发的可执行代码时,常需要调试。在宿主机的软件集成开发环境中,可以先利用模拟器(Simulator)进行软件模拟,再连接在线仿真器(In-Circuit Emulator, ICE)进行硬件仿真,实现目标代码的运行和调试。也就是说,调试程序运行于宿主机,而被调试程序运行于目标机,两者通过在线仿真器或者串口、网络进行通信。调试程序可以控制被调试程序,查看和修改目标机的寄存器、主存单元,并且进行断点和单步调试等操作,即远程调试(Remote Debug)。

## 1.2.2 嵌入式系统开发需要的软件、硬件

除了宿主机外,为方便嵌入式系统开发,许多公司提供多种软件、硬件。

### 1. 开发工具套件

嵌入式系统的软件开发工具主要使用交叉开发集成环境(Integrated Development Environment, IDE),大多数开发工具套件包含编译程序、汇编程序、连接程序、闪存编程器、调试器、模拟器以及文件转换等工具。以 Cortex-M 微控制器的嵌入式开发为例,有十多家公司销售基于 Cortex-M 微控制器的 C 语言编译器套件。其中既有开源免费工具,也有价格低廉的工具,还有高端商业软件包,如源自 Keil 公司的 ARM 微控制器开发工具集(MDK-ARM)、ARM 公司的 DS-5(Development Studio 5)、IAR 公司的嵌入式工作工具(IAR for ARM)、UNIX/Linux 平台的 GNU 编译器集合(GCC)等。

### 2. 开发板

开发板(Demo Board)是用于嵌入式系统开发的电路板,由微控制器、外扩存储器、常用 I/O 接口和简单的外部设备等组成,如图 1-3 所示。开发板可以由嵌入式系统开发人员根据应用需求自己设计制作,故也称为目标板。为便于研制目标系统和产品推广,许多公司提供基于特定微控制器的开发板。一些半导体厂商也会提供廉价的开发板或评估板(Evaluation Board)用于产品测试,软件开发公司(如 Keil 公司)也推出自己的评估板。

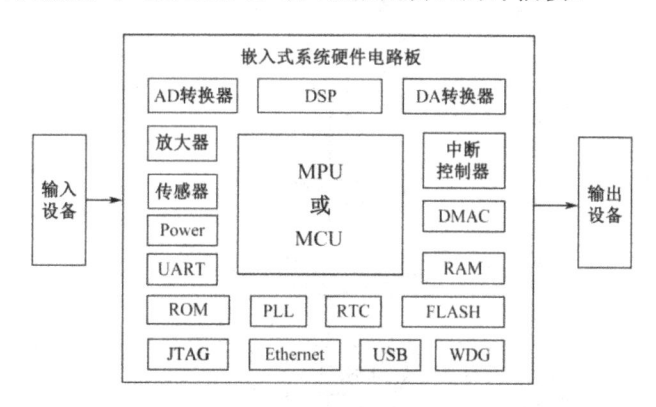

图 1-3 嵌入式系统开发板的硬件组成

实际开发过程中,也许还需要连接于开发板的附加硬件,如外部 LCD 显示模块、通信接

口适配器等，可能还会用到逻辑分析仪/示波器、信号发生器等硬件实验工具。

开始学习 Cortex-M 微控制器时，开发板并不是必需的。有些开发工具套件包括指令集模拟器，Keil MDK-ARM 甚至支持部分 Cortex-M 微控制器的设备级模拟。

**3. 在线仿真器**

为了给开发板下载程序、进行目标系统调试，常需要一个在线仿真器，即调试适配器。它通常一端连接 PC 的 USB 接口，一端连接开发板。嵌入式系统的软件开发工具公司都有自己的调试适配器产品，如 Keil 公司的 ULINK 系列、Segger 公司的 J-LINK 等。多数开发工具套件也支持第三方调试仿真器。

**4. 设备驱动程序**

为了便于微控制器软件开发人员开展工作，微控制器厂商通常提供设备的基本驱动程序，包括寄存器定义、外设访问函数的头文件和源程序代码。这些驱动程序代码和应用示例程序放在厂商的网站，供免费下载。开发人员可以将这些文件添加到自己的软件项目中，通过函数调用，方便地访问外设功能和存取外设寄存器；也可以参考驱动程序和示例代码，编写自己的应用程序；还可以修改驱动程序代码，优化自己的应用程序。

另外，除了设备驱动程序，微控制器厂商还会提供微控制器的用户手册、应用程序说明书、常见问题及解答、在线讨论组等丰富的网络资源。

### 1.2.3 软件开发流程

根据使用的开发工具套件不同，软件开发流程会有差异，但主要步骤大致相同。对于使用宿主机的集成化开发环境，软件开发流程一般包括创建项目、添加文件、编译连接、下载调试等步骤，如图 1-4 所示。

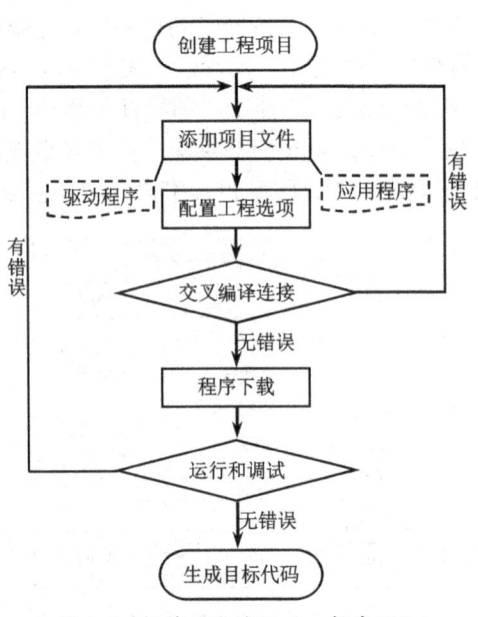

图 1-4 软件开发流程（一般步骤）

① 创建工程项目：在配置硬件设备和安装软件开发工具后，就可以开始创建工程项目，

通常需要选择项目文件的存储位置及目标处理器。

② 添加项目文件：开发人员需要创建源程序文件，编写应用程序代码，并添加到工程项目中；还将使用设备驱动程序的库文件，包括启动代码、头文件和一些外设控制函数，甚至中间件（Middleware）等。这些文件也需要添加到项目中。

③ 配置工程选项：源于硬件设备的多样性和软件工具的复杂性，工程项目提供了不少选项，需要开发人员配置，如输出文件类型和位置、编译选项和优化类型等，还要根据选用的开发板和在线仿真器，配置代码调试和下载选项等。

④ 交叉编译连接：利用开发软件工具对项目的多个文件分别编译，生成相应的目标文件，然后连接生成最终的可执行文件映像，以下载到目标设备的文件格式保存。如果编译连接有错误，返回修改；如果没有错误，先进行软件模拟运行和调试，再下载到开发板运行和调试。

⑤ 程序下载：目前，绝大多数微控制器都使用闪存（Flash Memory）保存程序。创建可执行文件映像后，需要使用在线仿真器（或串行接口、网络），将其下载到微控制器的闪存中，实现闪存的编程；还可以将可执行文件下载到 SRAM 中运行。

⑥ 运行和调试：程序下载后，可以启动运行，看是否正常工作。如果有问题，连接在线仿真器，借助软件开发工具的调试环境进行断点和单步调试，观察程序操作的详细过程。如果应用程序运行有错误，返回修改。

# 习 题 1

1-1 单项或多项选择题（选择一个或多个符合要求的选项）。

（1）嵌入式系统的英文名称是（    ）。

A．Microprocessor          B．Embedded Controller
C．Micro Controller        D．Embedded System

（2）嵌入式系统的特点是（    ）。

A．兼具自我开发能力        B．软件、硬件可剪裁
C．体积大，功耗也大        D．系统通用性好

（3）随着嵌入式系统的发展，作为嵌入式处理器的中央处理器有（    ）类型。

A．MCU          B．MPU          C．DSP          D．SoC

（4）嵌入式操作系统有多种，包括（    ）。

A．MS-DOS       B．uC/OS-III    C．Android      D．Unix

（5）进行嵌入式系统开发，通常采用的模式是（    ）。

A．仅使用目标机（开发板）开发模式    B．宿主机-目标机开发模式
C．基于宿主机的软件模拟开发模式      D．通过网络实施的远程开发模式

1-2 什么是嵌入式系统？嵌入式系统有哪些主要技术特点？

1-3 简单区分几种嵌入式处理器：微控制器 MCU（单片机 SCM）、嵌入式微处理器 MPU、数字信号处理器 DSP 和片上系统 SoC。

1-4 嵌入式系统的开发模式是什么？什么是交叉编译和远程调试？

1-5 简述嵌入式系统的软件开发流程。

1-6 嵌入式系统发展迅猛，有些内容无法也不需详细介绍。而且，当你阅读本书的时候，有些内容会有所改变，有些技术会有所改进。所以，作为教学内容的延伸，你可以选择某些方面（不限

于本章内容，可以是后续章节内容）深入学习，并提交总结报告（或论文）。例如：

（1）通过某个产品，对比嵌入式系统与通用 PC 系统的主要差异。

（2）常用嵌入式操作系统有哪些？各有什么特点？

（3）简介基于 STM32 微控制器的开发板和配套的在线仿真器。

（4）ARM 公司的 Cortex-M 系列处理器的最新发展。

（5）ST 公司的 STM32 系列微控制器的最新发展。

……

# 第 2 章　ARM Cortex-M3 处理器

处理器（Processor）是嵌入式计算机系统的核心。ARM Cortex-M3（简称 CM3）是目前流行的 32 位嵌入式处理器之一，本章主要介绍其寄存器和存储器结构及其特点。

## 2.1　ARM 处理器

Arm 是"臂膀"的意思。在信息技术领域，ARM 是先进精简指令集计算机机器（Advanced RISC Machines）的缩写，有多个含义。

① ARM 公司。ARM 是一家著名的处理器设计公司，成立于 1990 年，由 Apple、Acorn 和 VLSI Technology 合资创建，总部位于英国剑桥。

② ARM 处理器。ARM 表示由 ARM 公司设计的处理器。但是 ARM 公司本身并不制作和销售处理器芯片，而是授权转让设计许可，由与之商业合作的公司开发、生产芯片。这种商业模式称为知识产权（Intellectually Property，IP）许可。ARM 合作公司基于 ARM 处理器核心生产各具特色的芯片，使其获得广泛应用，几乎成为移动通信、便携计算、多媒体数字消费等嵌入式产品的标准解决方案。除了处理器设计，ARM 公司也提供外设、存储器控制器等系统级 IP 许可（授权），还为使用 ARM 产品的用户提供开发工具及软件、硬件支持。

③ ARM 技术。ARM 处理器基于精简指令集计算机（Reduced Instruction Set Computer，RSIC）思想，使用 32 位固定长度的指令格式，指令编码简洁、高效。ARM 公司专注于设计，其 ARM 处理器核心具有体积小、功耗少、成本低、性能高等优点。这些就是富有特色的 ARM 技术。

### 1．ARM 体系结构版本

体系结构（Architecture）也称为系统结构，是低级语言程序员所看到的计算机属性，主要是指其指令集结构（Instruction Set Architecture，ISA）。体系结构定义了处理器的编程模型，给出了指令集（指令系统）、寄存器和存储器结构等。同样的体系结构可以有不同实现的多种处理器，每种处理器的性能不尽相同，面对的应用领域也就不同，开发人员需要针对具体的项目需求选择最适合的处理器产品。但是，相同体系结构的应用软件是兼容的。

至今，ARM 公司共推出共 8 个版本（Version）的体系结构。版本 v1 和 v2 只是原型机，没有商品化，也没有产生大的影响。1991 年，基于版本 v3 推出的 ARM6 处理器得到了普遍应用，版本 v4 是广泛应用的 ARM 体系结构，目前主要使用 v7 结构。除了版本号外，还有一些扩展（变种、变型，Variant）版本。例如，v4 的扩展版本 v4T 引入了 16 位 Thumb 指令集，v5E 增加了数字信号处理（DSP）指令。

基于 ARM 体系结构的不同版本，ARM 授权厂商生产了多种系列（family）的 ARM 处理器，但是版本号与处理器系列（数字）并不一致。主要的 ARM 处理器系列有 ARM7 系列、

ARM9/9E 系列、ARM10/10E 系列、ARM11 系列、SecureCore 系列，以及 Intel 公司的 StrongARM 和 Xcale 系列、Cortex 系列等。

#### 2. ARM 处理器命名

ARM 处理器的命名有些复杂。在 20 世纪 90 年代，使用数字表示处理器系列，加后缀字母表示其特色。例如，ARM7TDMI 是 ARM 公司最早被普遍认可并广泛应用的处理器核心，但目前是最低端的 ARM 核心。ARM7TDMI 采用 v4T 结构，属于 ARM7 系列，其中字母 T、D、M 和 I 依次表示支持 Thumb 指令、集成了用于调试的结构、支持片内 Debug 调试和具有长乘法（Multipier）指令，内含嵌入式 ICE 逻辑，支持片上断点和观察点。

后来，ARM 使用后缀数字表示存储器接口、Cache 等变种。例如，使用后缀"26"或"36"表示 ARM 处理器具有高速缓存 Cache 和存储管理单元 MMU，"46"表示存储保护单元 MPU。例如，发布于 2000 年的 ARM926EJ-S 处理器采用 ARMv5TEJ 体系结构，数字"26"表示具有 MMU 单元，"E"表示支持 DSP 指令，"J"代表 Jazelle 技术（Java 加速功能）变种，"S"表示可合成（Synthesizable）设计（以硬件描述语言形式，能使用合成软件转化为设计网表）。

#### 3. Cortex 系列处理器

随着采用 ARM v7 版本体系结构，ARM 公司不再使用复杂的数字命名方案，统一使用 Cortex 作为整个 ARM 处理器商标，但面向不同应用领域分成 3 种配置。

① Cortex-A 处理器：基于 ARMv7-A 体系结构，A 表示应用（Application）。Cortex-A 处理器设计用于高性能开放应用程序平台，支持嵌入式操作系统（如 iOS、Android、Linux 和 Windows）。这些复杂的应用程序需要强大的处理性能，具有 MMU，用于支持虚拟存储器，可选增强的 Java 支持和安全程序运行环境。其产品包括高端智能手机、平板电脑、智能电视甚至服务器，如 Cortex-A8、Cortex-A9 等。

② Cortex-R 处理器：基于 ARMv7-R 体系结构，R 表示实时（Real-time）。Cortex-R 处理器设计用于有实时性要求的高端嵌入式系统（如硬盘驱动器、移动通信的基带控制器、汽车控制系统），它们需要高处理能力、高可靠性和低延迟，如 Cortex-R5 等。

③ Cortex-M 处理器：基于 ARMv7-M 和 ARMv6-M 体系结构，M 表示微控制器（Microcontroller）。Cortex-M 处理器设计用于运行实时控制系统的小规模应用程序，具有成本低、能耗少、中断延迟短等特点，如 Cortex-M3、Cortex-M4 等。

2011 年，ARM 发布了 ARMv8 体系结构。其中，ARMv8-A 提供 64 位操作的新指令集，支持 64 位和 32 位两种执行状态；ARMv8-R 继承了 ARMv7-R 结构的丰富资源，实现了 ARMv8-A 结构的指令；ARMv8-M 是 ARMv7-M 的改进版，仍然是 32 位结构。

有关 ARM 处理器的最新发展，请访问 ARM 公司网站（http://www.arm.com）。

## 2.2 Cortex-M3 处理器结构

相对于其他体系结构，Cortex-M 系列处理器具有很多优点。例如，低功耗、高性能、代码紧凑、效能出色；支持 C 语言，使得软件易于开发、移植和重用；有多种可选的软件开发工具、嵌入式操作系统、中间件（Middleware）等。Cortex-M 系列处理器广泛应用于现代微控制器产品，以及片上系统 SoC 和专用标准产品 ASSP（Application Specific Standard Products），涉及汽车工业、数字通信、工业控制、消费类产品等领域。

Cortex-M3（CM3）是 ARM 公司于 2005 年发布的第一个 Cortex 系列处理器，次年出现其产品。更高性能的 Cortex-M4 和 Cortex-M7 处理器主要增加了数字信号处理（DSP）指令和浮点处理单元（FPU）。Cortex-M3、Cortex-M4 和 Cortex-M7 基于 ARMv7-M 体系结构。Cortex-M0、Cortex-M0+和 Cortex-M1 基于 ARMv6-M 体系结构，指令集更小。Cortex-M0 和 Cortex-M0+针对低成本微控制器产品，Cortex-M1 专为 FPGA 应用设计。

### 1. CM3 的功能模块

CM3 是用于微控制器领域的高性能 32 位处理器，其功能模块如图 2-1 所示。

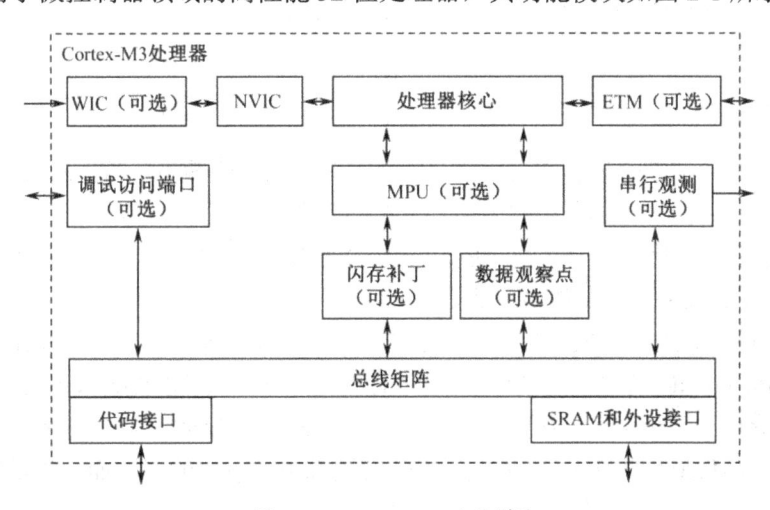

图 2-1　Cortex-M3 功能模块

CM3 处理器核心基于精简指令集计算机（RISC）技术，使用 3 段指令流水线设计（取指、译码和执行），配合哈佛结构，允许读取指令和数据访问同时进行，保证了嵌入式应用的需求。

CM3 处理器采用 Thumb 指令集结构，使用混合了 16 位和 32 位指令的 Thumb-2 技术，保证了执行代码的高紧密度，减少了程序存储的容量需求。

CM3 基于 ARM 的高级微控制器总线结构（Advanced Microcontroller Bus Architecture，AMBA）技术，提供多种总线接口，以便进行高速、低延迟的存储器访问；还支持不对齐的数据访问，实现了位操作（以便实现更快速的外设控制等）。

程序主要分成代码和数据两部分。按照冯·诺依曼计算机存储结构，代码和数据共存于一个主存储器空间的不同区域，使用同一组总线访问。但是，在指令流水线执行的情况下，难免出现代码和数据需要同时访问而产生冲突，导致性能降低的情况。为此，ARM 处理器采用哈佛存储结构，分别为访问代码区和其他地址区（SRAM 数据区和外设寄存器）使用不同的总线连接，以便代码与数据访问可以同时进行，提高了性能。

### 2. CM3 的核心外设

CM3 有基本的核心外设，用于支持处理器工作，包括可嵌套向量中断控制器（Nested Vectored Interrupt Controller，NVIC）、系统控制模块（System Control Block，SCB）、系统时钟 SysTick 和存储保护单元（Memory Protection Unit，MPU）。

CM3 处理器提供中断处理功能，集成了可配置的 NVIC，支持 240 个中断请求，提供 256 级优先权。CM3 设计有低功耗模式，但是当处理器处于深度休眠（deep sleep）状态时，所有时钟信号都停止，NVIC 无法检测中断请求。为此，CM3 引入可选的中断唤醒控制器（Wake-up Interrupt Controller，WIC），让微控制器在时钟信号不起作用时仍被中断请求唤醒。

系统控制模块 SCB 是处理器的程序员模型接口，提供系统实现的信息和系统控制，包括系统异常的配置、控制和报告。

系统时钟 SysTick 是一个 24 位减量定时器，可以作为实时操作系统（Real Time Operation System，RTOS）的嘀嗒定时器，也可以作为单一的计数器。

对需要更多存储器特性的复杂应用程序来说，CM3 提供可选的存储器保护单元 MPU，提供存储器区域的独立控制，允许应用程序分隔和保护代码、数据及堆栈，以提高系统的可靠性。

### 3．CM3 的调试功能（可选）

CM3 包括一系列可选的内部调试部件，用于支持诸如指令断点、数据观察点的调试操作，还可以提供如指令跟踪这样的调试特性和各种调试接口。

CM3 提供了完整的硬件调试方案，可以通过传统的 JTAG 接口或 2 线串行调试接口（Serial Wire Debug，SWD）观察处理器和存储器。

对于系统跟踪，处理器集成了指令跟踪宏单元（Instrumentation Trace Macrocell，ITM）、数据观察点（Watchpoint）和性能分析单元。串行观测单元（Serial Wire Viewer，SWV）通过一个引脚传输软件生成的信息，方便进行简单、低廉的性能分析。可选的嵌入式跟踪宏单元（Embedded Trace Macrocell，ETM）则采用比传统跟踪单元更小的芯片面积提供指令踪迹捕获功能。

可选的闪存补丁和断点单元（Flash Patch and Breakpoint Unit，FPB）可以设置 8 个硬件断点，供调试器使用，提供即使采用不可擦除 ROM 也能打补丁的功能。

### 4．操作状态、操作模式和特权级别

CM3 支持两个操作状态（State）、两种操作模式（Mode）和两个特权级别（Privilege），如图 2-2 所示。

CM3 启动后，执行程序代码（Thumb 指令）的工作状态称为 Thumb 状态。调试（Debug）状态只应用于调试操作，需要通过调试程序的停止请求或者处理器调试部件的调试事件才能进入调试状态，并停止执行指令。

处于正常工作的 Thumb 状态有两个特权级别和两种操作模式。特权级可以访问所有处理器资源，非特权级（也称为用户级）不能访问部分受限的存储区域和进行部分操作。

CM3 处理器执行应用程序代码处于线程（Thread）模式，可以是特权级或非特权级。复位后，处理器默认进入线程模式的特权级执行程序（Thumb 状态），通过控制（CONTROL）寄存器进入非特权级。进入非特权级后，只能通过异常机制进行切换。如果嵌入式系统比较简单，没有必要划分不同的特权级别，完全可以不使用非特权级。

当出现异常请求、处理器执行异常处理程序（如中断服务程序 ISR）时，就是处于异常处理（Handler）模式（简称异常模式、例程模式）。异常模式只能是特权级。

图 2-2 操作状态和模式

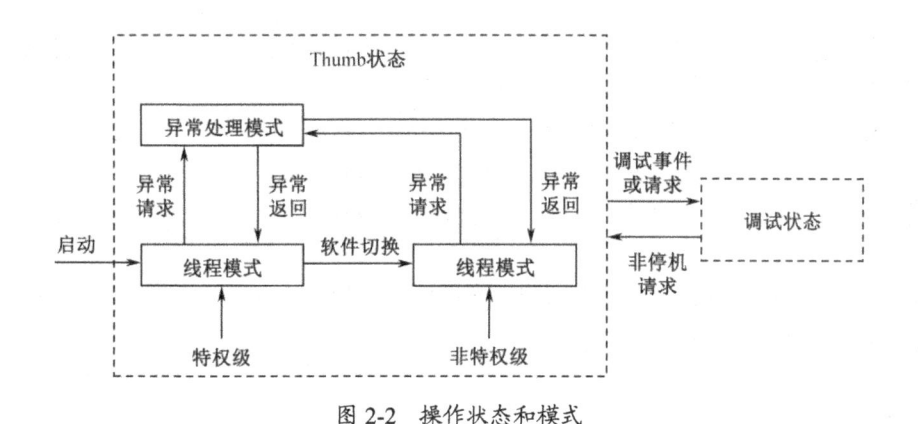

## 2.3 寄存器

寄存器（Register）是处理器内的高速存储单元。可编程应用的寄存器主要是使用灵活的通用寄存器，还有目的单一的专用寄存器。CM3 既有通用寄存器，也有专用寄存器。

**1. 通用寄存器**

通用寄存器可以有多种用途，数量较多，需要频繁使用。CM3 设计有 16 个 32 位通用寄存器，编号为 R0~R15，也称为寄存器组（Bank），如图 2-3 所示。其中，R0~R12 是真正意义上的通用寄存器（初值未定义），低 8 个寄存器 R0~R7 也称为低端（Low）寄存器，16 位和 32 位指令都可以访问；对应地，R8~R12 称为高端（High）寄存器，32 位指令和少数 16 位指令可以使用，因为部分 16 位 Thumb 指令只能使用低端 8 个寄存器。

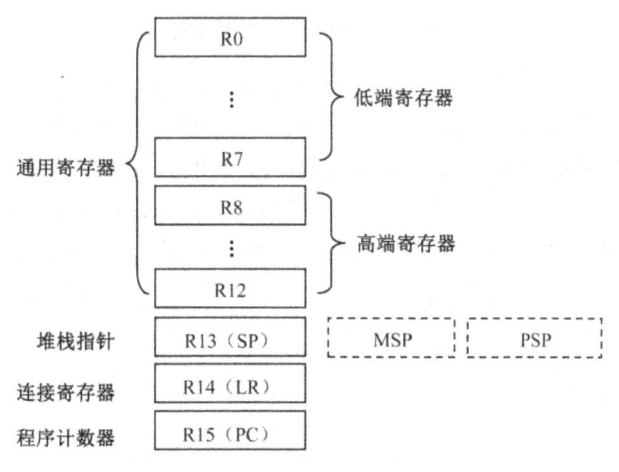

图 2-3 Cortex-M3 的寄存器组

R13 是堆栈指针（Stack Pointer，SP）寄存器，实际上有 2 个，分别称为主堆栈指针 MSP（Stack Pointer，Main）和进程堆栈指针（Process Stack Pointer，PSP），但某个时刻只有一个可见。主堆栈指针 MSP 是默认的堆栈指针，复位后或处于异常模式时，由操作系统核心和异常处理程序使用。应用程序使用进程堆栈指针 PSP，只能在处于线程模式时使用。堆栈指针的选择由控制寄存器决定。多数情况下，如果应用程序不需要嵌入式操作系统，就不需要使用 PSP。

PSP 的初值没有定义，MSP 的初值在复位过程中取自存储器的第一个字。堆栈指针的低 2 位总是 0，意味着总是 32 位字（4 字节）地址边界对齐的。

R14 也称为连接寄存器（Link Register，LR），用于保存函数或子程序的返回地址。

R15 是程序计数器（Program Counter，PC）。读取 PC，返回的当前指令地址加 4（因为指令执行采用流水线技术，下一条指令的 4 字节已进入指令流水线，也是为了兼容 ARM7TDMI）。写入 PC，引起程序跳转。

R13~R15 虽然属于通用寄存器，ARM 处理器设计的很多指令可以访问它们，可读可写，但是由于其特殊的功能，不能随意使用。

**2. 专用寄存器**

专用寄存器保存处理器状态，定义操作状态，屏蔽中断/异常，如图 2-4 所示。使用高级语言开发的简单应用程序没必要访问这些专用寄存器，但是嵌入式操作系统和中断屏蔽特性需要使用它们。

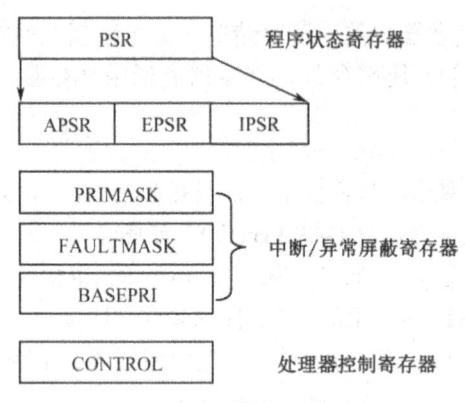

图 2-4　CM3 的专用寄存器

专用寄存器不通过存储器地址访问，而是使用专用寄存器访问指令，如 MSR（写入）和 MRS（读取）。CMSIS-Core 也提供 C 语言的函数，用于访问专用寄存器。

（1）程序状态寄存器（Program Status Register，PSR）

程序状态寄存器由 3 个状态寄存器组成，分别是应用（Application）程序状态寄存器 APSR、执行（Execution）程序状态寄存器 EPSR 和中断（Interrupt）程序状态寄存器 IPSR，分别占用 32 位中的不同位，可以作为一个组合寄存器一起访问。有些文献称之为 xPSR。

APSR 反映指令执行结果的辅助信息，包括负数 N、零 Z、进位 C、溢出 V 和饱和 Q。其中，N、Z、C、V 是整数状态标志，Q 是饱和状态标志，如表 2-1 所示。

表 2-1　状态标志及其含义

| 状态符号 | 含　义 |
| --- | --- |
| N | 负数标志。有符号整数的结果是负数，设置为 1；如果是正数或 0，则为 0 |
| Z | 零位标志。执行结果是 0（包括两数比较的结果相等），则设置为 1，否则为 0 |
| C | 进位标志。对无符号数相加，有进位，设置为 1；无进位，为 0。对无符号数相减，没有借位，设置为 1；有借位，为 0。所以，这个标志也称为"未借位标志" |
| V | 溢出标志。对有符号整数加、减，当有符号溢出（超出范围）时，设置为 1，否则为 0 |
| Q | 饱和标志。在饱和运算操作或饱和调整操作中，该标志指示发生了饱和 |

EPSR 包含可继续中断指令位 ICI、条件执行的 If-Then 指令状态位 IT，还有一个总是 1 的 Thumb 状态位 T。IPSR 包含异常号。

（2）异常屏蔽寄存器（Exception Mask Register）

异常屏蔽寄存器用于禁止处理器处理异常，以避免干扰实时性要求高的任务。

PRIMASK（主屏蔽寄存器）只有 1 位，设置为 1，将禁止异常（包括中断），但除了非屏蔽中断 NMI 和硬失效（HardFault）异常。它将当前异常优先级升级为 0，最高，主要用于在时间要求严格的进程中禁止所有中断。

FAULTMASK（失效屏蔽寄存器）类似 FRIMASK，但禁止硬失效异常，将当前异常优先级升级为-1。它用在失效处理程序中，避免失效处理过程中出现进一步的失效。

BASEPRI（基屏蔽寄存器）用于更灵活的屏蔽异常（包括中断）。设置为 0，BASEPRI 被禁止使用；设置为非 0，则禁止同级和低级优先权的异常（中断）。

（3）控制寄存器 CONTROL

控制寄存器用于选择主堆栈指针 MSP 还是进程堆栈指针 PSP，以及在线程模式下进入非特权级。控制器寄存器只能在特权级进行修改，特权级和非特权级均可以读取。

## 2.4 存储器组织

Cortex-M3 处理器本身并不包括存储器，但统一规划了地址空间，提供了总线接口。微控制器厂商根据产品定位，增加自己的存储系统，主要包含程序存储器（典型的是闪存 Flash Memory）、数据存储器（典型的是 SRAM）和外设。这样，不同的微处理器产品可以有不同的存储器配置、不同的存储器容量和类型以及不同的外设。

### 1．存储器映射

Cortex-M 系列处理器具有相同的存储器地址分配方案，32 位地址支持的 4 GB 线性地址空间，由代码、数据、外设以及部分处理器内部调试机制共同使用，如图 2-5 所示。

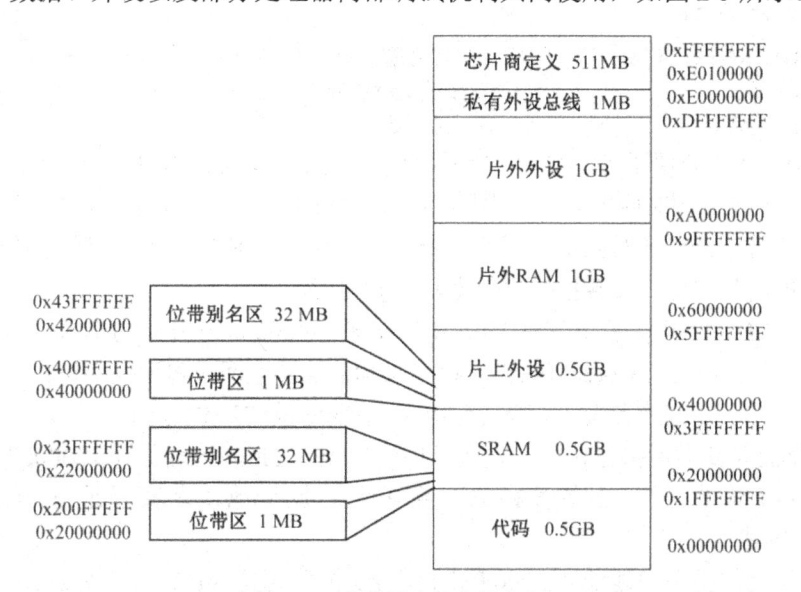

图 2-5 存储器地址空间分配

4 GB 存储空间按照用途，分成若干区域：
- ❖ 最低端 0.5 GB 空间用于程序代码访问，如代码（Code）区域。
- ❖ 接着的 0.5 GB 空间用于数据访问，如 SRAM 区域。
- ❖ 再接着的 0.5 GB 空间用于（微控制器芯片上的）外设。
- ❖ 两个 1 GB 空间用于连接芯片外的 RAM 和外设。
- ❖ 最高端 0.5 GB 空间是系统区域，用于处理器内部控制和调试部件等。其中有 1 MB 空间是私有外设总线（Private Peripheral Bus，PPB），包括 NVIC 寄存器、处理器配置寄存器和调试寄存器等。

基于 Cortex-M 处理器的微控制器需要遵循上述分配原则，但具体的使用地址不完全相同，请参见 4.1.3 节。

**2. 位带区**

32 位结构的 Cortex-M 系列处理器以字（Word，32 位）为单位访问存储器（包括代码、数据、外设寄存器）。但是，二进制数据的最基本单位是二进制位（bit），很多外设的状态和控制都是以 1 位体现。所以，以位为单位访问对于嵌入式系统来说很有必要。

例如，在以字为单位访问的地址空间中，设置某位为 0 或 1，通常需要如下 3 个步骤：
<1> （从外设）读取包含该位的整个 32 位数据。
<2> 屏蔽其他位（以保证不被更改），同时设置该位为 0 或 1。
<3> 将包含该位的 32 位数据写入（外设）。

如果使用汇编语言代码表达（详见第 3 章），应该是：

```
    LDR   r0, =0x20000300      ;建立地址
    LDR   r1, [r0]             ;<1> 读取数据
    ORR   r1, r1, #0x4         ;<2> 屏蔽其他位，D2 位设置为 1
    STR   r1, [r0]             ;<3> 写回结果
```

若该位对应一个地址，可以直接针对这个地址读写，使得代码更紧凑，执行效率更高。对应的汇编语言代码如下：

```
    LDR   r0, =0x22006008      ;建立地址
    MOV   r1, #1               ;D2 位设置为 1
    STR   r1, [r0]             ;写入结果
```

为此，Cortex-M3 处理器将 SRAM 区和片上外设区各自的低 1 MB 存储区段（称为位带区，Bit-band Region）映射到对应的 32 MB 别名区（Bit-band Alias Region），即位带区每个地址下的 8 位数据中的每一位，都对应别名区的一个存储地址，如图 2-6 所示。通过别名区地址，可以直接访问数据的特定位，实现按位的数据和外设访问。

具体来说，CM3 将数据区 0x20000000 和外设区 0x40000000 开始的 1MB 地址分别别名映射到 0x22000000 和外设区 0x42000000 开始的 32MB 地址空间，对应关系是：

$$别名地址 = 位带基地址 + 字节偏移量 \times 32 + 位号 \times 4$$

其中，别名地址就是映射后按位访问的别名区中的地址，位带基地址是 0x22000000（SRAM 区）或 0x42000000（外设区），字节偏移量是要访问的位带地址距离基地址 0x20000000 或 0x40000000 的偏移值。

例如，要访问位带区中地址 0x2000 0300 位号 2 的数据位（D2），见图 2-6，其中：

```
            位带地址                    别名地址
          （0x20003000）
            ┌─ D7 ─────────  0x2200601C
            │  D6 ─────────  0x22006018
            │  D5 ─────────  0x22006014
       数据 │  D4 ─────────  0x22006010
       据位 │  D3 ─────────  0x2200600C
            │  D2 ─────────  0x22006008
            │  D1 ─────────  0x22006004
            └─ D0 ─────────  0x22006000
```

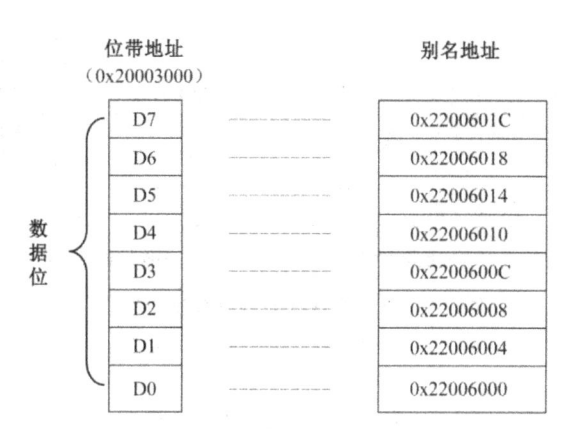

图 2-6  位带区与别名区的关系

位带基地址= 0x22000000
字节偏移量= 0x20000300 − 0x20000000 = 0x0300
别名地址  = 0x22000000 + 0x0300×32 + 2×4 = 0x2200 6008

之所以要乘以 4（二进制左移 2 位），是为了保证每个别名地址是 4 字节地址对齐（其他 3 个地址不用），这样 1 字节 8 位共占用 32 个地址。这也是字节偏移量乘以 32 的原因（二进制左移 5 位）。

### 3．对齐与不对齐访问

现代处理器中，主存储器普遍采用字节编址（Byte Addressable）方式，即每个存储单元保存 1 字节（二进制 8 位）数据，具有 1 个存储器地址。多字节数据需要连续存放在多个存储单元中，占用连续的存储器地址空间。而多字节数据存放于存储空间的起始地址存在一个是否对齐地址边界的问题。

对 $N$ 字节的数据（$N$=2，4，8，16，…），如果起始于能够被 $N$ 整除的存储器地址位置（也称为模 $N$ 地址）存放，则称对齐地址边界。例如，16 位、2 字节数据起始于偶地址（模 2 地址，地址最低 1 位为 0），32 位、4 字节数据起始于模 4 地址（地址最低 2 位为 00），就是对齐地址边界（Alignment）。

32 位 Cortex-M 系列处理器的每个字（Word）是 32 位。由于部分 Thumb 指令的机器指令字长是 16 位的，所以要求访问代码区必须对齐 2 字节地址（偶地址，即程序计数器 PC 最低位必须是 0）。大部分 Thumb 指令要求访问的数据是对齐地址边界的，部分指令可以支持非对齐地址访问。

对于地址边界对齐的访问，在硬件传输时具有较高的性能。而允许不对齐边界使得数据存放更灵活，更节省存储空间，如图 2-7 所示。图 2-7(a)采用对齐边界的方式存放数据，可能存在空间浪费（图中阴影部分）；图 2-7(b)不要求对齐边界，存储空间更紧凑（图中阴影部分是节省出来的存储空间）。

总之，为了提高性能，存储访问要对齐地址边界，这是绝大多数的情况。为了节省存储空间，可以不要求对齐地址边界。因此，许多处理器要求数据存放必须对齐地址边界，否则会发生非法操作；有些处理器比较灵活，允许不对齐边界存放数据。

（a）地址边界对齐的数据存储　　　　（b）地址边界不对齐的数据存储

图 2-7　地址边界对齐和不对齐的区别

### 4. 字节存储顺序

对于多字节数据，在字节编址的存储器中将占用多个连续的字节存储空间。如果高字节数据保存在高存储地址，低字节数据保存在低存储地址，则称为数据存储的小端方式（Little Endian）。大端方式（Big Endian）是指高字节数据保存在低存储地址，低字节数据保存在高存储地址，如图 2-8 中数据 0x12345678 的存储形式。

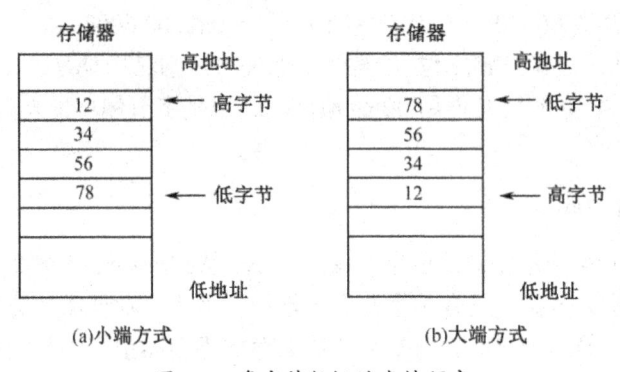

（a）小端方式　　　　（b）大端方式

图 2-8　多字节数据的存储顺序

术语"小端"和"大端"来自《格利佛游记》（*Gulliver's Travels*）的小人国故事：小人儿们为吃鸡蛋从小端打开还是从大端打开引发了一场"战争"。专家在制定网络传输协议时借用了这个词汇，这就是计算机结构中的字节顺序问题。在多字节数据的传输、存储和处理中都存在这样的问题。就像吃鸡蛋无所谓小端还是大端，两种字节顺序形式各有特点，都不比对方更好，只是有些情况更适合小端方式，有些情况采用大端方式更快。例如，Intel 公司的产品采用小端方式，大多数精简指令集计算机 RISC 采用大端方式。

CM3 处理器既支持小端方式的存储系统，也支持大端方式的存储系统，默认采用小端方式。基于 CM3 核心的微控制器产品可能只支持一种方式，如 STM32 微控制器采用小端存储方式。

# 习 题 2

2-1　单项或多项选择题（选择一个或多个符合要求的选项）

（1）Cortex-M3 处理器采用（　　）体系结构。

　　A．ARM v4T　　　　B．ARMv6-M　　　　C．ARM v7-M　　　　D．ARMv8-A

（2）Cortex-M3 处理器的特点包括（　　）。
A．主要应用于微控制器领域的 32 位处理器
B．基于功能强大的复杂指令集计算机结构（CISC）
C．支持 32 位 ARM 指令集和 16 位 Thumb 指令集
D．使用 3 段指令流水线设计
（3）Cortex-M3 处理器在 Thumb 工作状态时，支持的操作模式有（　　）。
A．调试（Debug）模式　　　　　　　B．线程（Thread）模式
C．异常处理（Handler）模式　　　　 D．特权（Privilege）模式
（4）Cortex-M3 处理器的 R14 寄存器的作用是（　　）。
A．程序计数器（Program Counter，PC）　B．连接寄存器（Link Register，LR）
C．堆栈指针寄存器（Stack Pointer，SP）　D．高端寄存器（High Register）
（5）CM3 的应用程序状态寄存器 APSR 包括（　　）状态标志。
A．进位标志 C　　　B．溢出标志 V　　　C．负数标志 N　　　D．零位标志 Z

2-2　2.2 节所述 Cortex-M3 处理器结构中，涉及冯·诺依曼计算机的存储结构和哈佛存储结构。请查阅资料，较深入地说明两者的主要区别。

2-3　Cortex-M3 处理器的程序状态寄存器由哪 3 个状态寄存器组成？举例说明其中 4 个整数状态标志（N-Z-C-V）的含义。

2-4　区分 Cortex-M3 处理器的两种操作状态（State）、两种操作模式（Mode）和两种特权级别（Privilege），并说明相互之间的转换关系。

2-5　什么是 Cortex-M3 处理器的位带区（Bit-band Region）和位带别名区（Bit-band Alias Region）？为什么要设计位带别名区？

2-6　对位于位带区的如下各数据位，求其位带别名区地址：
（1）0x20000000 地址的数据位 0（D0）
（2）0x200FFFFF 地址的数据位 7（D7）
（3）0x20004000 地址的数据位 0（D0）
（4）0x20003000 地址的数据位 2（D2）
（5）0x4001080C 地址的数据位 0（D0）

2-7　什么是 $N$（$N=2^1$，$2^2$，$2^3$，$2^4$，…）字节数据的对齐地址边界？地址边界对齐的优势是什么？不对齐地址边界的特点是什么？

2-8　举例说明多字节数据存储的小端方式和大端方式。

# 第 3 章　Thumb 指令系统

计算机程序由指令组成，指令是控制处理器的基本命令。处理器支持的所有指令构成处理器的指令系统（Instruction Set，也称为指令集）。通过处理器的指令系统，嵌入式系统的底层应用人员可以更深入地了解处理器特点，也便于更好地应用。

## 3.1　ARM 指令集和 Thumb 指令集

遵循精简指令集计算机 RISC 的思想，早期 ARM 处理器固定使用二进制 32 位长度为 ARM 指令编码（指令代码），称为 ARM 指令集。尽管 32 位 ARM 指令的功能强大、性能优越，但相对于 8 位或 16 位指令集结构来说，它的程序代码容量较大，需要占用较多的存储空间。

于是，ARM 公司在其 1995 年推出的 ARM7TDMI 处理器（ARMv4T）中引入了一个新的操作状态，可以运行 16 位编码的指令集。相对于 32 位 ARM 指令集的"粗壮臂膀"，这个 16 位指令集只能算是"纤弱拇指"，所以称为 Thumb 指令集。

这样，传统的 ARM 处理器有两种指令执行状态：32 位 ARM 状态和 16 位 Thumb 状态。ARM 状态使用 32 位指令，支持所有指令，以获得高性能；Thumb 状态使用 16 位指令来提高代码密度，但不能支持所有 ARM 指令的功能。为了取长补短，很多应用程序混合使用 ARM 和 Thumb 代码。不过，ARM 和 Thumb 指令之间的转换需要进行状态切换，带来执行时间和代码数量的额外开销，增加了软件编译的复杂度，使得没有经验的开发人员很难实施软件优化。

为此，在 2003 年推出的 ARM1156T-2 处理器（ARMv6T2）中引入 Thumb-2 技术。Thumb-2 技术是 Thumb 的超集，使用了许多 32 位编码的指令，实现了原来只能由 ARM 指令集完成的功能。采用 Thumb-2 技术后，处理器可以支持 16 位和 32 位指令编码，不需状态切换。这样既简化了软件开发，又易于提高代码密度、效率和性能。

Cortex-M 系列处理器的指令系统为 Thumb，包括最初的 16 位 Thumb 指令和新增的 32 位 Thumb 指令。但是，Cortex-M 系列处理器已经不支持 32 位 ARM 指令了。例如，2006 年发布的 Cortex-M3 处理器使用 Thumb-2 技术，允许混合 16 位和 32 位指令，以提高代码密度和效率。但是，Cortex-M3 处理器不支持所有 Thumb-2 指令，如图 3-1 所示。ARMv7 版本还定义了 Thumb EE（Thumb Execution Environment）执行环境，Thumb EE 指令基于 Thumb 指令，但略有改变和添加，以便生成更好的动态目标代码（指即将执行前或执行中在设备上编译的代码）。

Cortex-M 系列处理器支持的指令并不完全相同，这也是它们之间的区别之一。例如，Cortex-M0、Cortex-M0+和 Cortex-M1 仅支持大多数 16 位 Thumb 指令和少量 32 位 Thumb 指令，Cortex-M3 支持更多的 32 位和 16 位 Thumb 指令，Cortex-M4 还支持 DSP（数字信号处理器）增强指令和可选的浮点指令。

尽管 Cortex-M 系列处理器具有很多指令，但是通常不需要完全掌握每条指令。本章后续内容将介绍 Thumb-2 指令集的主要特色和汇编语言基础，帮助读者理解微控制器的启动代码。

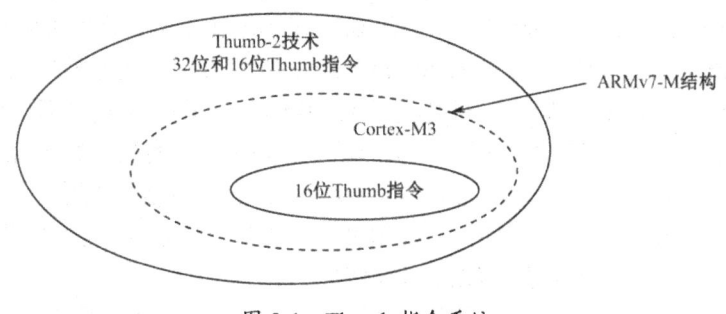

图 3-1 Thumb 指令系统

## 3.2 统一汇编语言

大多数情况下，应用程序代码将使用 C 或其他高级语言编写，多数软件开发人员没有必要熟悉指令集的细节。但是，了解指令集概况和汇编语言语法仍然有用。例如，微控制器最底层的启动代码通常采用汇编语言编写，项目调试时，指令集和汇编语言的相关知识将提供有效的帮助。

Thumb-2 技术之前的 Thumb 指令特色有限，指令语法比较宽松（随意）。随着逐步使用功能强大的 Thumb-2 指令集，传统的 Thumb 语法出现了一些问题。为了更好地在不同体系结构之间实现代码移植，需要在各种 ARM 体系结构中使用相同的汇编语言语法。这就是统一汇编语言（Unified Assembly Language，UAL）。UAL 是 ARM 和 Thumb 指令的通用语法，用于接替早期的 ARM 和 Thumb 汇编语言语法。过去的语法称为 pre-UAL。

最新的 ARM 开发工具已经支持 UAL。pre-UAL 目前仍然被大多数开发工具接受（包括 MDK-ARM 和 ARM 编译工具链），推荐使用 UAL 语法。实际应用时究竟采用哪种语法取决于选择的开发工具。参考开发工具的文档决定哪种语法更适合。

本章内容尤其是前 4 节中有关指令和汇编语言的详细介绍请参考 MDK 帮助文档，重点是汇编程序用户指南（armasm user guide，参考文献 7）。教学过程中，教师可以引导学生阅读，学生也可以主动阅读。

### 3.2.1 汇编语言的语句格式

不同厂商的汇编程序具有不同的语法。但多数情况下，汇编语言指令的助记符相同，只是指示符、定义、标号和注释语法不同。本书使用 ARM 汇编程序（用于 ARM RealView 编译工具链 DS-5 和 Keil 的 MDK），主要基于 ARM 的统一汇编语言 UAL 语法。

程序由一条条语句组成，每条语句（指令）的通用格式如下：

| [标识符] | [指令\|指示符\|伪指令] | [；注释] |

如果使用英文形式表达，如下所示：

| [symbol] | [instruction\|directive\|pseudo-instruction] | [;comment] |

其中，一对 "[ ]" 表示可选；"|" 表达 "或者"，即多个之一。

① 标识符（symbol）在指令和伪指令语句中也被称为标号（Label），是代表（伪）指令地址的符号；在指示符语句中，可以是一个变量、常量或其他名称，具体含义由指示符确定。标

识符必须起始于该行的第 1 列（**顶格书写**），可以与其他部分在同一行或不同行。

② 指令（instruction）和伪指令（pseudo-instruction）组成了处理器执行代码，通常对应处理器指令。指示符（directive）是控制汇编程序（Assembler）翻译语句（即汇编）的命令。

指令、伪指令和指示符使用助记符号（mnemonic）表达。**所有助记符不能顶格书写**，即使之前没有标识符，也需要用空格（Space）或制表符（Tab）让出顶格位置。

在 ARM 处理器的汇编语言中，伪指令语句可能产生处理器指令，也可能生成指示符语句；而在其他处理器的汇编语言中，通常把指示符称为伪指令。

③ 注释（comments）是对语句、程序的说明，以方便自己和别人阅读。注释以";"开始，可以采用任何自然语言。

注意，UAL 语法规定字母大、小写敏感。助记符、寄存器可以全是大写或者全是小写，但不能大、小写混用。标识符在其范围内必须唯一，可以使用大、小写字母、数字或下划线；除了用于定义局部标号（参见 AREA 指示符的介绍），不要以数字开头。

通常，一条语句占用一行，但标号可以单独占一行，还可以使用续行符号"\"表示下一行内容与当前行内容是同一条语句。一个语句行（包括续行）不能超过 4095 个字符。

### 3.2.2 汇编语言的程序结构

如果采用汇编语言编程，汇编语言源程序文件通常需要包括以下内容：

① 在代码区定义指令代码序列，汇编后保存在代码（CODE）存储器。

② 在数据区声明使用的数据，还可以提供初始值或常量，汇编后在数据（DATA）存储器预留空间（初值）。

③ 系统堆栈，在存储器中保留空间，设置堆栈指针 SP。

采用高级语言编程，当前的开发工具通常在一个启动文件中包含了这些初始化工作（使用汇编语言书写）。高级语言程序员只是在必要时验证预定义的系统堆栈是否满足应用程序的需求。

下面简单介绍形成汇编语言源程序结构的主要汇编语言指示符。指示符是告知汇编程序如何翻译语句的汇编命令。

（1）区域指示符 AERA

汇编语言程序至少有两部分：代码区和数据区，被称为区段（Section），并需要分开，使用"区域"AREA 指示符定义。格式如下：

```
AREA．区段名  [,类型]  [,属性]
……                    ;区段内容，指令或数据定义
```

"区段名"是标示该区段的名称。区段名如果以数字开头，必须使用两个"|"括起，如"|3_code|"；不是数字开头，也可以使用两个"|"括起。以 0~99 开头的标号表示局部标号，局限于 AREA 指示符的范围。与其他标号不同，局部标号可以重复定义，便于在宏中应用。

这里的"[ ]"表示可选。

"类型"是代码（CODE）或数据（DATA）。

"属性"主要是一些选项，多个选项用","分隔。

- ❖ readonly：只读（CODE 区段的默认属性）。
- ❖ readwrite：可读可写（DATA 区段的默认属性）。

- ❖ noinit：说明 DATA 区段没有初始值，或初始值为 0。
- ❖ align=n：说明地址对齐 $2^n$ 进行分配，$n$ 是 0～31 之间的数值。

例如：

```
    AREA    ARMex, CODE, READONLY    ; Name this block of code ARMex
```

（2）过程（函数）指示符 PROC/ENDP（FUNCTION/ENDFUNC）

过程（函数）指示符定义一个过程（函数），以便调用。

```
label    PROC [{reglist1} [, {reglist2}]]    ;过程开始
         ……                                   ;过程语句
         ENDP                                 ;过程结束
```

这里的"[]"表示可选的项目；"{}"是需要的符号，表示范围。

过程（函数）名用 label 指示。"{reglist1}"是可选项，是过程要保护的 ARM 寄存器列表。"{reglist2}"也是可选项，是过程要保护的 VFP（浮点处理单元）寄存器列表。

指令可以在过程之内，例如：

```
         AREA    New_Section, CODE, readonly, align = 2
MyFunct  PROC
         ……                     ; body of the procedure (instructions)
         ENDP
```

PROC/ENDP 也可以使用 FUNCTION/ENDFUNC 替代。

（3）起始执行指示符 ENTRY

起始执行指示符表示程序入口，即程序的第一条执行指令。

```
    ENTRY                        ; Mark first instruction to execute
```

（4）汇编结束指示符 END

汇编结束指示符表示汇编语言源程序代码到此结束，之后的任何内容不再汇编。

```
    END                          ; Mark end of file
```

（5）地址对齐指示符 ALIGN

地址对齐指示符按照指定的边界对齐原则对齐当前位置，使用 0 或者 NOP 指令填充可能的存储单元。

```
    ALIGN {expr{,offset{,pad{,padsize}}}}
```

由于 ARM 处理器在大多数情况下都要求对齐地址边界操作，所以经常需要使用 ALIGN 指令，以保证数据和代码对齐了适合的地址边界。常用的形式如下：

```
    ALIGN              ;不带参数，设置当前位置是下一个字（4字节）边界
    ALIGN expr         ;对齐 expr 字节边界。expr 是 2 幂次方的值，如 2, 4, 8, …
```

（6）Thumb 指令集指示符

```
    THUMB                        ; Thumb code written in UAL syntax
```

在 Keil MDK 中，"THUMB"指示符表示使用 UAL 语法的 Thumb 指令，"CODE16"指示符表示使用 pre-UAL 语法的 Thumb 指令（或者汇编时带上"-16"参数）。Thumb-2 处理器使用 16 位 Thumb 指令可减小代码大小（容量）。不支持 Thumb-2 指令的处理器也可以使用 UAL 语言，不过只能使用处理器支持的 Thumb 指令，否则汇编器报错。

### 3.2.3 存储器空间分配指示符

存储器空间分配指示符用于保留存储空间,还可以为这些存储空间预赋初值,主要用于数据区段。

(1)预留存储器空间指示符

```
{label}    SPACE expr
{label}    FILL expr {,value{,valuesize} }
```

SPACE 伪指令预留内容是 0 的存储空间,SPACE 可以用 "%" 替代。FILL 伪指令预留内容是 value 值的存储空间。

- ❖ label 是可选的标号。
- ❖ expr 是分配存储器空间的大小(字节为单位)。
- ❖ value 是在存储空间预留的值,可选;如果没有,表示是 0(NOINIT 区段必须是 0)。
- ❖ valuesize 是 value 的大小,可以是 1、2 或 4,可选;如果没有,是 1。

(2)数据定义指示符

```
{label}    DCB expr{,expr}
{label}    DCW{U} expr{,expr}
{label}    DCD{U} expr{,expr}
{label}    DCQ{U} expr{,expr}
```

DCB、DCW、DCD、DCQ 依次以 1、2、4、8 字节分配空间,并赋初值 expr(可以是多个数值),DCB 的初值 expr 还可以是括起的字符串。没有 U 选项,则要求相应地址对齐。U 选项说明不要求地址对齐,但有风险,慎用。

DC 取自 Define Constant,含义是在存储单元定义一个固定初值。这里指的是在数据区段分配的静态数据,以对应 C 语言在运行时分配在堆和栈中的动态数据和局部变量。

### 3.2.4 常量表达

常量是指各种进制的数值、字符(串)、符号常量等,主要包括:

① 表达十进制整数,只需遵照自然语言常规;但表达十六进制数需要像 C 语言一样使用 0x 前缀。其他进制的常数形式是 n_xxx,表示 n 进制(n 是 2~9)的数据 xxx。

② 字符用一对单引号(')括起单个字符,或者 C 语言标准的转义符(如\n)。

③ 字符串用一对双引号(")。如果字符串中要使用 """ 或者 "$",需要连续使用两个(如 "$$")。字符串中可以使用 C 语言标准的转义符(如 "\n")。

④ 逻辑(布尔)常量有两个值,逻辑真用 "{TRUE}",逻辑假用 "{FALSE}"。

⑤ 符号常量的声明使用等价指示符 EQU,类似 C 语言的预处理语句#define。

在指令和伪指令中,常量(包括常量声明 EQU 语句的符号常量)通常需要使用 "#" 字符作为前导字母。例如:

```
    MOV    R0, #0x12                    ; R0=0x12
```

其中,助记符 MOV 表示传送指令,寄存器 R0 表示传送的目的位置(称为目的操作数),操作数表示数据来源(称为源操作数)。本指令中,"#0x12" 表达十六进制的常数 12,称为立即数(详见 3.3 节所述立即数寻址)。

在 16 位 Thumb 传送指令中，立即数只能是 8 位数据。如果立即数超过 8 位但不超过 16 位，需要使用 32 位传送指令（助记符是 MOVW）。32 位 Thumb-2 传送指令支持 16 位立即数（还支持 MOVW 助记符），立即数传送给 32 位寄存器的低 8 位或低 16 位。然而，32 位指令编码无法直接表达 32 位立即数，例如：

```
MOV    R5, #0X1FF400              ;汇编错误！
```

处理器不支持直接对寄存器赋 32 位数据，程序员可以使用间接的方法，如先将 32 位数据保存在存储器，再用存储器载入指令赋值。针对这个问题，ARM 公司提供了更有效的解决方案，如下所述。

（1）组合 MOV 和 MOVT 指令

例如，要为 R5 寄存器传送 32 位立即数"#0X1FF400"，代码如下：

```
MOV    R5, #0XF400               ;传送低 16 位，扩展为 32 位：R5 = 0x0000F400
MOVT   R5, #0X001F               ;传送高 16 位，组合低 16 位：R5 = 0x001FF400
```

UAL 语法支持 MOV32 伪指令，能够自动产生类似的上述指令组合，格式如下：

```
MOV32{cond}   Rd, expr           ;Rd 表示寄存器，{cond}表示条件（第 3.4 节）
```

例如：

```
MOV32   R5,#0X1FF400
```

（2）使用 LDR 伪指令（只能用于对寄存器赋值）

传统 ARM 汇编语言定义了 LDR 伪指令，一般格式如下：

```
LDR    Rd, =const                ;Rd 表示寄存器，const 是数值
```

为 R5 寄存器赋值"#0X1FF400"的伪指令语句如下：

```
LDR    R5,=0X1FF400              ;R5=0x1FF400
```

注意，该指令使用了"="引导数值。实际上，这里没有立即数，而是被汇编程序翻译成如下类似的指令：

```
LDR    R5,[PC,#18]
```

这个 LDR 助记符表达的是处理器指令，其功能是从存储单元获取（Load）数据，再传送给寄存器（Register），详见 3.4 节。该指令表示从存储单元（本例是[PC+18]）获得数据（假设是 0X1FF400），该数据被汇编程序保存于事先创建的存储区域（假设是当前 PC 的偏移位置 18）中。这个存储区域（称为 Literal Pools）默认是代码区域最后，不超过 4K 偏移位置（如果超过，需要使用 LTORG 指示符）。

另外，这个汇编程序支持的伪指令"LDR Rd, =const"也是获得指针（变量地址）的方法。LDR 伪指令总是被汇编程序翻译成为"MOV Rd, #const"或"LDR Rd, [PC,#n]"指令。

## 3.3 数据寻址

运行的程序保存于主存储器，需要通过存储器地址访问程序的指令和数据。通过地址访问指令或数据的方法称为寻址方式（Addressing Mode）。一条指令执行后，确定下一条执行指令的方法是指令寻址。在指令执行过程中，访问所需操作的数据（操作数）的方法是数据寻址（Data-Addressing）。

处理器指令操作的对象是数据，灵活而高效的数据访问（寻址）方法对处理器来说非常重要。好在绝大多数指令采用相同的数据寻址方法，主要有以下 3 类。

- ❖ 立即数寻址：从指令的机器代码中获得数据（操作数）。
- ❖ 寄存器寻址：从处理器的寄存器中访问数据（操作数）。
- ❖ 存储器寻址：从主存储器中访问数据（操作数）。

立即数寻址中，数据（操作数）本身直接编码在指令的机器代码中，指令执行时可以立即从机器代码中获得。因此这个数据被称为立即数（Immediate）。在汇编语言中，立即数多以常量形式表达；而在 UAL 中，要求用 "#" 作为前导，以示区别。

立即数只能是源操作数，在 3.2.4 节有示例说明，不再赘述。本节主要介绍 ARM 富有特色的寄存器寻址和存储器寻址。

## 3.3.1 寄存器寻址

寄存器寻址是从寄存器中获取数据，或将数据保存于寄存器。汇编语言通常使用寄存器名称表达。

Cortex-M3 处理器的通用寄存器有 13 个：R0～R12。多数情况下，R13（SP）和 R14（LR）可以像其他通用寄存器一样使用，但它们有特定含义和作用，所以要小心使用。而对于 R15（PC），大多数指令拒绝使用它，因为它将改变程序流程，非常危险。应该使用跳转指令（B、BL、BX 等）改变流程。

在前面多条指令示例中，寄存器名称都代表了寄存器寻址。ARM 处理器设计了特有的寄存器移位寻址方式，应用于 ARM 指令和 Thumb-2 的 32 位指令（源操作数）。寄存器的移位操作有 5 种，如图 3-2 所示，其中 CF（Carry Flag）为进位标志。

| 移位功能 | 操作符 | 功能图示 |
| --- | --- | --- |
| 逻辑左移 | LSL（Logical Shift Left） | 操作数 CF ← ← 0 |
| 逻辑右移 | LSR（Logical Shift Right） | 操作数 0 → → CF |
| 算术右移 | ASR（Arithmetic Shift Right） | 操作数 → CF |
| 循环右移 | ROR（Rotate Right） | 操作数 → CF |
| 循环右移扩展 | RRX（Rotate Right eXtended） | 操作数 → CF |

图 3-2 移位操作

例如，在加法 ADD 指令中使用的寄存器移位寻址如下：

```
ADD    R0, R1, R2, LSL #3            ;R0 ← R1 + (R2<<3)
```

该指令先将 R2 寄存器的内容左移 3 位，然后与 R1 寄存器内容相加，结果保存于 R0 中。

寄存器移位寻址在 ARM 处理器中非常实用。例如，利用寄存器移位寻址，传送 MOV 指令可以实现移位操作，指令系统不必设计移位操作指令。在 UAL 语法中，对于只有移位没有其他操作的 MOV 指令，还可以使用 LSL、LSR、ASR、ROR 和 RRX 助记符替代，如表 3-1 所示。

表 3-1 寄存器移位寻址实现移位指令

| 指令功能 | UAL 语法 | pre-UAL 语法 |
|---|---|---|
| 逻辑左移 | LSL Rd, Rn, #n | MOV Rd, Rn, LSL #n |
| 逻辑右移 | LSR Rd, Rn, #n | MOV Rd, Rn, LSR #n |
| 算术右移 | ASR Rd, Rn, #n | MOV Rd, Rn, ASR #n |
| 循环右移 | ROR Rd, Rn, #n | MOV Rd, Rn, ROR #n |
| 循环右移扩展 | RRX Rd, Rn | MOV Rd, Rn, RRX |

注：Rd 表示目的寄存器，Rn 表示源寄存器，#n 表示移位位数。

再如，利用寄存器移位寻址功能，可以实现 32 位立即数传输。在 3.2.4 节中，实现赋值 R5 为 32 位数据（0X1FF400）的示例如下：

```
MOV    R5, #0XF400                   ;传送数据的低 16 位到 R5 低 16 位部分
MOV    R1, #0X1F                     ;传送数据的高 16 位到 R1 低 16 位部分
ADD    R5, R1, LSL #16               ;R5 ← R5 + (R1<<16)
```

上述 ADD（加法）指令首先将 R1 内容逻辑左移 16 位，实现在高 16 位部分保存数据的高 16 位；然后与 R5 的低 16 位相加，组合成整个 32 位数据；最后保存于 R5 中。

## 3.3.2 存储器寻址

通过存储器地址访问主存单元中的数据就是数据的存储器寻址。

传统的复杂指令集计算机 CISC 的许多指令都可以访问存储器，而精简指令集计算机 RISC 采用 Load-Store 结构，即访问存储器操作数的指令只有载入（Load）和存储（Store），ARM 处理器对应的指令是 LDR 和 STR，一般格式如下：

```
LDR    Rt, expr                      ;读取存储器操作数 Load to Register
STR    Rt, expr                      ;存储存储器操作数 Store from Register
```

其中，Rt 表示寄存器，expr 表示存储器操作数。存储器操作数 expr 又有多种形式（寻址方式），下面以 LDR 指令为例说明。

### 1. 寄存器间接寻址（Indirect addressing）

```
LDR    Rt, [Rn]                      ;Rt = [Rn]
```

expr 是[Rn]形式，表示存储器地址保存在某个通用寄存器（Rn）中。

ARM 处理器不支持存储器的直接寻址方式。

### 2. 寄存器偏移寻址（Indirect addressing with displacement）

```
LDR    Rt, [Rn,#offset]           ; ① Rt = [Rn + offset]
LDR    Rt, [Rn,Rm]                ; ② Rt = [Rn + Rm]
LDR    Rt, [Rn,Rm shift #n]       ; ③ Rt = [Rn + (Rm shift #n)]
```

存储器地址由通用寄存器（Rn）内容加上一个位移量（Displacement，也称偏移量 Offset）组成。其中，位移量有 3 种形式：① 立即数（通常在 4 KB 范围内），表示为#offset；② 寄存器，表示为 Rm；③ 寄存器移位，表示为 Rm shift #n。"shift"代表 5 种移位（LSL、LSR、ASR、ROR、RRX），#n 表示移位次数。

### 3. 寄存器后偏移寻址（Indirect addressing with post-displacement）

```
LDR    Rt, [Rn], #offset          ; ① Rt = [Rn], Rn = Rn + offset
LDR    Rt, [Rn], Rm               ; ② Rt = [Rn], Rn = Rn + Rm
LDR    Rt, [Rn], Rm shift #n      ; ③ Rt = [Rn], Rn = Rn + (Rm shift #n)
```

这种寻址方式的指令具有两个功能：先用[Rn]间接寻址访问存储器内容赋值 Rt，之后将 Rn 加上位移量更新 Rn 的地址。

### 4. 寄存器前偏移寻址（Indirect addressing with pre-displacement）

```
LDR    Rt, [Rn, #offset]!         ; ① Rn = Rn + offset, Rt = [Rn]
LDR    Rt, [Rn, Rm]!              ; ② Rn = Rn + Rm, Rt = [Rn]
LDR    Rt, [Rn, Rm shift #n]!     ; ③ Rn = Rn + (Rm shift #n), Rt = [Rn]
```

这种寻址方式的指令也具有两个功能：先将 Rn 加上位移量更新 Rn 的地址，然后用[Rn]间接寻址访问存储器内容赋值 Rt。汇编语言指令用"!"表示。

由此可见，ARM 处理器设计了多种存储器寻址，其目的是为了更加灵活、高效地访问高级语言的各种数据结构。

## 3.4 常用指令

Cortex-M3 处理器的指令系统提供众多指令，既有常规的存储器访问、数据传输、加减运算、逻辑运算、位操作、跳转、条件分支和功能调用等指令，也有批量数据传输、除法、乘法、饱和运算以及系统控制、操作系统支持等特色指令。本节简单介绍常用的基本指令。

### 3.4.1 处理器指令格式

ARM 处理器的指令格式如下：

```
opcode{S}{cond}    Rd, Rn {, operand2}
```

指令由 opcode（操作码）和 operand（操作数）组成。指令格式中，opcode 是指令操作码，汇编语言中使用助记符表示。Rd、Rn 和 operand2 都是操作数。

Rd 表示目的寄存器，在存储器读（除批量读）指令中，是读入数据的寄存器；在存储器写（除批量存）指令中，其内容将写入存储器。

Rn 表示源操作数寄存器，如果还有第二个源操作数（operand2），这就是第一个源操作数，通常是寄存器。

operand2 是指第二个源操作数，具有多种寻址方式。非存储器访问指令支持常量、寄存器移位寻址（见 3.3.1 节），存储器访问指令支持间接、偏移和前偏移、后偏移寻址（见 3.3.2 节）。

指令格式中，"{ }"表示可选。S 和 cond 两个选项是跟在部分指令助记符的后缀。

① S 表示状态设置：如果没有 S，指令执行后不影响应用程序状态寄存器（APSR）的状态；如果有 S，指令执行后，要根据执行结果更新 APSR 内容。

② cond 表示条件执行：如果没有条件，指令总是执行；如果有条件，只有指定的条件成立，指令才执行；条件不成立，指令不执行。

### 1. 指令后缀 S：更新 APSR

加有 S 后缀的指令执行后，将用结果影响应用程序状态寄存器 APSR 的内容，即负数 N、零 Z、进位 C 和溢出 V 标志的状态。例如：

```
MOV    R0, R1              ; R0 = R1，不更新 APSR
MOVS   R0, R1              ; R0 = R1，更新 APSR
ADDS   R0, R0, R1          ; R0 = R0 + R1，更新 APSR
```

### 2. 指令后缀 cond：条件执行

加有 cond 后缀的指令称为条件执行指令。如果 cond 指定的条件满足，执行指令功能；否则，指令功能不执行，相当于没有这条指令。特别是对于跳转指令（B、BL、BX 等），加有 cond 条件，使这些指令成为条件转移（分支）指令。

条件 cond 有 14 种，如表 3-2 所示。

表 3-2　条件 cond

| 后　缀 | 标　志 | 含　义 |
| --- | --- | --- |
| EQ | Z = 1 | Equal，相等 |
| NE | Z = 0 | Not Equal，不相等 |
| MI | N = 1 | Minus，负数 |
| PL | N = 0 | Plus，正数 |
| VS | V = 1 | oVerflow Set，溢出 |
| VC | V = 0 | oVerflow Clear，未溢出 |
| CS \| HS | C = 1 | Carry Set \| Higher or Same，进位、高于或等于 |
| CC \| LO | C = 0 | Clear Carry \| Lower，无进位、低于 |
| HI | C = 1 AND Z = 0 | unsigned Higher，无符号高于 |
| LS | C = 0 OR Z = 1 | unsigned Lower or Same，无符号低于或等于 |
| GE | N = V | signed Greater than or Equal，有符号大于或等于 |
| LT | N ≠ V | signed Less Than，有符号小于 |
| GT | Z = 0 AND N = V | signed Greater Than，有符号大于 |
| LE | Z = 1 OR N ≠ V | signed Less than or Equal，有符号小于或等于 |

## 3.4.2　数据传送指令

数据传送是最基本的操作，这类指令实现寄存器之间、寄存器与主存之间的数据传送。

### 1. 处理器内的传送指令

在处理器内传送数据的指令包括寄存器之间传送、立即数传送到寄存器，以及专用寄存器与通用寄存器之间传送等。主要的指令如下：

```
MOV{S}{cond} Rd, Operand2          ;寄存器传送
MOV{cond} Rd, #imm16               ;立即数 (imm16) 传送
MVN{S}{cond} Rd, Operand2          ;源操作数取反后传送给目的寄存器
```

取反（NOT）是基本的逻辑运算，利用 MVN 指令取反功能可以实现，例如：

```
MVN    R2, R7                      ;将 R7 内容逐位求反后，传送给 R2
```

### 2. 存储器访问指令

实现存储器读写的常用指令（参见 3.3.2 节）如下：

```
LDR{cond} Rt, Rn, Operand2         ;存储器读
STR{cond} Rt, Rn, Operand2         ;存储器写
```

ARM 处理器还提供存储器批量读写的指令：

```
LDM{addr_mode}{cond} Rn{!}, reglist    ;存储器批量读
STM{addr_mode}{cond} Rn{!}, reglist    ;存储器批量写
```

批量存储器读指令中，用 Rn 指示存储器地址，将从该存储单元开始的多个内容逐个读出并传送给寄存器列表（reglist）。批量存储器写指令中，用 Rn 指示存储器地址，将寄存器列表（reglist）内容从该存储单元开始的多个内容逐个写入。寄存器列表是用"{}"括起、用","分隔的多个寄存器名，连续编号可以用短划线"-"起止。多个寄存器名虽不要求从小到大顺序写，但指令执行过程总是按照从小到大的顺序进行。

如果有"!"可选字符，表示最后的存储器地址被写入 Rn。

可选的地址模式（addr_mode）说明地址是增大还是减小。LDM 和 STM 指令默认是地址增量访问，也可以增加后缀 IA（Increment address After each transfer），明确访问后进行地址增量；如果使用后缀 DB（Decrement address Before each transfer），表示先地址减量，后进行访问。例如：

```
LDM     R8, {R0, R2, R9}
STMDB   R1!, {R3-R6, R11, R12}
```

堆栈操作指令 PUSH 和 POP 实际上是 STMDB 和 LDM（或 LDMIA）使用 R13（SP）作为存储器地址指针的相同指令，如下所示：

```
PUSH{cond} reglist                 ;多个寄存器数据依次压入堆栈
POP{cond} reglist                  ;多个数据依次从堆栈弹出，传给寄存器列表
```

### 3. 获取相对 PC 的地址

存储器地址如果相对于程序计数器 PC 计算，可以生成位置独立的代码，当为代码分配存储器时，只需确定 PC 位置即可。ADR 指令能够获得一个标号相对于 PC 的地址，格式如下：

```
ADR{cond} Rd, label                ;Rd = label 的地址
```

label 是标号，汇编程序也支持 label 加减一个数字或者"[PC, #number]"形式。但此标号必须与 ADR 指令在同一个区段内。如果要获得更大范围的相对 PC 的地址，则使用 ADRL 伪

指令，格式如下：

  ADRL{cond} Rd, label         ;Rd = label 的地址

### 3.4.3 数据处理指令

  数据处理主要是指数据的位操作、算术运算、逻辑运算等操作，也是处理器必备的常用指令。

  移位是基本的位操作，ARM 处理器支持 5 种移位方法（见 3.3.1 节），指令格式如下：

  op{S}{cond} Rd, Rm, Rs
  op{S}{cond} Rd, Rm, #n
  RRX{S}{cond} Rd, Rm

其中，操作码 op 指逻辑左移 LSL、逻辑右移 LSR、算术右移 ASR、循环右移 ROR。Rs 指保存移位位数（次数）的寄存器，只使用最低字节；n 是移位位数。

  加减运算和逻辑运算是数据最常见的处理操作，指令格式如下：

  op{S}{cond} {Rd,} Rn, Operand2     ;Rd ← Rn op oprand2

这里的 op 指如下指令：ADD（加法）、ADC（带进位加法）、SUB（减法）、SBC（带进位减法）和 RSB（反转减法，Reverse Subtract，即 Rd←oprand2 – Rn），以及 AND（逻辑与）、ORR（逻辑或）、EOR（逻辑异或）、BIC（逻辑与非，operand2 求反后与 Rn 相逻辑与）、ORN（逻辑或非，operand2 求反后与 Rn 相逻辑或）。

  加法 ADD 和减法 SUB 指令还支持使用不超过 12 位立即数（imm12）的运算，如下所示：

  op{cond} {Rd,} Rn, #imm12       ;只有 ADD 和 SUB 指令支持

  比较（Compare）两个数据的大小、测试（Test）数据的某些位是编程应用中经常需要的指令。ARM 处理器的相关指令格式如下：

  CMP{cond} Rn, Operand2     ;Rn - oprand2，类似 SUBS，但不保存结果
  CMN{cond} Rn, Operand2     ;Rn + oprand2，类似 ADDS，但不保存结果
  TST{cond} Rn, Operand2      ;Rn 与 oprand2，类似 ANDBS，但不保存结果
  TEQ{cond} Rn, Operand2      ;Rn 异或 oprand2，类似 EORS，但不保存结果

ARM 处理器也提供硬件支持的乘除法指令，如表 3-3 所示。

表 3-3 乘除法指令

| 指令格式 | 指令功能 |
| --- | --- |
| MUL{S}{cond} {Rd,} Rn, Rm | 乘法：Rd = Rn×Rm 低 32 位 |
| MLA{cond} Rd, Rn, Rm, Ra | 乘加：Rd = Rn×Rm 低 32 位 + Ra |
| MLS{cond} Rd, Rn, Rm, Ra | 乘减：Rd = Ra-Rn×Rm 低 32 位 |
| SDIV{cond} {Rd,} Rn, Rm | 有符号数除法：Rd = Rn÷Rm |
| UDIV{cond} {Rd,} Rn, Rm | 无符号数除法：Rd = Rn÷Rm |
| UMULL{cond} RdLo, RdHi, Rn, Rm | 无符号数 64 位长乘法：(RdHi, RdLo) = Rn×Rm |
| SMULL{cond} RdLo, RdHi, Rn, Rm | 有符号数 64 位长乘法：(RdHi, RdLo) = Rn×Rm |
| UMLAL{cond} RdLo, RdHi, Rn, Rm | 无符号数 64 位长乘加：(RdHi, RdLo) = (RdHi, RdLo) + Rn×Rm |
| SMLAL{cond} RdLo, RdHi, Rn, Rm | 有符号数 64 位长乘加：(RdHi, RdLo) = (RdHi, RdLo) + Rn×Rm |

### 3.4.4 分支跳转指令

实现程序分支、循环和调用需要使用无条件转移（跳转，Jump）、有条件转移（分支，Branch）和调用（Call）、返回（Return）指令，ARM 处理器统一使用助记符 B（Branch）表达，又分成如下 4 种形式。

① 采用 PC 相对寻址的跳转指令，格式如下：

| | |
|---|---|
| B{cond} label | ;跳转到 label |
| BL{cond} label | ;跳转并连接到 label，即调用 label 子程序 |

如果没有条件选项 cond，B 指令就是无条件转移指令；加上条件选项 cond，成为有条件转移指令。BL 指令将返回地址（即下一条指令地址）保存进 R14（即连接寄存器 LR），然后跳转，所以它实际上是调用指令。

② 采用寄存器间接寻址的跳转指令，格式如下：

| | |
|---|---|
| BX{cond} Rm | ;跳转到 Rm 指定的地址 |
| BLX{cond} Rm | ;调用 Rm 指定地址的子程序 |

B（BL）和 BX（BLX）指令的区别是跳转到的目标地址提供方式不同。B（BL）指令通过一个标号（label）获得相对 PC 的地址，BX（BLX）指令通过一个寄存器获得地址。例如，BL 调用子程序时把返回地址保存于 R14（LR），因此子程序返回指令可以是：

| | |
|---|---|
| BX    LR | ;子程序返回指令 |

③ 比较是否为 0 的分支指令，格式如下：

| | |
|---|---|
| CBZ   Rn, label | ;Rn 等于 0 跳转到 Label |
| CBNZ Rn, label | ;Rn 不等于 0 跳转到 Label |

执行 CBZ（Compare and Branch on Zero）指令，比较寄存器 Rn 内容是否为 0（但不改变条件标志）。如果等于 0，转移到标号 label 指定的目标地址。与如下两条指令功能相当：

| | |
|---|---|
| CMP   Rn, #0 | ;比较是否为 0 |
| BEQ   label | ;为 0 转移 |

执行 CBNZ（Compare and Branch on Non-Zero）指令，若 Rn 不等于 0，则转移到标号 label 指定的目标地址，与如下两条指令功能相当：

| | |
|---|---|
| CMP   Rn, #0 | ;比较是否为 0 |
| BNE   label | ;为 0 转移 |

④ 条件分支指令，格式如下：

| | |
|---|---|
| IT{x{y{z}}} cond | ;条件分支指令 |

IT（If-Then）指令可后跟最多 4 条指令组成 IT 块指令。cond 说明 IT 块中第 1 条指令执行的条件。x、y 和 z 依次说明 IT 块中第 2、3 和 4 条指令执行的条件开关 T 或 E：如果是 T（Then）表示条件成立执行；否则是 E（Else），表示条件不成立执行。例如：

| | | |
|---|---|---|
| ITTE | NE | ;IT 指令：cond 是 NE，x 是 T，y 是 E |
| ANDNE | r0, r0, r1 | ;IT 块的第 1 个指令，对应 NE 成立执行 |
| ADDSNE | r2, r2, #1 | ;第 2 个条件执行指令，对应 NE 成立执行 |
| MOVEQ | r2, r3 | ;第 3 条指令，对应 EQ 不成立执行 |

ARM 处理器还有其他常见的指令，如表 3-4 所示。例如，不做实质性操作的空操作 NOP（No Operation）指令可用于代码区段填充多余单元，以便实现代码的边界地址对齐；断点 BKPT（Breakpoint）指令使处理器进入调试状态（imm 可被调试程序用于保存断点的额外信息）。管理员调用（Supervisor Call，SVC）指令，使处理器产生异常，进入管理员模式（imm 可被异常处理程序获取，决定请求的服务）。等待中断（Wait For Interrupt，WFI）指令让处理器暂停执行，直到中断产生并响应，或者有调试（Debug Entry）请求等情况发生。

表 3-4 其他指令

| 指令格式 | 指 令 | 指令格式 | 指 令 |
| --- | --- | --- | --- |
| NOP{cond} | 空操作指令 | SVC{cond} #imm | 管理员调用指令 |
| BKPT #imm | 断点指令 | WFI{cond} | 等待中断指令 |

## 3.5 STM32 启动代码

启动（Startup）代码是微控制器（处理器）上电或复位后执行的最初的程序代码（程序运行入口点），用来初始化硬件电路，以及为高级语言编写的应用程序做好运行前准备。启动代码通常采用汇编语言编写。

启动代码与使用的处理器和硬件设备有关，但过程大致相同。启动代码主要包括堆和栈的定义及初始化、异常（中断）向量表的建立（设置堆栈指针 SP 初值和程序计数器 PC 初值）、默认异常（中断）处理程序。在复位处理程序中调用函数配置时钟系统，最终转向高级语言的主函数（例如 C 语言的 main 函数）开始执行应用程序。

Cortex-M3 处理器从代码区启动，规定起始地址必须存放堆顶指针（32 位，4 字节），第 2 个地址（起始地址加 4 的存储单元地址）必须存放复位程序入口地址。这样，Cortex-M3 处理器复位后，自动从起始地址的下一个 32 位地址空间取出复位中断处理程序的入口地址（也称入口向量），跳转去执行复位中断服务程序。

STM32 微控制器通过设置启动（boot）引脚，可以选择 3 种起始地址：代码区 Flash（起始地址为 0x8000000）、代码区系统存储器（起始地址 0x1FFFF000）和 SRAM 区（起始地址为 0x2000000）。下面将以 STM32 微控制器为例，详细说明启动代码。

在 STM32 固件库 V3.5.0 中（见第 4 章），STM32 启动代码的文件名是 startup_stm32f10x_??.s，其中 "??" 表示不同类型的 STM32 微控制器。例如，"hd" 表示高密度容量的微控制器芯片。但不论何种类型，启动代码基本一样，可以分成 4 个片段，依次是：定义堆和栈的大小，定义中断向量表，默认的中断处理程序，用户初始化堆和栈。

在下面分析启动代码的过程中，会遇到之前没有学习的内容（如汇编语言指示符等），请参阅 ARM 汇编程序用户指南（参考文献 7）。

1. 定义堆和栈的大小（片断 1）

```
Stack_Size      EQU 0x00000400    ;定义栈空间大小为 0x400 (= 1K)
                AREA STACK, NOINIT, READWRITE, ALIGN=3
                                  ;定义栈 STACK，未初始化，可读可写，8 字节对齐
Stack_Mem       SPACE Stack_Size  ;为栈分配 Stack_Size 字节的主存空间
__initial_sp                      ;栈地址标号
```

```
Heap_Size      EQU 0x00000200           ;定义堆空间大小为 0x200 (= 0.5K)
        AREA HEAP, NOINIT, READWRITE, ALIGN=3
                                        ;定义堆 HEAP，未初始化，可读可写，8 字节对齐
__heap_base                             ;堆基地址标号
Heap_Mem       SPACE Heap_Size          ;为堆分配 Heap_Size 字节的主存空间
__heap_limit                            ;堆容量地址标号
        PRESERVE8                       ;指定当前堆栈 8 字节对齐
        THUMB                           ;使用 32 位 Thumb 指令，支持 UAL 汇编语言
```

片段 1 的作用是先在 RAM（内部 RAM 的起始地址为 0x20000000）中分配系统使用的栈，然后在 RAM 中分配变量使用的堆。

栈（Stack）是局部变量、参数传递等需要使用的存储空间，必不可少。

堆（Heap）是高级语言执行程序时，动态申请使用的存储空间。

**2. 定义中断向量表（片断 2）**

```
        AREA RESET, DATA, READONLY      ;定义复位 (RESET) 区、数据区段，只读
        EXPORT  __Vectors               ;定义全局标号，表示可在其他文件中使用
        EXPORT  __Vectors_End
        EXPORT  __Vectors_Size
;EXPORT（GLOBAL）指示符声明一个其他模块文件和库文件可用的标识符
;__Vectors 表示中断的向量地址（中断处理程序的入口地址）
__Vectors
        DCD     __initial_sp            ;地址 0x00 保存堆栈指针 (__initial_sp)
        DCD     Reset_Handler           ;地址 0x04 保存复位处理程序的入口地址
        DCD     NMI_Handler             ;地址 0x08 保存 NMI 中断服务程序的地址
        DCD     HardFault_Handler       ;硬件失效处理程序
        DCD     MemManage_Handler       ;存储器保护单元失效处理程序
        DCD     BusFault_Handler        ;总线失效处理程序
        DCD     UsageFault_Handler      ;指令失效处理程序
        DCD     0                       ;保留
        DCD     0                       ;保留
        DCD     0                       ;保留
        DCD     0                       ;保留
        DCD     SVC_Handler             ;管理员调用处理程序
        DCD     DebugMon_Handler        ;调试监控处理程序
        DCD     0                       ;保留
        DCD     PendSV_Handler          ;系统服务处理程序
        DCD     SysTick_Handler         ;系统时钟处理程序
;以下是外部中断的处理程序入口地址
        DCD     WWDG_IRQHandler         ;Window Watchdog
        DCD     PVD_IRQHandler          ;PVD through EXTI Line detect
        DCD     TAMPER_IRQHandler       ;Tamper
        DCD     RTC_IRQHandler          ;RTC
        DCD     FLASH_IRQHandler        ;Flash
        DCD     RCC_IRQHandler          ;RCC
        DCD     EXTI0_IRQHandler        ;EXTI Line 0
        DCD     EXTI1_IRQHandler        ;EXTI Line 1
```

```
        DCD     EXTI2_IRQHandler              ; EXTI Line 2
        DCD     EXTI3_IRQHandler              ; EXTI Line 3
        DCD     EXTI4_IRQHandler              ; EXTI Line 4
        DCD     DMAChannel1_IRQHandler        ; DMA Channel 1
        DCD     DMAChannel2_IRQHandler        ; DMA Channel 2
        DCD     DMAChannel3_IRQHandler        ; DMA Channel 3
        DCD     DMAChannel4_IRQHandler        ; DMA Channel 4
        DCD     DMAChannel5_IRQHandler        ; DMA Channel 5
        DCD     DMAChannel6_IRQHandler        ; DMA Channel 6
        DCD     DMAChannel7_IRQHandler        ; DMA Channel 7
        ……                                    ;略
__Vectors_End
__Vectors_Size   EQU __Vectors_End __Vectors
```

片段 2 在代码区分配中断向量表，从地址 0 开始，每 4 字节保存 1 个地址。代码区在内部 Flash，则其启动的起始地址为 0x08000000，该中断向量表就从这个起始地址开始分配。按照 Cortex-M3 和 STM32 对主存空间的使用分配，依次是堆栈指针 SP 值（0x8000000）、复位后执行的第一条指令地址（0x80000004）、NMI（非屏蔽）中断服务程序入口地址……

### 3. 默认的中断处理程序（片断 3）

```
        AREA  |.text|, CODE, READONLY         ;代码区段，只读
Reset_Handler   PROC                          ;复位处理程序 (Reset Handler)
        EXPORT Reset_Handler [WEAK]
        ;[WEAK]属性表示：如果在其他文件也定义该标号（函数），在连接时，使用其他文件的地址；如
        ;果其他文件没有定义，编译器也不报错，则以此处地址进行连接
        IMPORT   __main      ;IMPORT 指示符表示标号在其他文件中定义
        IMPORT   SystemInit
        LDR     R0, =SystemInit               ;把 SystemInit 的地址给 R0
        BLX     R0                            ;调用 SystemInit，初始化 STM32 的时钟系统
        LDR     R0, =__main                   ;把 __main 的地址给 R0
        BX      R0                            ;跳转到 __main 标号
        ENDP
        ;以下是异常（中断）处理程序（功能是无限循环）
NMI_Handler     PROC                          ;NMI 处理程序
        EXPORT  NMI_Handler [WEAK]
        B .                                   ;"."代表当前（指令）地址
                                              ;"B ."类似 C 语言的 while(1)语句
        ENDP
HardFault_Handler\                            ;"\"是换行符，表示与下一行是同一条语句
        PROC
        EXPORT HardFault_Handler [WEAK]
        B .
        ENDP
        ……                                    ;略
SysTick_Handler    PROC
        EXPORT   SysTick_Handler [WEAK]
        B .
```

```
            ENDP
Default_Handler    PROC                      ;默认的异常处理程序
       EXPORT   WWDG_IRQHandler [WEAK]
       EXPORT   PVD_IRQHandler [WEAK]
       ……                                    ;略
    WWDG_IRQHandler                          ;外部中断共同使用默认的异常处理程序
    PVD_IRQHandler
       ……                                    ;略
       B .                                   ;程序的功能是无限循环
       ENDP
       ALIGN                                 ;按照要求对齐，必要时进行字节填充
```

片段 3 实现各种默认的中断处理程序（函数）。启动代码只实现了复位处理程序，其他都是死循环（可以根据需要修改，但通常利用高级语言编写，进而替代此处的程序。这也是使用 [WEAK] 属性的原因）。当 STM32 微控制器收到复位信号后，将从第 2 个起始地址处（启动代码片段 2 定义）取出复位服务入口地址，执行复位程序，然后跳转 __main 函数，最后进入用户应用程序的 mian 函数。

注意：__main 标号并不是 C 语言程序的 main 函数入口地址，而是表示 C/C++ 语言标准实时库函数里的一个初始化子程序 __main 的入口地址（由编译器生成）。该程序的一个主要作用是初始化堆栈（跳转到 __user_initial_stackheap 标号进行初始化堆和栈，参见下面的启动代码片段 4），并初始化映像文件，最后跳转到 C 语言程序的 main() 函数。

SystemInit 定义在 STM32 固件库的 system_stm32f10x.c 中，主要初始化了 STM32 的时钟系统：HIS、HSE、LSI、LSE、PLL、SYSCLK、USBCLK、APECLK 等。STM32 固件库 V3.5.0 前版本的启动代码没有调用 SystemInit，需要用户在应用程序的主函数 main() 中首先调用。

### 4．用户初始化堆和栈（片断 4）

```
       IF : DEF : __MICROLIB                 ;如果定义了__MICROLIB，则为真，否则为假
       EXPORT    __initial_sp                ;为真，让外部文件使用定义的堆和栈地址
       EXPORT    __heap_base
       EXPORT    __heap_limit
       ELSE                                  ;为假，使用默认的 C 语言运行库
       IMPORT    __use_two_region_memory
       EXPORT    __user_initial_stackheap
    __user_initial_stackheap                 ;设置启动代码定义的堆和栈地址
       LDR     R0, = Heap_Mem                ;R0 保存堆的起始地址
       LDR     R1, =(Stack_Mem + Stack_Size) ;R1 保存栈的大小
       LDR     R2, = (Heap_Mem + Heap_Size)  ;R2 保存堆的大小
       LDR     R3, = Stack_Mem               ;R3 保存栈的栈顶指针
       BX      LR
       ALIGN
       ENDIF
       END                                   ;汇编语言程序（启动代码）到此结束
```

片段 1 定义了堆和栈的大小，但没有初始化。片段 4 根据是否使用微库（MicroLib），设置堆和栈。如果使用 MicroLib，则由外部设置堆和栈；否则，按照片段 1 定义的大小设置堆和栈，并保存于 R0~R3 寄存器。

微库（MicroLib）是为基于 ARM 的嵌入式应用编写的一个高度优化的 C 语言库。相对于 ARM 编译器工具链的标准 C 库，MicroLib 提供了更紧凑的代码大小，可应用于无操作系统支持的情况（也可以配合操作系统一起使用），但没有文件 I/O 和宽字符支持，有些函数执行速度略慢。MicroLib 的选择在开发工具 MDK-ARM 的"目标（Target）"选项中（详见第 7 章）。

通过上述分析，我们看到：启动代码为应用程序员设置了必要的堆和栈空间，建立了中断向量表，然后执行复位程序，最终转入主函数，如图 3-3 所示。

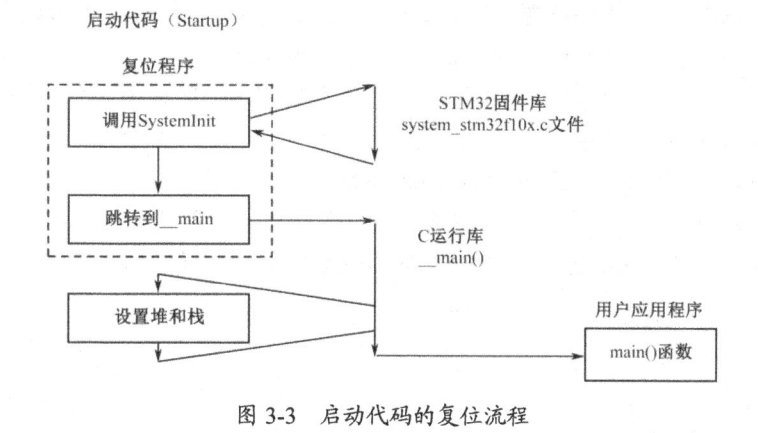

图 3-3　启动代码的复位流程

## 3.6　开发工具 MDK

Keil ARM Microcontroller Development Kit（MDK-ARM，以下简称 MDK）是流行的 Cortex-M 处理器商业开发平台，包括开发过程要用到的各种组件。本书以 MDK 第 5 版为例，包括 MDK 核心（MDK Core）以及设备相关的软件包（Software Packs）。

MDK 核心包括 μVision 集成开发环境（IDE）、ARM 编译工具（C/C++编译器、汇编器、连接器等）、调试器和模拟器、软件包安装程序等。

软件包有设备驱动程序库（如系统设备、启动代码、外设驱动），Cortex 微控制器软件接口标准 CMSIS 库、中间件（网络支持、文件系统、USB 支持等）、代码模板，示例项目等程序。

使用 MDK 学习 Cortex-M 微控制器编程，可以不使用硬件开发板，因为 μVision 环境含有一个指令集模拟器，用于测试简单程序。当然，也有许多价格低廉的开发套件适合初学人员。MDK 的调试器支持许多调试适配器（仿真器），如 Keil ULINK2、ULINK pro、ULINK-ME、Signum Systems JTAGjet、Segger 的 J-LINK 和 J-Trace 等。

Keil 网站提供 MDK 的下载，其中精简版（Lite version）免费，没有时间限制，但限制编译后的程序代码容量不超过 32 KB。在 Keil 公司网站注册后才可以免费下载 MDK-Lite，如 2014 年 9 月 24 日是 mdk512.exe（434699 KB）。

### 3.6.1　MDK 安装

MDK V5 目前有 4 个版本：MDK-Lite（简化版）、MDK-Basic（基本版）、MDK-Standard （标准版）和 MDK-Professional（专业版）。所有版本均提供完整的 C/C++开发环境，不同的版本面向不同需求的用户。例如，MDK-Lite（简化版）只能生成小于 32 KB 代码和数据文件，专业版还包括扩展的中间件库等。本书采用 MDK V5.11 标准版，但适用于其他 MDK V5 版。

MDK V5 程序分成两部分：核心程序（MDK Core）、软件包安装程序（Pack Installer）。

双击可执行的压缩包文件（如 MDK511.exe），运行、启动 MDK 核心程序的安装过程，同意许可协议，选择安装目录（如图 3-4 所示），填写姓名和电子邮件地址，然后单击 Next（下一步）按钮，直至基本程序安装结束。

安装基本程序之后，自动启动软件包安装程序，用于安装设备（Devices）和评估板（Boards）驱动程序包（Packs）以及示例程序（Examples）等。软件包安装程序也可以在集成开发环境 µVision 中启动（菜单命令是 Project→Manage→Pack Installer）。

利用软件包安装程序，用户根据项目需求选择安装相应的驱动程序包（如图 3-5 所示），如 Cortex 微控制器软件接口标准 CMSIS 程序库 ARM::CMSIS（默认安装）、Keil MDK-ARM 基于 Cortex-M 的专业中间件 Keil::MDK-Middleware（默认安装）、ST 公司 STM32F1xx 驱动程序库 Keil::STM32F1xx_DFP（自行选择安装）等。驱动程序包需要通过网络下载，然后单击下载的驱动程序包文件（如 Keil.STM32F1xx_DFP.2.0.0.pack）进行安装。

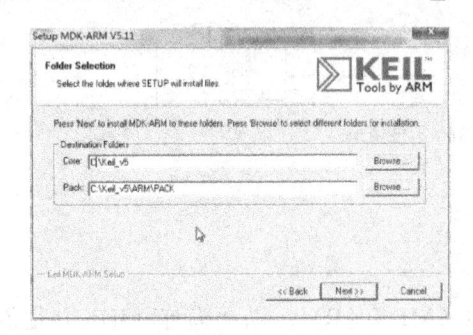

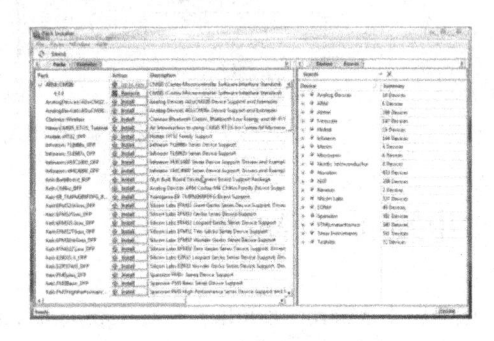

图 3-4　选择安装目录　　　　　　　　图 3-5　选择驱动程序包

如果是商业软件，通过快捷方式启动 Keil µVision 5（Windows 7 要求"以管理员身份运行"），然后选择"文件（File）"菜单的"许可证管理（License Management）"，再填入获得的许可证 ID 码（LIC）。

### 3.6.2　MDK 目录结构

MDK V5 安装完成，在 Keil_v5 安装目录下有可执行程序、开发板（评估板）例程、示例程序、启动代码等，如图 3-6 所示。3 个驱动程序库的文件安装在\Keil_v5\ARM\Pack 目录下，依次是 ARM\CMSIS、Keil\MDK-Middleware 和 Keil\STM32F1xx_DFP，如图 3-7 所示，其中 STM32F1xx 驱动程序库是 V3.5.0 版。

各 MDK 版本的目录结构不尽相同，但主要目录和文件没有大的变化。例如在 MDK-ARM v5.11 安装后，Keil_v5 目录下建立有 ARM 子目录和 UV4 子目录（实际上是 µVision 5 的文件），其中 ARM 目录有多个子目录。

① Keil_v5\ARM\ARMCC\bin 保存主要的程序文件。例如，armcc.exe 是 C/C++编译程序，armasm.exe 是汇编程序，armlink.exe 是连接程序，fromelf.exe 是映像转换、生成下载文件的程序。Keil_v5\ARM\ARMCC\include 保存 C/C++语言的标准头文件（包含文件），如 stdio.h 是 C 语言的标准输入/输出头文件。

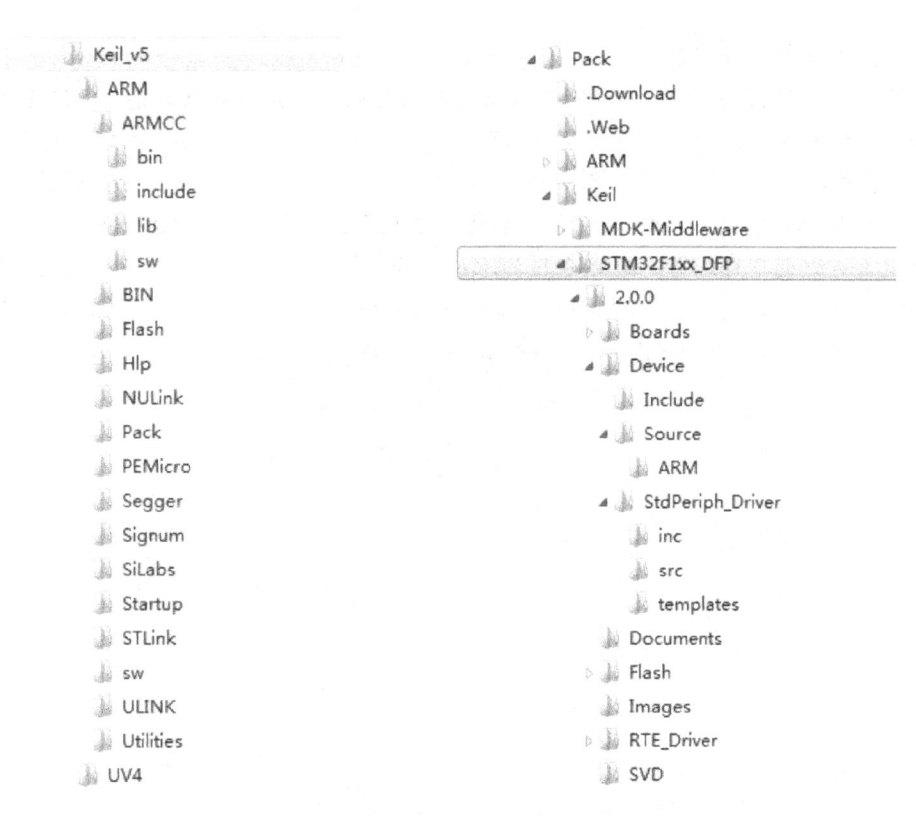

图 3-6　MDK-ARM 安装目录　　　　　图 3-7　驱动程序包安装目录

② Keil_v5\ARM\BIN 保存动态链接库 DLL，Keil_v5\ARM\Hlp 保存各种帮助文件。

③ Keil_v5\ARM\Pack 是驱动程序包（库）所在的文件目录。其中，Keil_v5\ARM\Pack\ARM 保存 ARM 公司提供的基本驱动程库，如 core_cm3.h 是 CMSIS Cortex-M3 核心外设访问层头文件（CMSIS Cortex-M3 Core Peripheral Access Layer Header File）。之前安装的 ST 公司 STM32F1xx 驱动程序库保存于 Keil_v5\ARM\Pack\Keil 目录，其中有启动代码文件、外设驱动程序的头文件和源程序文件等。

### 3.6.3　创建应用程序

作为一个实用的商业开发平台，MDK 具有功能强大、应用灵活等优势。虽然 MDK 号称易学好用，但对初学者来说，仍然面临界面复杂、操作烦琐等问题。"实践是最好的老师"，希望读者多上机练习，反复操作，熟练掌握 MDK 的应用。本节简单介绍创建一个应用程序的主要过程，引出汇编语言程序示例，让读者对 MDK 有一个初步认识，熟悉其基本操作。在后续章节，将随着应用项目逐步展开更多内容。

#### 1. 新建工程项目

在 μVision 界面中，从"项目（Project，常译为工程）"菜单中选择"新建项目（New μVision Project）"命令。

<1> 选择或新建一个目录（建议为每个项目单独创建一个文件夹），并输入项目文件名（如

test），μVision 5 文件扩展名是.uvprojx（μVision 4 是.uvproj）。

<2> 根据使用的硬件设备（Device）选择目标微控制器（如微控制器是 STM32F103ZET6，选择 STMicroelectronics 公司的 STM32F103ZE 处理器）。在 MDK V5 中，用户只会看到安装过软件包的微控制器。创建项目后，选择 Project→Select Device for Target 命令，修改目标设备。

<3> 选择目标设备之后，弹出"运行环境管理（Manage Run-time Environment）"对话框，显示与该设备有关的软件组件。根据项目需求，选择相应的驱动程序，其中"设备（Device）"展开后的启动代码（Startup）必不可少；还需选中 CMSIS 的核心（Core）代码，如图 3-8 所示。

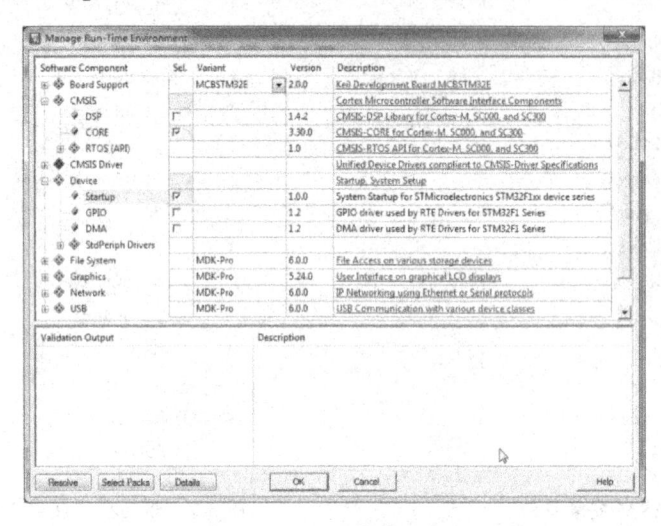

图 3-8　运行环境管理窗口

选中设备的启动代码后，在"验证输出（Validation Output）"文本框中提示还需要与之相关的 CMSIS-CORE。只有选中警示选项，才会没有警告信息（单击警告信息，将高亮提示相关组件）。对于其他组件，要根据开发项目本身使用的外设接口选择相应的驱动程序。例如，STM32F1 系列微控制器均在"标准外设驱动（StdPeriph Drivers）"下选择程序。

若要更新选择，执行 Project→Manage→Run-time Environment 命令。

<4> 设置基本运行环境后，在"项目"对话框的项目窗口（Project Window）显示目标、组、选中的组件及其文件等，默认目标名是 Target 1，组名是 Source Group 1，如图 3-9（a）所示。目标名和组名可以修改，如用微控制器或开发板名作为目标名，用 Source Main 作为主要源程序文件的组名。

默认情况下，项目对话框中还有书籍窗口（Books Window），提供 Keil 公司产品手册、数据表和程序员指南等，可以双击之进行阅读；执行 Project→Manage→Components, Environments, Books…菜单命令，可以添加有关手册等资料；通过"查看（View）"菜单，可以选择需要的显示窗口，如项目窗口、书籍窗口、函数窗口（Functions Window）等。

## 2. 新建源程序文件

在项目窗口（Project Window）的组名上单击鼠标右键（以下称为"右击"），在展开的对话框中选择"在组中添加新项（Add New Item to Group）"命令，然后在弹出的"添加新项"对话框中选择文件类型并为文件命名，再单击"添加（Add）"按钮，可添加一个文件。例如，创建一个 C 语言主文件 main.c（如图 3-9(b)所示），其内容只是一个空的主函数，即

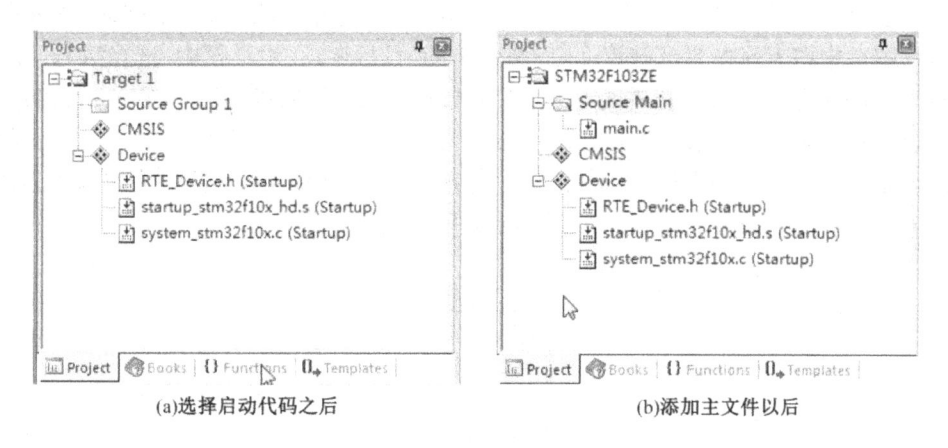

(a) 选择启动代码之后  (b) 添加主文件以后

图 3-9 项目窗口

```
int main()
{
}
```

新建源文件也可以通过 File 菜单的 New 命令，在打开的编辑窗口中输入源程序代码，然后保存。注意，根据文件类型确定文件扩展名（如 C 语言程序是 .c，C++语言程序是 .cpp，汇编语言程序是 .s。扩展名反映文件类型，故也称类型名）。但是，新建的文件只有加入项目才包含在项目结构中，否则不会被编译。这需要在项目窗口中右击组名，在展开的对话框中选择"（在组中添加已有文件 Add Existing Files to Group）"命令进行添加。

μVision 使用 3 级项目管理结构，依次是目标（Target）、组（Group）和文件（File）。一个目标可以有多个文件组，一个组可以有多个文件。各级都可以设置属性，相应级的组或文件具有相同的属性，但下级可以改变这些共同属性。在项目窗口，右击目标、组或文件，从展开的对话框中选择"选项（Options for）命令"，即可进行设置。

### 3．构建应用程序

完成用户源程序的编写，就可以尝试进行项目构建（Build），即高级语言编译（Compile）、汇编语言汇编（Assemble）和模块文件连接（Link）。如果没有错误，将生成可执行文件。

在项目打开的情况下，使用 Project 菜单的 Build Target（构建目标）命令开始构建过程。在"构建输出（Build Output）"文本框中提示相关信息，最终生成含有调试信息的可执行文件（默认是项目文件名加扩展名.axf，如 test.axf）。

如果构建过程中出现错误（Error）和警告（Warning）信息，单击信息本身，快速定位错误或警告所在的源程序代码位置。例如，C 语言源程序文件最后一定要有一个空白行（按一个回车键即可），否则编译时会警告"文件最后一行缺少新行（warning: #1-D: last line of file ends without a newline）"。

### 4．调试应用程序

生成可执行文件后，不需硬件设备（开发板、评估板），就可以调试（Debug）运行应用程序，因为 μVision 的调试程序还提供了模拟（Simulate）目标设备的功能。

首先配置目标选项。选择"项目（Project）"菜单的"目标选项（Options for Target）"命令，或者在项目窗口中右击目标名选择该命令。在弹出的"目标选项"对话框中，选择"调试（Debug）"标签，如图 3-10 所示。调试配置界面一分为二。选择左边，使用模拟器（Use Simulator）调试，不需硬件设备；如果使用转换适配器（硬件仿真器）连接开发板进行在线调试，在界面右边选择具体的设备，还要进一步设置下载算法等，并在"输出（Output）"标签中选择"创建 HEX 文件"。HEX 是指符合 Intel 标准的十六进制格式机器代码文件。

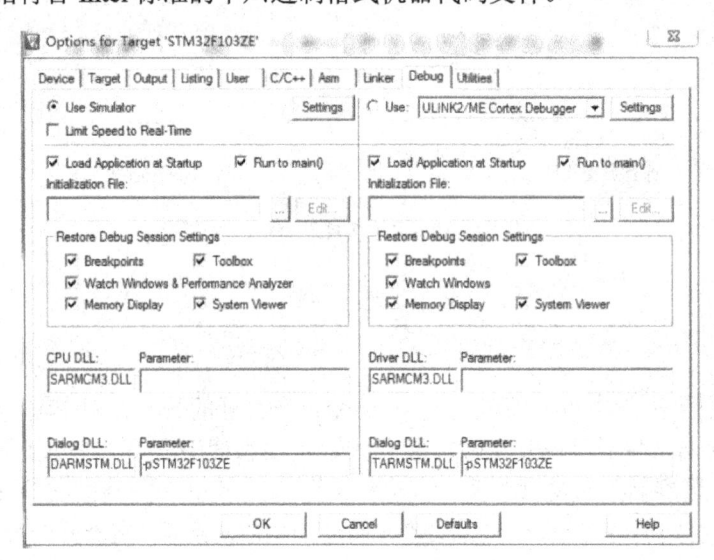

图 3-10　目标选项的调试配置

保存使用模拟器配置的选项后，执行"调试（Debug）"菜单的"启动/停止调试会话（Start/Stop Debug Session）"命令，进入调试状态，进行模拟运行。由于选中"启动时载入应用程序（Load Application at Startup）"和"运行至主函数（Run to main()）"，应用程序执行启动代码后，停留在主函数的第一条语句处，等待用户进一步的调试操作。

如果不选择"运行至主函数（Run to main()）"，应用程序将进入启动代码中复位程序的第一条指令位置。若要退出调试过程，再次执行"启动/停止调试会话（Start/Stop Debug Session）"命令。

### 3.6.4　汇编语言程序的开发

在了解使用 UAL 汇编语言编写启动代码的基础上，本节将编写一些简单的汇编语言程序，并尝试在 MDK 中模拟运行，以便熟悉 MDK 的操作。

【例 3-1】　在启动代码中插入汇编语言程序片段。

编写一个简单的求和循环，计算 $10+9+8+\cdots+1$。汇编语言程序片段如下所示：

```
        MOV    r0, #10         ; 赋值 R0 = 10，用于被加的自然数
        MOV    r1, #0          ; 赋值 R1 = 0，保存累加和
again                          ; 标号
        ADD    r1, r1, r0      ; R1 = R1 + R0
        SUBS   r0, r0, #1      ; R0 = R0-1
        BNE    again           ; R0 不为 0，跳转到 again 标号，循环求和
                               ; 累加和在 R1（= 55 = 0x37）
```

将上述汇编语言程序片段直接插入启动代码，具体位置可以是复位程序（Reset_Handler）的第一条可执行指令（即"LDR　R0,=SystemInit"）前。

保存修改的启动文件，然后重新构建项目，并启动调试过程，μVision 进入启动代码复位程序的第一条可执行指令位置，等待用户进一步操作。注意，在目标选项的调试配置中不选择"运行至主函数（Run to main()）"，否则不会停留于启动代码中。

此时，利用"调试（Debug）"菜单的"单步（Step）"命令进行单步调试，观察寄存器内容变化。单步调试是一种动态跟踪、详细观察程序执行的调试方法，每执行一次该命令，仅运行一条语句（指令），然后暂停执行。单步调试命令的快捷键是 F11，当遇到函数（过程、子程序）调用语句时，进入函数体，继续跟踪函数体的每条语句。如果不希望跟踪函数体的执行，使用"单步通过（Step Over）命令"。如果进入了函数体单步执行，使用"单步跳出（Step Out）"命令执行完函数体并返回。

例 3-1 的程序片段执行以后，在寄存器 R1 保存累加结果（0x37）。

使用"复位 CPU（Reset CPU）"命令，可以让程序恢复初始状态，以便再次观察。如果继续单步执行，程序将进入 SystemInit 函数。

【例 3-2】独立的汇编语言程序。

如果只是编写练习性质的汇编语言程序，没有必要使用完整的启动代码，可以精炼为如下源程序文件内容：

```
Stack_Size      EQU 0x00000400
        AREA    STACK, NOINIT, READWRITE, ALIGN=3
        SPACE   Stack_Size
__initial_sp
        PRESERVE8
        THUMB
        AREA.   RESET, DATA, READONLY
        DCD.    __initial_sp                    ; 设置堆栈顶
        DCD.    Reset_Handler                   ; 复位程序
        AREA.   |.text|, CODE, READONLY
Reset_Handler   PROC
        MOV     r0, #10                         ; R0 = 10
        MOV     r1, #0                          ; R1 = 0
again
        ADD     r1, r1 ,r0                      ; R1 = R1 + R0
        SUBS    r0, r0, #1                      ; R0 = R0-1
        BNE     again                           ; R1 = 55 = 0x37
stop    B       stop                            ; 工作完成，进入无穷循环
        ENDP
        END
```

上述汇编语言源程序只保留了堆栈设置和复位程序，删除了启动代码的其他部分。最后使用了一个跳转 B 指令，使程序进入无限循环状态，避免无指令可执行的状况。

按照 Cortex-M3 处理器设计，起始地址的 4 字节存储空间存放堆栈指针，后续 4 字节存储空间存放复位程序地址。所以，上述程序的关键是需要进行堆栈设置，存放复位程序地址部分，用户编写的汇编语言代码安排于复位程序之中。

可以用例 3-2 所示程序替代原来的启动代码，然后构建程序，调试运行；也可以另建一个小项目，把上述程序编辑为一个汇编语言程序文件并添加到项目中。但此时不能再选用硬件设备的启动代码，因为上述程序中已经有类似的启动代码，而且需要一个包含主函数 main() 的 C 语言程序（否则编译器会有 2 个警告提示）。

例 3-2 程序调试时，如果使用"运行（Run）"命令执行，程序将一直执行，并在最后一条指令陷入死循环。这时需要使用"停止（Stop）"命令结束程序运行。另外，在调试过程中，将光标移动到需要暂停执行的指令位置，然后选择"运行到光标所在行（Run to Cursor Line）"命令，程序可以快速执行到指定位置暂停。

对于上述汇编语言程序开发，本书只用文字描述了主要过程和重要操作，还有一些现象无法一一详述。读者必须亲自上机实践，才能理解和掌握。而且，每个人在实践过程中会遇到这样那样的问题，需要借助帮助文档来解决。

经过 MDK 的安装、项目创建和示例程序的调试运行，读者将对 MDK 有了初步认识。随着相关内容进一步展开，后续章节将反复使用 MDK，读者需要大量实践，才能逐渐熟练掌握 MDK 的应用。

# 习 题 3

3-1 单项或多项选择题（选择一个或多个符合要求的选项）
　　（1）关于 ARM 的统一汇编语言 UAL，（　　）符合其语法规则。
　　　　A. 标识符必须起始于首列　　　　B. 助记符可以起始于首列（顶格书写）
　　　　C. 注释使用英文分号开始　　　　D. 字母大小写敏感
　　（2）指示具有只读属性的代码区的语句是（　　）。
　　　　A. AREA．mycode1, CODE, READONLY
　　　　B. AREA．mycode2, DATA, READONLY
　　　　C. AREA．mycode3, CODE, READWRITE
　　　　D. AREA．mycode4, DATA, READWRITE
　　（3）如下语句中，包含立即数寻址的指令是（　　）。
　　　　A. LDR R5,[PC,#18]　　　　　　B. MOV R0, #0x12
　　　　C. ADD R0,R1,R2,LSL #3　　　　D. LDR R5, [R1,#4]
　　（4）表征指令执行后，会根据执行结果影响状态标志（NZCV）的指令是（　　）。
　　　　A. MOV R0, R1　　　　　　　　B. MOVS R0, R1
　　　　C. ADDS R0, R0, R1　　　　　　D. SUB R0, R0, R1
　　（5）如果需要保存返回地址，可以使用（　　）转移指令。
　　　　A. B　　　　B. BL　　　　C. BX　　　　D. BLX

3-2 ARM 处理器支持功能强大的 32 位 ARM 指令和代码紧凑的 16 位 Thumb 指令，为什么还要推出 Thumb-2 技术？Cortex-M3 处理器是否支持 32 位 ARM 指令和所有 Thumb-2 指令？

3-3 什么是 ARM 宣称的统一汇编语言 UAL？ARM 汇编语言为什么要统一？

3-4 什么是 ARM 处理器的寄存器移位寻址？寄存器的移位操作有哪 5 种？

3-5 说明 ARM 处理器对于存储器操作数的寻址（访问）特点。说明寄存器偏移寻址、寄存器后偏移寻址和寄存器前偏移寻址的区别。

3-6 什么是处理器的启动代码？STM32 微控制器的启动代码主要完成哪些工作？

3-7 结合 MDK-ARM 的安装和简单汇编语言程序的开发过程，简述集成开发环境 MDK-ARM 的主要特点，或总结目前你的使用体会。

3-8 结合自己的汇编语言编程能力，选择如下某个题目，基于 MDK-ARM 开发平台，编写 Cortex-M3 处理器的汇编语言程序。

（1）计算：1！+2！+3！+ … +$n$！

（2）实现数据块的复制。

（3）字节反转。当程序需要在大端存储系统和小端存储系统之间切换时，常要进行字节的反转。

例如，一个 32 位字存放的是 0x12345678，经过反转，变成 0x78563412。

（4）求两个向量的乘积，例如：

$$\begin{pmatrix}1\\2\\3\\4\\1\\2\\3\\4\\5\\6\end{pmatrix} \times \begin{pmatrix}-3\\20\\7\\8\\5\\4\\3\\2\\1\\10\end{pmatrix}$$

（5）将（1）～（4）题按要求编写成汇编语言的子程序，并编写主程序调用它们。

说明：本书介绍的汇编语言内容有限，读者需要阅读 armasm 用户指南（参考文献 7），自学有关内容。

# 第 4 章　STM32 微控制器

1987 年，两家历史悠久的半导体公司意大利 SGS Microelettronica 公司和法国汤姆逊半导体公司合并，成立了意法半导体公司（英文网站 http://www.st.com，中文网站 http://www.stmicroelectronics.com.cn/），如今已是全球最大的半导体公司之一。意法半导体公司致力于多种半导体产品的开发、应用，STM32 是其 32 位通用微控制器产品。本章介绍意法半导体（ST Microelectronics）公司的 STM32F10x 微控制器，并在后续章节以此为例说明其应用。

## 4.1　STM32 微控制器结构

ARM 公司以硬件描述语言形式将设计源代码提供给获得处理器设计许可的合作公司。合作公司的工程师增加存储器和各种外设等功能模块，然后使用电子设计自动化（EDA）工具，将整个设计转换为晶体管层的芯片布局，最后制作微控制器芯片。为了让嵌入式产品设计人员更方便地使用上述芯片，微控制器公司还提供开发示例软件和支持资料等。

世界上有许多领先的电子设计公司基于 Cortex-M 处理器设计微控制器产品，包括意法半导体、德州仪器（Texas Instrument）、爱特梅尔（Atmel）、飞思卡尔（Freescale）、恩智浦（NXP）和三星（Samsung）等。

在典型的微控制器设计中，处理器只是其处理核心（常称为处理器核），还要设计存储器、时钟电路、系统总线和外设及其 I/O 接口（通信接口、定时器、ADC 和 DAC 等），如图 4-1 所示。

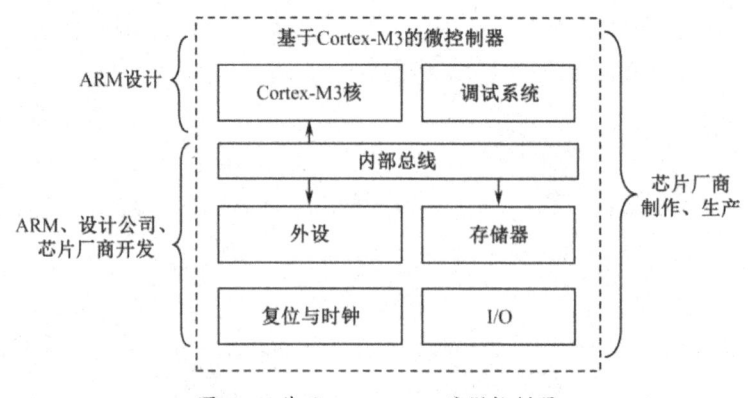

图 4-1　基于 Cortex-M3 的微控制器

### 4.1.1　STM32 系列微控制器

STM32 微控制器最初于 2007 年 6 月发布。经过多年的发展，意法半导体基于 Cortex-M 处理器生产了多个系列的 STM32 微控制器（MCU），如表 4-1 所示（截至 2016 年 7 月）。

表 4-1  STM32 系列微控制器

| STM32 系列 | 基于 Cortex-M 核心 | 主要特点（时钟频率） |
| --- | --- | --- |
| STM32F0 系列 | Cortex-M0 | 入门级，48 MHz |
| STM32F1 系列 | Cortex-M3 | 主流级，72 MHz |
| STM32F2 系列 | Cortex-M3 | 高性能，120 MHz |
| STM32F3 系列 | Cortex-M4 | 具有 DSP 和 FPU，72 MHz |
| STM32F4 系列 | Cortex-M4 | 具有 DSP 和 FPU，高性能，180 MHz |
| STM32F7 系列 | Cortex-M7 | 具有 DSP 和 FPU，高性能，216 MHz |
| STM32L0 系列 | Cortex-M0+ | 低功耗，32 MHz |
| STM32L1 系列 | Cortex-M3 | 低功耗，32 MHz |
| STM32L4 系列 | Cortex-M4 | 低功耗，80 MHz |

STM32F0/F1/F3 系列属于主流产品，STM32F2/F4/F7 系列突出高性能特点，STM32L 系列主打低功耗特性。随着嵌入式系统快速发展，STM32 系列微控制器推陈出新，最新产品详见 ST 公司网站（http://www.st.com）。

### 1. STM32F1 系列微控制器

作为主流微控制器的 STM32F1 系列能够满足工业、医疗和消费市场的大多数应用需求，包括 5 个产品线，如表 4-2 所示。

表 4-2  STM32F1 系列微控制器

| STM32F1 产品线 | 时钟频率 | 闪存容量 | RAM 容量 | 主要特点 |
| --- | --- | --- | --- | --- |
| STM32F100 | 24 MHz | 16～512 KB | 4～32 KB | 马达控制、CEC |
| STM32F101 | 36 MHz | 16～1 MB | 4～80 KB | 1 MB 闪存 |
| STM32F102 | 48 MHz | 16～128 KB | 4～16 KB | 支持 USB 接口 |
| STM32F103 | 72 MHz | 16 KB～1 MB | 6～96 KB | 马达控制、USB 和 CAN |
| STM32F105/107 | 72 MHz | 64～256 KB | 64 KB | 以太网、CAN 和 USB 2.0 OTG |

注：消费电子控制 CEC（Consumer Electronics Control）是为所有通过 HDMI 线连接的家庭视听设备提供高级控制功能的一种协议，简化了数字家庭的操作。

STM32F1 系列微控制器保持了引脚、外设和软件的兼容，均支持串行接口（USART、SPI、I²C）、定时器、模/数转换器 ADC、数/模转换器 DAC 以及温度传感器等。各产品线各有特点，时钟频率、用于存储代码的闪存容量和用于数据的 RAM 容量等不同。STM32F100 称为超值型产品（Value Line，VL），因其价格低廉。STM32F101 是基本型，STM32F102 开始支持 USB 接口，增强型 STM32F103 加入对现场总线 CAN 的支持。被称为互联型产品（Connectivity Line，CL）的 STM32F105/107 更是将以太网协议固化，直接支持网络连接。

由于 STM32F1 系列微控制器的这 5 个产品线均以 10 开头，ST 公司产品手册将其统称为 STM32F10xxx 系列，也称为 STM32F10x 或 STM32F1xx 系列。

### 2. STM32F103 微控制器

STM32F103 产品线使用 Cortex-M3 处理器核心，最高时钟频率 72 MHz，闪存容量从 16 KB 到 1 MB 不等，支持马达控制外设、USB 全速接口和 CAN 总线。同样，由于不同的闪存容量和不同封装的引脚个数，STM32F103 微控制器分成若干款产品，如图 4-2 所示。其型号名称中倒数第 2 个字符表示引脚个数，如 T 表示 36 引脚，Z 表示 144 引脚；最后一个字符表示闪存容量，如 4 表示 16 KB，E 表示 512 KB 等。

| 闪存容量 \ 引脚个数 | 36 | 48 | 64 | 100 | 144 |
|---|---|---|---|---|---|
| 1MB | | | STM32F103RG | STM32F103VG | STM32F103ZG |
| 768KB | | | STM32F103RF | STM32F103VF | STM32F103ZF |
| 512KB | | | STM32F103RE | STM32F103VE | STM32F103ZE |
| 384KB | | | STM32F103RD | STM32F103VD | STM32F103ZD |
| 256KB | | | STM32F103RC | STM32F103VC | STM32F103ZC |
| 128KB | STM32F103TB | STM32F103CB | STM32F103RB | STM32F103VB | |
| 64KB | STM32F103T8 | STM32F103C8 | STM32F103R8 | STM32F103V8 | |
| 32KB | STM32F103T6 | STM32F103C6 | STM32F103R6 | | |
| 16KB | STM32F103T4 | STM32F103C4 | STM32F103R4 | | |

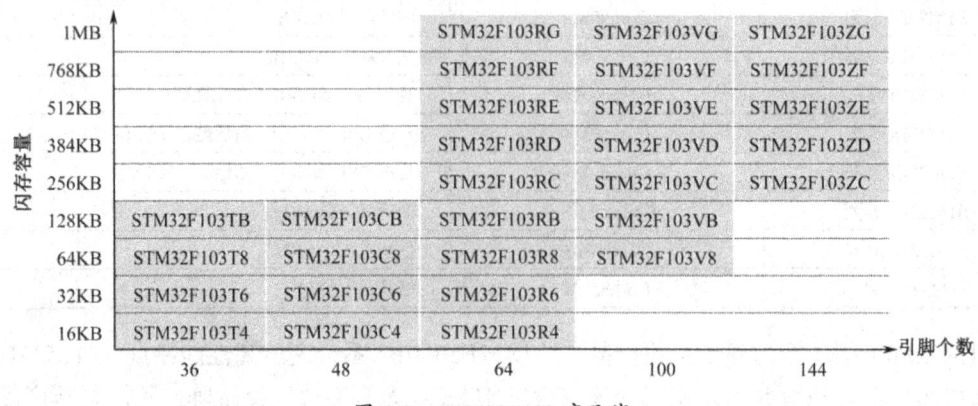

图 4-2　STM32F103 产品线

STM32 文档还特别区别了不同闪存容量的产品。
- 低密度（LD，Low-Density）：16～32 KB 闪存容量的产品。
- 中密度（MD，Medium-Density）：64～128 KB 闪存容量的产品。
- 高密度（HD，High-Density）：256～512 KB 闪存容量的产品。
- 超密度（XL，XL-Density）：768 KB～1 MB 闪存容量的产品。

STM32F103 产品线的多款产品统称为 STM32F103xx。本书内容主要基于 STM32F103ZE，但绝大部分内容同样适用于 STM32F103 的其他产品，也适用于 STM32F1 系列微控制器。为表述方便，本书多简称其为 STM32 微控制器或 STM32。

## 4.1.2　STM32 系统结构

STM32F103（含 STM32F100、STM32F101、STM32F102）微控制器内部通过多层次 AHB（Advanced High-speed Bus，先进高速总线）互相连接，如图 4-3 所示。

Cortex-M3 采用哈佛存储结构，所以 STM32 为程序指令提供独立的指令总线（ICode 或 I-bus），用于连接闪存（Flash Memory）。其中，FLITF（Flash Memory Interface）用于支持指令预取，具有预取缓冲区的读接口、Flash 编程和擦除操作、读写保护等功能。

Cortex 核心和 DMA 单元都可以作为总线主设备，当它们同时访问 SRAM、外设总线时，需要使用仲裁器（Arbiter）进行仲裁使用总线的设备。总线矩阵（Bus Matrix）用于仲裁处理器核心和 DMA 的访问，连接有 4 个主（Master）总线：Cortex-M3 核的数据总线（DCode 或 D-bus）连接闪存数据接口，Cortex-M3 核的系统总线（System 或 S-bus），以及 2 个 DMA 总线。

总线矩阵还连接 4 个从（Slave）总线，用于连接内部 SRAM、内部闪存（FLITF）、可变静态存储控制器（Flexible Static Memory Controller，FSMC 用于连接外部存储器）以及 AHB-APB 转换桥。AHB-APB 桥通过 2 个先进外设总线 APB（Advanced Peripheral Bus）连接所有 APB 外设。其中，AHB 总线矩阵可以采用与 Cortex 核心相同的时钟速度，也可以采用更低的时钟速度，以节省能耗。APB2 可以全速工作于 72MHz 工作频率，但 APB1 限制为 36 MHz。整个系统的时钟管理通过复位与时钟控制 RCC（Reset and Clock Control）模块实现。

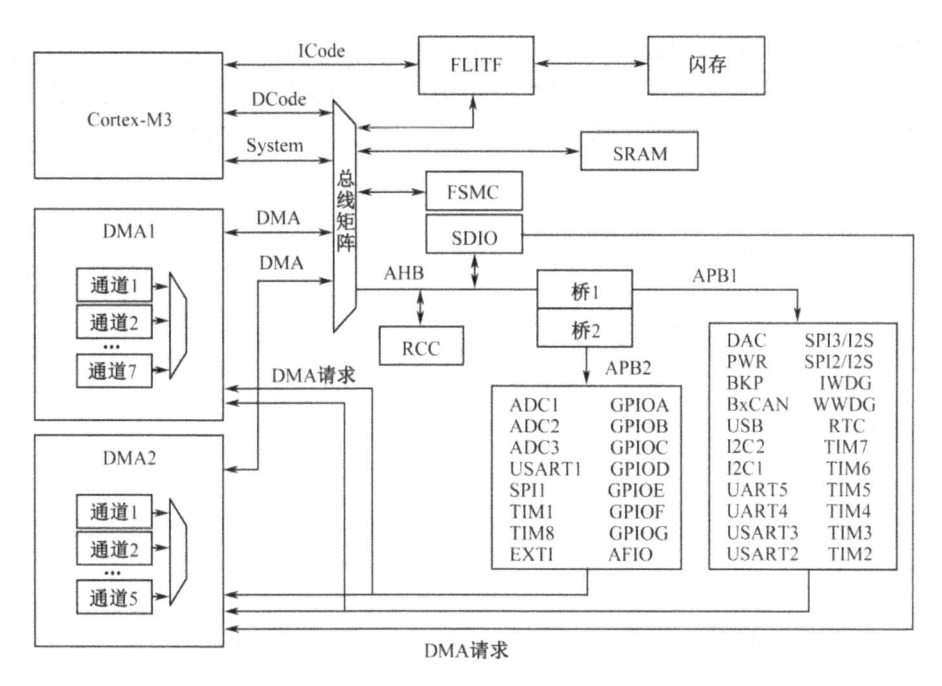

图 4-3 STM32 系统结构

STM32 系列微控制器集成了 Cortex-M3 核心（含嵌套向量中断控制器 NVIC、系统时钟 SysTick 及有关调试电路）、DMA 单元以及保存代码的闪存（Flash）、保存数据的 SRAM，并通过 APB 总线连接丰富的外设和 I/O 接口，具有如下外设：

- 通用输入/输出端口（GPIO）以及复用功能的输入/输出端口（AFIO）。
- 通用同步/异步接收发送器（USART）。
- 串行外设接口（SPI）。
- 内部集成电路 $I^2C$ 接口（I2C）。
- 看门狗（Watch Dog），包括独立看门狗（IWDG）和窗口看门狗（WWDG）。
- 实时时钟（RTC）。
- 通用定时器（TIMx）。
- 模拟/数字转换器 ADC（以及温度传感器）。

除此之外，STM32F103xx 微控制器支持数字/模拟转换器 DAC、USB 接口、CAN 总线接口、基本定时器（TIM6 和 TIM7）、高级控制定时器（TIM1 和 TIM8）、SD 存储卡接口（SDIO）等。

作为入门学习，本书主要涉及通用和复用 I/O（GPIO 和 AFIO）、外部中断（EXTI）、通用异步通信（USART）、DMA 传输、系统时钟（SysTick）、看门狗（IWDG 和 WWDG）、定时器（TIMx）、模拟接口（ADC 和 DAC）等外设接口或功能模块。

## 4.1.3 STM32 存储结构

Cortex-M3 支持 4 GB 线性地址空间，程序存储器（代码地址）、数据存储器（数据地址）、外设寄存器和 I/O 端口全部统一编排地址，采用小端方式存储多字节数据。STM32 微控制器遵循 CM3 处理器的地址分配原则（见图 2-5），将 4 GB 空间分成 8 个 512 MB（0.5 GB）区块（Block），如图 4-4 所示。不同型号 STM32F103xx 产品的具体容量、占用空间范围等细节不尽相同，需要参考 STM32F10x 系列参考手册（参考文献 10，后文简称"STM32 参考手册"），或者 STM32F10x 产品数据手册（参考文献 11，后文简称"STM32 数据手册"）。

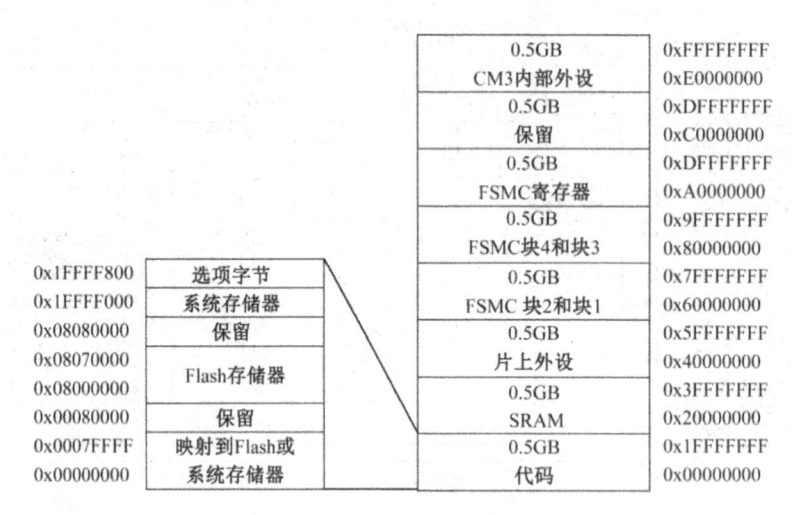

图 4-4　STM32 地址空间

## 1. 代码区（Code）

代码区是地址最低端，起始于 0，通常使用 Flash 存储器构成。Flash 存储器由主块和信息块组成。

主块是用户 Flash 存储器，起始于 0x08000000，存放程序代码。不同型号的 STM32 微控制器，容量不同（128/256/512 KB 等）。

信息块有一个系统存储器区，起始于 0x1FFFF000，由 ST 公司在工厂编程为加载程序（Bootloader）。加载程序设计用于使用串行接口下载程序到用户 Flash 存储器区段中。信息块还有一个选项字节区，起始于 0x1FFFF800，用于为 STM32 微控制器配置系统设置选项。

Cortex-M3 处理器使用固定的存储器映射，代码区始于 0x00000000；数据区（SRAM）始于 0x200000000，只能从代码区启动。但 STM32 微控制器使用特别的机制，实现灵活的 3 种启动模式，通过引脚 BOOT1 和 BOOT0 选择，如表 4-3 所示。

表 4-3　STM32 的启动模式

| 启动模式选择引脚 | | 启动模式 | 说　明 |
| --- | --- | --- | --- |
| BOOT1 | BOOT0 | | |
| x | 0 | 主 Flash 存储器 | 主 Flash 存储器被映射到启动存储器空间（0x0），但仍然可以从原地址空间（0x08000000）访问 |
| 0 | 1 | 系统存储器 | 系统存储器被映射到启动存储器空间（0x0），但仍然可以从原地址空间（0x1FFFF000）访问 |
| 1 | 1 | 嵌入 SRAM | 只能从地址空间（0x2000 0000）访问 |

## 2. 其他区

STM32F10xxx 微控制器提供最多 96 KB 的 SRAM 区，起始于 0x20000000，可以按字节（8

位）、半字（16 位）或全字（32 位）访问。

STM32 外设占用的地址安排在外设区，起始于 0x40000000。某个外设的具体地址参见该外设接口所在的章节，完整的地址分配要参考各微控制器产品的数据手册。

STM32F10xxx 微控制器的 SRAM 区和外设区设计于 CM3 支持的位带区，支持 CM3 以位为单位的读写访问操作，但并不支持来自总线其他主设备（如 DMA）的位操作。

高容量 STM32 微控制器包括 FSMC。FSMC 在外部 RAM 地址区域（起始于 0x60000000，1 GB）提供 4 个片选信号，每个 256 KB 地址范围。片选 1 支持 NOR Flash 或 PSRAM（伪 SRAM，采用 DRAM 技术制作，但其外部接口与 SRAM 相同，不需刷新，用于替代低速 SRAM 芯片），片选 2 和 3 支持 NAND Flash，片选 4 支持 PC 卡。FSMC 寄存器的访问地址起始于 0xA0000000。

起始于 0xE0000000 的系统外设区是 Cortex-M3 处理器本身具有的一些外设（称为私有外设、内部外设）地址区。

## 4.2 STM32 微控制器开发

嵌入式系统的应用开发需要基于目标机-宿主机的交叉编译系统，在集成开发环境的支持下进行，应用程序通常采用高级语言（C/C++语言）编写。使用 MDK 开发工具进行 STM32 微控制器的应用开发需要软件包支持，软件包含设备驱动程序库、Cortex 微控制器软件接口标准 CMSIS 库、中间件（Middleware）以及代码模板、示例等，如图 4-5 所示。文档中的设备（Device）泛指微控制器，本书采用 STM32。在第 3 章学习开发工具 MDK 时，通过软件包安装程序，就已经安装了 CMSIS 和 STM32 驱动程序库。

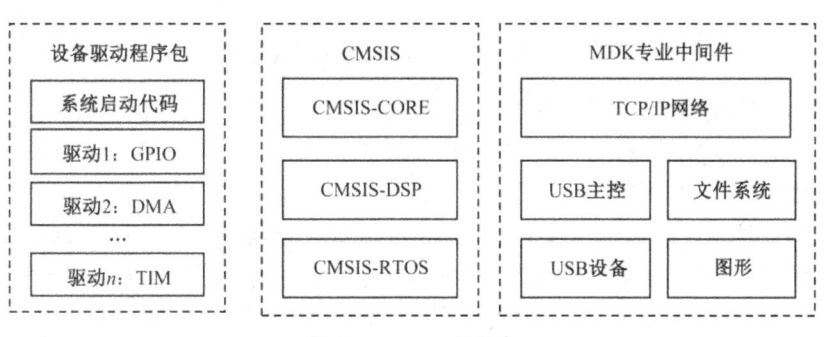

图 4-5 MDK 软件包

### 4.2.1 Cortex 微控制器软件接口标准 CMSIS

CMSIS（Cortex Microcontroller Software Interface Standard）是 ARM 公司为了统一软件结构而为 Cortex 微控制器制定的软件接口标准。CMSIS 为处理器和外设提供了一致且简单的软件接口，方便软件开发，易于软件重用，缩短了开发人员的学习过程和应用项目的开发进程。目前，很多针对 Cortex-M 微控制器的软件产品都是 CMSIS 兼容的。

CMSIS 始于为 Cortex-M 微控制器建立统一的设备驱动程序库，即其核心组件 CMSIS-CORE；之后，添加了其他 CMSIS 组件，如 CMSIS-RTOS、CMSIS-DSP 等。

❖ CMSIS-CORE：为 Cortex-M 处理器核和外设定义应用程序接口 API（Application Programming Interface），也包括一致的系统启动代码。

❖ CMSIS-RTOS：提供标准化的实时操作系统 RTOS（Real-Time Operating System），以便软件模板、中间件、程序库和其他组件能够获得 RTOS 的支持。
❖ CMSIS-DSP：为数字信号处理 DSP（Digital Signal Processing）实现的函数库，包含各种定点和单精度浮点数据类型，超过 60 个函数。

### 1. CMSIS-CORE 组成

CMSIS 提供了一个与供应商无关的、基于 Cortex-M 处理器的硬件抽象层，如图 4-6 所示。从软件开发角度看，CMSIS-CORE 进行了一系列标准化工作：标准化处理器外设定义、标准化处理器特性的访问函数、标准化系统异常处理程序的函数名等。另外，CMSIS-CORE 为设备驱动程序库建立一个共同的平台。每个设备驱动程序库外观相同，便于开发人员使用。

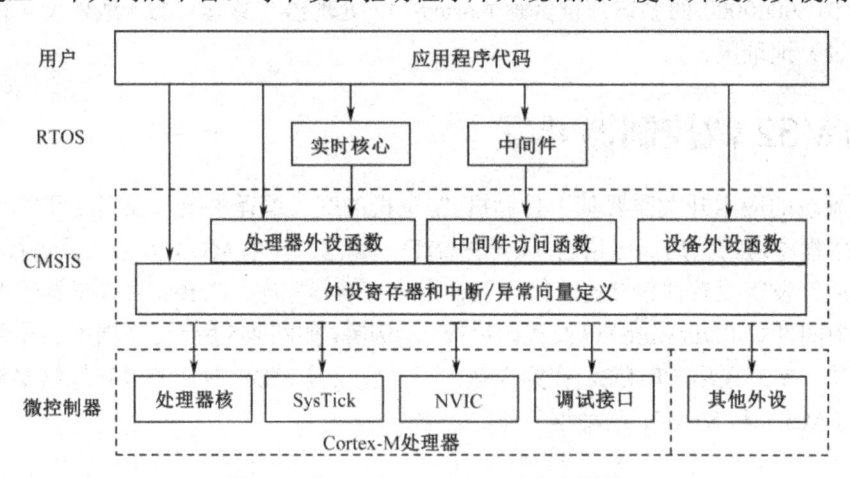

图 4-6 基于 CMSIS-CORE 的开发结构

CMSIS 文件被微控制器厂商集成在设备驱动程序库中，有些文件由 ARM 公司提供，对所有微控制器厂商通用，如处理器外设函数和中间件访问函数；有些文件与厂商设备相关，由微控制器供应商提供，如设备外设函数。

用户的应用程序既可以通过 CMSIS 层提供的函数（包括设备厂商提供的外设驱动程序）访问微控制器硬件，也可以利用 CMSIS 的标准化定义直接对外设编程，控制底层设备。如果移植了实时操作系统（RTOS），用户应用程序也可以调用操作系统函数。

### 2. CMSIS-CORE 的使用

CMSIS 文件包含在微控制器厂商提供的设备驱动程序包中。当使用 CMSIS 兼容的设备驱动程序库时，实际上已经使用了 CMSIS。具体来说，在 MDK V5 开发平台下，用户应用程序需要如下文件支持：

❖ startup_<device>.s——设备的启动代码，包括复位处理程序和异常向量。
❖ system_<device>.c——设备的基本配置文件，包括时钟和总线设置。
❖ <device>.h——用户代码需要的包含文件，用于访问设备。

第 3 章创建工程时，选择 STM32 微控制器为目标设备，在运行库管理中选择 CMSIS-Core（::CMSIS:CORE）和设备的启动代码（::Device:Startup）。这些都是创建应用程序必需的软件组件：启动代码（startup_stm32f10x_hd.s）、时钟和总线配置文件（system_stm32f10x.c），以及应用程序中需要包含的头文件（stm32f10x.h）。这些文件属于 ST 公司为 STM32 微控制器提供的设备驱动程序。

为了支持 MDK 的专业中间件以及各种其他中间件，设备驱动程序需要提供微控制器外设与中间件之间的接口。大多数设备使用 RTE_Device.h 配置文件为驱动程序定义微控制器设备具体连接的引脚。

## 4.2.2 STM32 驱动程序库

嵌入式应用程序的开发可以基于微控制器厂商提供的驱动程序库，也可以针对外设寄存器直接编写驱动程序。使用厂商提供的驱动程序库进行开发，简单、快捷，兼容性好，便于移植，但代码略多；直接针对寄存器编程进行开发，费时耗力，但能够深入理解原理，代码简洁、高效。

对于像 C51 这样比较简单的 8 位或 16 位单片机（微控制器），由于寄存器较少，结构简单，人们已经习惯直接掌握寄存器进行编程。但 32 位 STM32 微控制器由于要实现节能、高效的目标，结构比较复杂，直接从寄存器入手会很困难。所以，建议初学者从驱动程序库入手，逐渐深入到寄存器编程。

STM32 驱动程序库（STM32F10x Standard Peripherals Firmware Library，STM32 标准外设固件库，简称 STM32 固件库或 STM32 库）是 ST 公司为使用 STM32 提供的函数接口（也称为应用程序接口 API），开发人员通过调用库函数配置 STM32 寄存器。STM32 库以函数源代码形式提供函数接口，所以库函数是直接对寄存器编程非常好的实例。通过阅读、学习这些官方库函数，用户不仅能够深入理解 STM32 的工作原理，也是进一步熟练掌握 C 语言的极佳机会。即使直接对寄存器编程，也可以利用头文件（stm32f10x.h）定义的寄存器结构和位定义。

MDK-ARM 开发工具本身已经包含了 STM32 固件库，并可以通过软件包安装程序更新。STM32F1xx_DFP.2.0.0 版本的驱动程序主要在如下目录（文件夹）中：

Keil_v5\ARM\Pack\Keil\STM32F1xx_DFP\2.0.0\Device

**1. 基本代码文件**

Device 目录下的 Include 和 Source 子目录中包含最基本的文件。其中，头文件在 Include 目录中，源程序文件在 Source 目录中。

① stm32f10x.h——对 STM32 寄存器地址、结构体类型定义的底层头文件，ST 公司提供。使用 STM32 库时都要包含该文件。旧版本中出现的 u8（对应 uint8_t）、u16（对应 uint16_t）、u32（对应 uint32_t）等类型在该文件中定义。

② system_stm32f10x.c（和 system_stm32f10x.h）——定义核心时钟变量、设置系统时钟和总线时钟等的源程序文件，由 ST 公司提供，需要在工程中添加该文件。STM32 库 V3.5.0 在启动文件中调用该文件中的 SystemInit()函数设置时钟；使用之前版本的 STM32 库，需要用户在 main 函数中自己调用。

③ startup_stm32f10x_??.s——启动文件，由 ST 公司提供，需要在工程中添加该文件，其中"??"表示不同类型 STM32 微控制器，如表 4-4 所示。

表 4-4 STM32 不同类型的启动代码文件

| 类 型 | 说 明 |
|---|---|
| cl | 互联网产品，STM32F105/107 系列 |
| vl | 超值型产品，STM32F100 系列。根据 Flash 容量，还分成低、中和高密度 |
| ld | 低密度（容量）产品，STM32F101/102/103 系列，Flash 容量 16～32 KB |
| md | 中密度（容量）产品，STM32F101/102/103 系列，Flash 容量 64～128 KB |
| hd | 高密度（容量）产品，STM32F101/103 系列，Flash 容量 256～512 KB |
| xl | 超高密度（容量）产品，STM32F101/103 系列，Flash 容量 768～1024 KB |

**2．外设驱动程序文件**

Device 目录下的 StdPeriph_Driver 子目录中包含 STM32 外设的驱动程序，由 ST 公司提供。用到的外设需要添加相应的源程序文件（MDK V5 通过运行环境管理，选择需要的外设）。其中，inc 目录中是头文件（.h），src 目录中是驱动程序源文件（.c）。主文件名是 stm32f10x_ppp，其中"PPP"是外设名称（如表 4-5 所示），每种外设对应一个程序文件，如通用 I/O 端口（GPIO）是 stm32f10x_gpio.h（inc 目录头文件）和 stm32f10x_gpio.c（src 目录源程序文件）。

表 4-5 STM32 标准外设名称

| 外设缩写 PPP | 外设名称 | 外设缩写 PPP | 外设名称 |
|---|---|---|---|
| adc | A/D 转换器 | gpio | 通用 I/O 端口 |
| bkp | 备份寄存器 | i2c | I²C 总线接口 |
| can | CAN 控制器局域网 | iwdg | 独立看门狗 |
| cec | 消费电子控制 | pwr | 电源控制 |
| crc | CRC 计算单元 | rcc | 复位和时钟控制器 |
| dac | D/A 转换器 | rtc | 实时时钟 |
| dbgmcu | MCU 调试模块 | sdio | SD 存储卡接口 |
| dma | DMA 控制器 | spi | SPI 串行外设接口 |
| exti | 外部中断寄存器 | tim | 定时器 |
| flash | 闪存 | usart | 通用同步异步收发器 |
| fsmc | 灵活的静态存储器控制器 | wwdg | 窗口看门狗 |

misc.c（和 misc.h）是一个特别的文件，提供外设访问 CM3 内核中 NVIC（可嵌套向量中断控制器）的函数。使用中断时，需要将该文件添加到工程中。

StdPeriph_Driver 目录下有一个重要的文件 stm32f10x_stdperiph_lib_um.chm，即 STM32F10x 标准外设固件库手册（参考文献 12，后文简称"STM32 固件库手册"）。它是使用 STM32 驱动程序库的帮助文档，实际开发过程中需要经常参考。

StdPeriph_Driver 目录下还有一个 Templates 子目录，若要编写异常/中断处理程序，将用到其中的 stm32f10x_it.c（和 stm32f10x_it.h）文件。该文件定义了一些系统异常的接口，但外设的中断服务程序需要用户自己添加。

### 4.2.3 C 语言应用

虽然汇编语言具有硬件控制直接、指令代码高效等优点，但编程烦琐、移植性差等缺点使得程序员更倾向采用高级程序设计语言。ARM 处理器宣称 C 语言友好，所以嵌入式系统开发主要采用 C/C++语言。

### 1. C 语言的数据类型

C 语言支持许多标准数据类型：字符型 char、短整型 short、整型 int（和长整型 long）、长长整型 long long 等，不同的处理器结构和 C 编译程序表示这些整数类型时不尽相同。例如，字长（Word）16 位的处理器常将整型 int 定义为 16 位；ARM 公司的文档中普遍使用字节（Byte）、半字（Half word）、字（Word）和双字（Double word）表示二进制 8、16、32 和 64 位；在包括 Cortex-M 系列处理器的 ARM 体系结构中，C 语言的 char、short、int（long）、long long 数据类型依次是二进制 8、16、32 和 64 位。

为了明确位数，便于移植，C99 标准支持独立于处理器结构的数据类型，在头文件 stdint.h 中用 int8_t（uint8_t）、int16_t（uint16_t）、int32_t（uint32_t）和 int64_t（uint64_t）依次表示二进制 8、16、32 和 64 位整型数据，如表 4-6 所示。其中，int 表示有符号整型数据，uint 表示无符号整型数据。

表 4-6　ARM 结构的整型数据类型

| C99（stdint.h）数据类型 | 位数 | 数据范围（有符号） | 数据范围（无符号） |
| --- | --- | --- | --- |
| char　int8_t　uint8_t | 8 | $-128\sim127$ | $0\sim255$ |
| short　int16_t　uint16_t | 16 | $-32768\sim32767$ | $0\sim65535$ |
| int　long　int32_t　uint32_t | 32 | $-2^{31}\sim2^{31}-1$ | $0\sim2^{32}-1$ |
| long long　int64_t　uint64_t | 64 | $-2^{63}\sim2^{63}-1$ | $0\sim2^{64}-1$ |
| 指针 | 32 | | 0x0～0xFFFFFFFF |

指针类型表达的地址是 32 位整型数据；逻辑类型_bool（仅 C 语言）和 bool（仅 C++语言）是 8 位，表达真（True）或假（False）；wchar_t 是 16 位整型数据。浮点类型 float 和双精度浮点类型 double 分别是 32 位和 64 位。

### 2. C 语言的位操作

外设控制时，经常需要针对字中的某位或若干位（bit）独立访问、单独操作，所以编写嵌入式系统应用程序时会频繁使用 C 语言进行位操作，如表 4-7 所示。

表 4-7　C 语言的位运算符

| 运算符 | 含　义 | 示例（数据为 char 类型） | 示例运算结果 |
| --- | --- | --- | --- |
| & | 位与 | 0x69 & 0x55 | 0x41 |
| \| | 位或 | 0x69 \| 0x55 | 0x7D |
| ~ | 位非 | ~0x69 | 0x96 |
| ^ | 位异或 | 0x69 ^ 0x55 | 0x3C |

例如，对变量 a 中的 D6 位进行位操作的语句可以是：

```
a &= ~(1<<6);    // 位与实现复位：将整型变量 a 的 D6 位清零，其他位不变
a |= (1<<6);     // 位或实现置位：将整型变量 a 的 D6 位置位，其他位不变
a ^= (1<<6);     // 位异或实现求反：将整型变量 a 的 D6 位取反，其他位不变
```

其中，"(1<<6)"将数值 1 左移 6 位，低位补 0，成为二进制值 1000000，再进行逻辑位运算，

实现单独访问 D6 位,屏蔽其他位(保持不变)。"<<"是左移运算符,也是一种位操作运算符;对应的还有右移运算符">>"。当对无符号整数右移时,执行逻辑右移操作(高位补 0);当对有符号整数右移时,执行算术右移操作(保持最高符号位不变的右移操作)。

### 3. I/O 接口和外设的访问

现代计算机系统由处理器、存储器和外设三个子系统组成,通过总线相互连接。存储器的不同存储单元和外设的不同端口需要用地址(编号)区别。许多处理器将存储器和外设分别编排地址,均起始于 0,并设计专门的输入/输出指令,只用于访问外设。ARM 公司的 Cortex-M 系列处理器将存储器和外设统一编址,设置部分地址范围用于外设访问。也就是说,基于 Cortex-M 的微控制器仍然通过存储器地址访问外设,称为存储器地址映射方式。在 C 语言中,存储器地址使用指针表示,所以外设将通过指针访问。

STM32 微控制器有多种 I/O 接口用于连接外设,每种接口通过多个外设寄存器实现外设操作,每个外设寄存器都占用特定的存储器地址。

例如,STM32 微控制器具有 A、B、C 等编号的多个通用输入/输出端口 GPIO(General Purpose Input Output),每个 GPIO 都设计有 7 个寄存器,依次是配置低字寄存器 CRL、配置高字寄存器 CRH、输入数据寄存器 IDR、输出数据寄存器 ODR、置位/复位寄存器 BSRR、复位寄存器 BRR 和配置锁定寄存器 LCKR(详见第 5 章)。对于 GPIOA 端口,这 7 个寄存器的存储器地址依次是 0x40010800、0x40010804、0x40010808、0x4001080C、0x40010810、0x40010814 和 0x40010818。

于是,C 语言可以进行常量定义如下:

```
#define  GPIOA_CRL (*((volatile unsigned long *)  (0x40010800)))
```

即将 GPIOA_CRL 定义为指向无符号长整型 0x40010800 的指针。其中,C 语言的 volatile 类型修饰符(限定符)必不可少。这是因为用 volatile 限定的变量表示变量值随时可能发生变化,每次操作需要直接访问对应的地址单元,以获取最新的内容。编译器不能进行编译优化。对于跟随外设操作时刻可能变化的外设寄存器来说,正符合这个原则。所以,对于外设寄存器的访问都需要如此限定,以免编译器优化后出错。

这样定义后,就可以直接使用了。例如:

```
GPIOA_CRL = 0;                    // 赋值寄存器值为 0
```

当只有个别寄存器或者只是需要访问某个特定寄存器时,采用上述直接定义的方法是可行的。但是,当外设寄存器很多时,将导致软件维护和共享困难、代码量大等问题。也就是说,当软件编程达到一定规模,就成为了软件工程。

驱动程序库专家采用的方法是将外设寄存器定义为结构类型。例如,STM32 V3.5.0 库的 stm32f10x.h 头文件有 7 个 GPIO 寄存器的结构类型:

```
typedef struct
{
    __IO uint32_t CRL;
    __IO uint32_t CRH;
    __IO uint32_t IDR;
    __IO uint32_t ODR;
    __IO uint32_t BSRR;
```

```
        __IO uint32_t BRR;
        __IO uint32_t LCKR;
} GPIO_TypeDef;
```

其中，uint32_t 就是 unsigned long，__IO 限定了 volatile 属性。__IO（外设可读可写）、__I（外设只读）和 __O（外设只写）定义在 CMSIS 标准的一个头文件（core_cm3.h）中，如下所示：

```
#ifdef __cplusplus
#define     __I     volatile              // !< defines 'read only' permissions
#else
#define     __I     volatile const        // !< defines 'read only' permissions
#endif
#define     __O     volatile              // !< defines 'write only' permissions
#define     __IO    volatile              // !< defines 'read / write' permissions
```

STM32 库的基本头文件 stm32f10x.h 还定义了外设基地址：

```
#define  PERIPH_BASE         ((uint32_t)0x40000000)
#define  APB2PERIPH_BASE     (PERIPH_BASE + 0x10000)
#define  GPIOA_BASE          (APB2PERIPH_BASE + 0x0800)
#define  GPIOA               ((GPIO_TypeDef *) GPIOA_BASE)
```

这样，外设端口 GPIOA 被定义为指向其基地址（0x40010800）的结构类型指针。赋值操作可以是：

```
GPIOA->CRL = 0;                         // 赋值寄存器值为 0
```

基于结构类型定义外设寄存器，进一步编写函数将更加容易。几乎所有基于 Cortex-M 微控制器的设备驱动程序包都采用这个方法，用户的应用程序也可以使用。

## 4.3 复位与时钟控制（RCC）

STM32 微控制器包含内部时钟振荡器和一个内部复位电路，只要提供电源，就可以开始运行。复位与时钟控制 RCC（Reset and Clock Control）电路进一步提供稳定而灵活的时钟管理、总线配置和复位控制等功能。对应用程序员来说，需要通过调用 SystemInit()函数配置系统时钟频率。

### 1. 电源控制（PWR）

STM32 只需要一个电压在 2.0～3.6 V 之间的电源（$V_{DD}$），内置调整器产生 1.8 V 电压提供给内部使用。STM32 还有两个可选电源：一个是可通过电池供电的电源（$V_{BAT}$），用于给实时时钟和少量备份寄存器 BKP（Backup Register）供电；另一个用于单独给 ADC 和 DAC 供电，以便屏蔽和滤除电路板噪声干扰，保证转换精度。

当供电电压低于特定的阈值时，电源控制 PWR（Power Control）的电源上电/掉电复位 POR/PDR（Power On Reset/Power down Reset）电路使得微控制器处于复位模式。在电源控制寄存器（PWR_CR）中还可以设置复位阈值，并通过可编程电压检测器 PVD（Programmable Voltage Detector）监控供电电压。电压控制/状态检测器（PWR_CSR）存在一个标志，指示供电电压高于或低于阈值，这个事件还可以产生中断。例如，利用电源电压低于阈值的事件，中断服务程序可以处理突然断电的紧急事务。

系统复位后，微控制器默认处于运行模式。当不需处理器全速运行时，可以降低系统时钟频率，或者关闭未用外设的时钟，以节省能耗。同时，STM32 微控制器还可以进入以下 3 种低功耗模式。

- ❖ 睡眠模式（Sleep Mode）：CPU 时钟关闭，所有外设（包括 Cortex-M3 核心外设）保持运行。睡眠时，所有 I/O 引脚保持运行模式的状态不变。
- ❖ 停止模式（Stop Mode）：基于 CPU 时钟关闭的睡眠模式，再关闭外设时钟，即所有时钟均关闭。停止时，I/O 引脚保持状态不变，SRAM 和寄存器内容被保持。
- ❖ 备用模式（Standby Mode）：基于睡眠模式，再通过电压调节器停止 1.8V 主电源，微控制器处于最低功耗状态。备用时，除备份区和备用电路的寄存器外，SRAM 和寄存器内容丢失。备用模式也常被译为待机模式。

备份寄存器 BKP（Backup register）是 42 个 16 位寄存器，可以保存 20 字节（低密度和中密度产品）或 84 字节（高密度、超高密度和互连型产品）的用户应用程序的数据。在供电电源关闭时，通过备用电池供电，保持内容不变。系统复位、电源复位或者退出备用模式也不会复位备份寄存器。

### 2. 复位

STM32 设计有 3 种类型的复位：系统复位、电源复位和备份复位。

（1）系统复位

产生系统复位有多种原因：

① 复位引脚 NRST 的低电平（外部复位）。
② 窗口看门狗计数结束（WWDG 复位）。
③ 独立看门狗计数结束（IWDG 复位）。
④ 将 CM3 的应用中断和复位控制寄存器中的 SYSRESTREQ 位置位（软件复位）。
⑤ 进入停止或备用模式（低功耗管理复位）。

究竟是哪种复位，可以通过复位和时钟控制的控制/状态寄存器 RCC_CSR 的复位标志判断。一旦进入系统复位，所有寄存器内容恢复为初始复位值，除了 RCC_CSR 和备份寄存器 BKP。

（2）电源复位

当电源上电/掉电复位（POR/PDR）和退出备用模式时，STM32 导致电源复位，将所有寄存器内容复位，除了备份寄存器。

（3）备份复位

有两个特定的事件产生备份复位：

① 置位备份区域控制寄存器（RCC_BDCR）中的 BDRST 位触发的软件复位。
② 在供电电压和备用电池均关闭时，供电电压或者备用电池上电。它们只影响备份区域。

### 3. 时钟树

STM32 微控制器为了实现低功耗，设计了一个功能完善而非常复杂的时钟系统。在其产品文档中特别绘制了一个时钟树来反映（如图 4-7 所示），从左侧时钟源开始，经倍频、分频和一系列控制开关，逐步获得微控制器的系统内核、各级总线、各种外设的时钟信号。

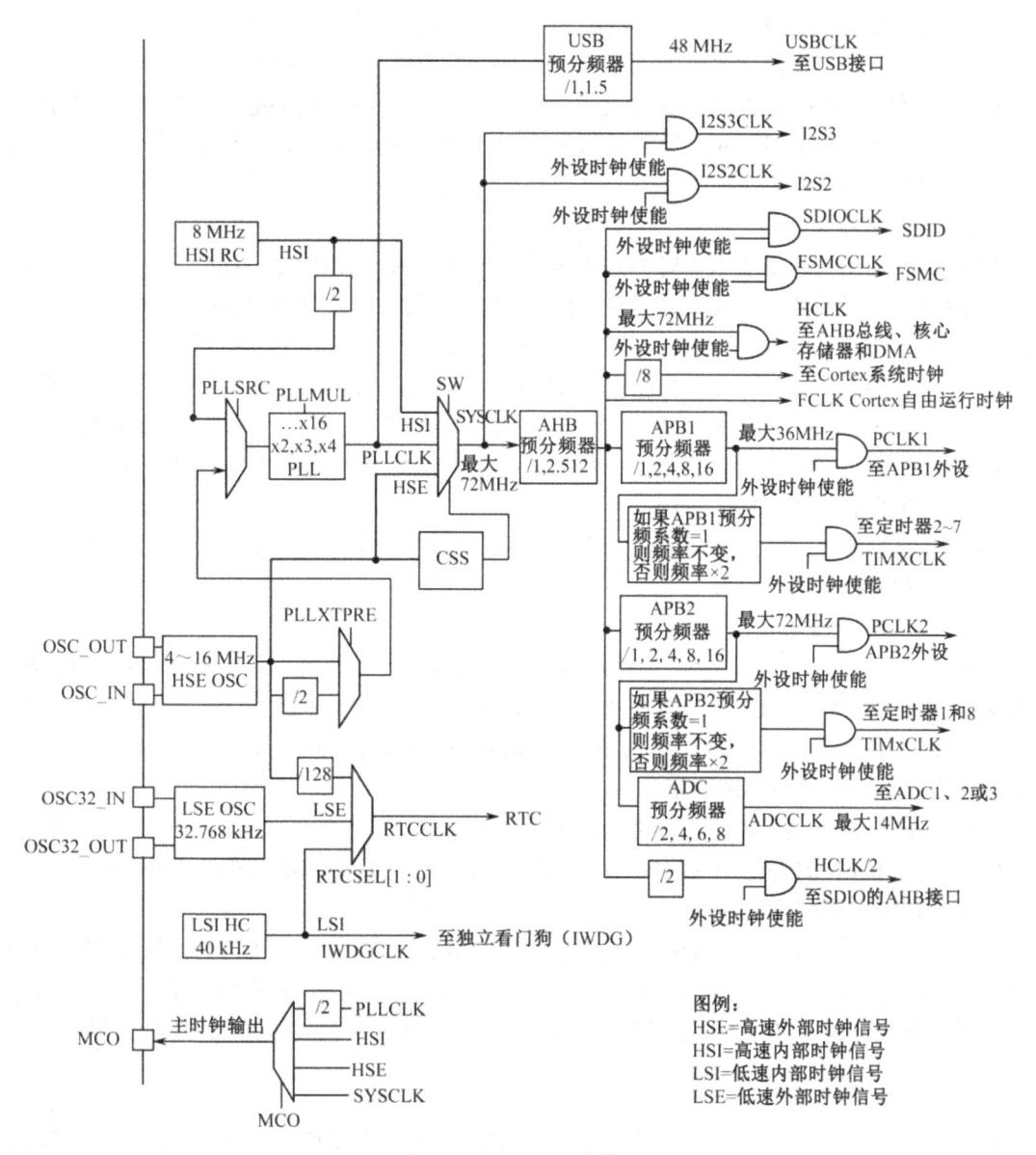

图 4-7 STM32 的时钟树

（1）时钟源

STM32 设计有高速和低速两种频率的时钟源。高速时钟作为系统的主时钟，低速时钟只是提供给微控制器芯片的实时时钟（RTC）和独立看门狗（IWDG）使用。

STM32 的时钟源可以来自内部，由微控制器芯片内的 RC 振荡器产生，起振较快。所以，微控制器刚上电时，默认使用内部高速时钟。而 STM32 的外部时钟来自芯片之外的晶振输入，但其精度较高，稳定性好。所以，系统上电后通过软件配置，通常转而使用外部时钟。

因此，STM32 共有 4 个时钟源。

- ❖ 高速内部时钟 HSI（High Speed Internal）：内部 RC 振荡器产生，8 MHz，但不稳定。
- ❖ 低速内部时钟 LSI（Low Speed Internal）：内部 RC 振荡器产生，约 40 kHz。

❖ 高速外部时钟 HSE（High Speed External）：使用外部晶振，通过 OSC_IN 和 OSC_OUT 引脚引入，晶振频率允许范围为 4~16 MHz，通常采用 8 MHz。

❖ 低速外部时钟 LSE（Low Speed External）：使用外部晶振，通过 OSC32_IN 和 OSC32_OUT 引脚引入，通常采用 32.768 kHz 晶振频率，主要提供给实时时钟和独立看门狗。

（2）系统时钟 SYSCLK

STM32 微控制器的主要工作时钟是系统时钟 SYSCLK，最高 72 MHz，通过开关（SW）控制，可以来自 3 个信号：内部高速时钟 HIS、高速外部时钟 HSE 和锁相环 PLL（Phase Locked Loop）。锁相环 PLL 又可以由内部或外部高速时钟驱动。

例如，8 MHz 的外部时钟首先通过锁相环分频器 PLLXTPRE 进行 2 分频或者不分频，然后通过锁相环来源选择开关 PLLSRC，连接到锁相环倍频器 PLLMUL。倍频器可以选择 2~16 倍的频率，如选择 9 倍频，可得到最高时钟频率 72 MHz。锁相环倍频器输出就是系统时钟来源之一的锁相环时钟 PLLCLK。

锁相环 PLL 是一种反馈控制电路，可以实现输出信号频率对输入信号频率的自动跟踪，以保证输出信号频率稳定。

（3）总线和外设时钟

系统时钟 SYSCLK 是 STM32 微控制器大部分部件的时钟来源，主要通过 AHB 预分频器分配到各部件。例如，AHB 预分频器直接输出高速时钟信号 HCLK，提供给高速总线 AHB、存储器、DMA 单元、Cortex-M3 内核。HCLK 信号是处理器内核运行的时钟，即 CPU 主频，与运算速度、数据存取速度密切相关。

再如，AHB 预分频器还输出自由运行时钟信号 FCLK。所谓"自由"，表示不来自高速时钟 HCLK，在 HCLK 时钟停止时，FCLK 也可以继续运行。它的作用是在处理器睡眠时，也能够收到中断请求和跟踪睡眠事件。

大多数基本外设都连接在两个外设总线上。由 APB2 预分频器，可以得到最大 72 MHz 的高速外设时钟 PCLK2。需要高速时钟的外设连接在 APB2 总线上，如 GPIO 等。而由 APB1 预分频器可以得到最大 36 MHz 的低速外设时钟 PCLK1，用于挂接在总线 APB1 的外设。

### 4. RCC 寄存器

STM32 设计的时钟系统非常复杂。要让 STM32 工作，需要启动时钟系统；同时，为了降低功耗，外设的时钟默认是关闭的。当要使用某个外设时，首先需要启动其外设时钟。图 4-7 所示时钟树在外设时钟输出信号前都设计有使能（Enable）控制信号就是这个原因，这些控制都需要通过 RCC 寄存器实现。"使能（Enable）"就是允许（本书主要采用这个更符合中文习惯的翻译）；"失能（Disble）"，就是禁止、关闭、不允许。希望读者在阅读一些翻译较为"粗糙"的文档资料时，注意对照外文原文学习，尽量避免由于翻译不当而导致理解错误。

RCC 寄存器的缩写和全称列于表 4-8 中。由于本书的入门性质以及主要应用 STM32 库函数编程的原因，没有详细介绍每种寄存器的作用以及数据各字段或各位的含义，读者可以阅读 STM32 参考手册。除非有必要说明，后续章节中也将如此处理其他外设寄存器。

STM32 V3.5.0 驱动程序库在 stm32f10x.h 中定义了所有外设寄存器的结构体（早期版本在 stm32f10x_map.h 文件中）。例如，RCC 寄存器的结构体如下：

表 4-8 RCC 寄存器

| 寄存器缩写 | 寄存器英文名称 | 寄存器中文名称 |
| --- | --- | --- |
| RCC_CR | Control Register | 时钟控制寄存器 |
| RCC_CFGR | Configuration Register | 时钟配置寄存器 |
| RCC_CIR | Clock Interrupt Register | 时钟中断寄存器 |
| RCC_APB2RSTR | APB2 Peripheral Reset Register | APB2 外设复位寄存器 |
| RCC_APB1RSTR | APB1 Peripheral Reset Register | APB1 外设复位寄存器 |
| RCC_AHBENR | AHB Peripheral Clock Enable Register | AHB 外设时钟允许寄存器 |
| RCC_APB2ENR | APB2 Peripheral Clock Enable Register | APB2 外设时钟允许寄存器 |
| RCC_APB1ENR | APB1 Peripheral Clock Enable Register | APB1 外设时钟允许寄存器 |
| RCC_BDCR | Backup Domain Control Register | 备份区域控制寄存器 |
| RCC_CSR | Control/Status Register | 控制/状态寄存器 |

```
typedef struct
{
    __IO uint32_t CR;
    __IO uint32_t CFGR;
    __IO uint32_t CIR;
    __IO uint32_t APB2RSTR;
    __IO uint32_t APB1RSTR;
    __IO uint32_t AHBENR;
    __IO uint32_t APB2ENR;
    __IO uint32_t APB1ENR;
    __IO uint32_t BDCR;
    __IO uint32_t CSR;
    ……
} RCC_TypeDef;
```

同时，stm32f10x.h 定义了所有外设寄存器和映射地址。例如，RCC 的基地址是 0x4002 1000，文件中定义如下：

```
#define PERIPH_BASE        ((uint32_t)0x40000000)
#define AHBPERIPH_BASE     (PERIPH_BASE + 0x20000)
#define RCC_BASE           (AHBPERIPH_BASE + 0x1000)
#define RCC                ((RCC_TypeDef *) RCC_BASE)
```

这样，在 C 语言中，通过 RCC 结构成员可以方便地访问 RCC 的各寄存器。

### 5. 系统初始化 SystemInit()函数

为了简化对 STM32 时钟系统等的配置编程，STM32 驱动程序库提供 SystemInit()系统初始化函数，其源代码位于 system_stm32f10x.c 文件中。

SystemInit()函数的执行流程如下：首先，将 RCC 时钟配置相关的寄存器复位为默认状态；然后，调用函数 SetSysClock()配置系统时钟频率，并初始化嵌入式 Flash 接口。SetSysClock()函数是根据 system_stm32f10x.c 文件开头的预定义符号相应地设置系统时钟的。预定义的代码如下：

```
#if defined (STM32F10X_LD_VL) || (defined STM32F10X_MD_VL) || (defined STM32F10X_HD_VL)
```

```
/* #define  SYSCLK_FREQ_HSE        HSE_Value */
#define  SYSCLK_FREQ_24MHz      24000000
#else
/* #define  SYSCLK_FREQ_HSE        HSE_Value */
/* #define  SYSCLK_FREQ_24MHz      24000000 */
/* #define  SYSCLK_FREQ_36MHz      36000000 */
/* #define  SYSCLK_FREQ_48MHz      48000000 */
/* #define  SYSCLK_FREQ_56MHz      56000000 */
#define  SYSCLK_FREQ_72MHz      72000000
#endif
```

这段条件编译定义对超值型（VL，指 STM32F100 系列）微控制器设置系统时钟为 24 MHz，其他微控制器设置系统时钟为 72 MHz。如果要设置其他时钟，代码中以注释的形式提供了多种系统时钟频率（覆盖大多数应用情况）供选用，用户只要去掉相应的注释符号即可。

不过，这个系统时钟频率是基于微控制器使用 8 MHz（STM32F105/F107 系列为 25 MHz）外部时钟源 HSE 振荡频率驱动的假设情况，代码如下：

```
#if !defined  HSE_VALUE
#ifdef STM32F10X_CL
#define  HSE_VALUE      ((uint32_t)25000000)
                                /* !< Value of the External oscillator in Hz */
#else
#define  HSE_VALUE      ((uint32_t)8000000)
                                /* !< Value of the External oscillator in Hz */
#endif                          /* STM32F10X_CL */
#endif                          /* HSE_VALUE */
```

这段代码存在于 stm32f10x.h 文件中。如果用户的目标系统使用不同的晶振频率，需要改变对 HSE_VALUE 的定义，并相应地调整函数。

为了使用 SystemInit()函数，需要将 system_stm32f10x.c 文件添加到工程中。早期版本要求用户在应用程序的主函数开始调用 SystemInit()函数；现在的 STM32 V3.5.0 库在启动代码调用 __main 之前先调用 SystemInit()函数（参见第 3 章）。而 __main 是 C 语言标准库的初始化函数，执行后，最终跳转到用户程序的 main()函数。因此，使用 MDK-ARM 开发平台，用户应用程序不必再考虑复杂的时钟配置等问题。

然而，SystemInit()函数启动了系统时钟 SYSCLK，但外设时钟默认关闭。应用程序在配置外设时，需要启动该外设时钟。启动外设时钟等函数在 RCC 固件库 stm32f10x_rcc.c 中，所以所有的应用程序都需要添加 RCC 固件库到工程中（详见第 5 章）。

STM32 驱动程序库提供丰富的 RCC 函数，具体应用将在示例项目中说明。

# 习 题 4

4-1 单项或多项选择题（选择一个或多个符合要求的选项）

（1）在 STM32 微控制器中，属于 Cortex-M3 核心的部件有（　　）。
A．通用输入/输出端口（GPIO）　　　　B．嵌套向量中断控制器（NVIC）
C．系统时钟（SysTick）　　　　　　　　D．实时时钟（RTC）

（2）STM32F103 产品线区别于不同的闪存容量，其中高密度（HD）是指（　　）。
A．16~32 KB　　　　　　　　　　B．64~128 KB
C．256~512 KB　　　　　　　　　D．768 KB~1 MB

（3）STM32 通过两个外设总线 APB1 和 APB2 连接外设及接口。其中，连接 APB2 的外设有（　　）。
A．通用输入/输出端口（GPIO）　　B．通用同步/异步接收发送器 1（USART1）
C．通用同步/异步接收发送器 2（USART2）　　D．模拟/数字转换器（ADC）

（4）选择 STM32 使用加载程序（BootLoader）的启动模式，需要启动引脚 BOOT1 和 BOOT0 的配置是（　　）。
A．BOOT1=0，BOOT0=0　　　　　B．BOOT1=1，BOOT0=0
C．BOOT1=0，BOOT0=1　　　　　D．BOOT1=1，BOOT0=1

（5）ST 公司提供的 STM32 固件库的基本文件中，定义 STM32 寄存器地址和结构体类型等的底层头文件是（　　）。
A．stm32f10x.h　　　　　　　　　B．system_stm32f10x.c
C．startup_stm32f10x_hd.s　　　　D．system_stm32f10x.h

4-2 请从 ST 公司网站下载 STM32 参考手册（RM0008 Reference manual，参考文献 10），查阅"存储器空间（Memory map）"一节，给出 GPIOA~GPIOG 所占地址范围。

4-3 什么是 CMSIS？ARM 公司为什么要制定 CMSIS？

4-4 什么是 STM32 驱动程序库？ST 公司为什么要提供 STM32 驱动程序库？

4-5 C99 标准为什么给 C 语言数据类型引入 intN-t（uintN-t）形式？你能够在 MDK-ARM 文件目录中找到对其定义的 stdint.h 头文件吗？请给出该文件中对数据类型 int32-t 和 uint32_t 的声明语句。

4-6 下列 C 语言语句分别实现什么功能（其中，a 是一个整型变量）？
（1）a&=~(1<<4);
（2）a|=(1<<5);
（3）a^=(1<<6);

4-7 对于 STM32 外设寄存器，为什么用 C 语言进行常量定义时，要使用"volatile"类型修饰符（限定符）？

4-8 在 MDK-ARM 安装后的目录中找到 STM32 库的基本头文件 stm32f10x.h；或者，从 STM32 固件库手册（参考文献 12，stm32f10x_stdperiph_lib_um.chm 文件），通过目录（Directories）找到隶属于 STM32F10x 的 stm32f10x.h 文件。阅读其代码，从中查找到对 GPIO 寄存器的结构类型定义和 GPIOG 基地址的定义，并与习题 4-2 中查阅到的 GPIOG 所占地址相对比，看是否一致。说明你的查找过程，给出具体的文件路径和相关定义所在位置（截图或指出行号）等关键信息。

4-9 简述 STM32 微控制器的 3 种低功耗模式的特点。

4-10 简述 STM32 微控制器的 3 种复位类型。

4-11 STM32 微控制器有哪 4 个时钟源？各自的时钟频率是多少？

4-12 简述 STM32 的系统时钟（SYSCLK）、处理器内核的高速时钟（HCLK）和外设时钟（APB1、APB2）的关系，以及各自的最高时钟频率。

4-13 为便于表达，STM32 中的外设、功能单元、寄存器等大量使用英文缩写（常会给初学者带来一定困惑）。熟悉这些缩写所代表的含义，非常有助于文献阅读。请给出本章所涉及的如下缩写的含义：

(1) RCC　　　(2) PWR　　　(3) BKP　　　(4) SYSCLK　　　(5) APB

4-14 SystemInit()函数通过直接对 RCC 寄存器编程设置系统时钟。例如，SystemInit()函数的第一条语句就是置位 HSION，启用内部 8 MHz 的 RC 振荡器：

```
RCC->CR |= (uint32_t)0x00000001;
```

请查阅 STM32 参考手册（RM0008 Reference Manual）中有关 RCC 的章节的"RCC 寄存器"，结合时钟控制寄存器（RCC_CR）最低位的含义，进一步具体说明。

# 第 5 章　STM32 的通用 I/O 端口

控制系统有一些基本外设，如 LED、按钮（开关）、蜂鸣器（Beeper）等。这些外设控制简单，通常只需要 1 位（或独立的多位）信号，设置为高电平或低电平即可。所以，微控制器具有 GPIO（General Purpose Input/Output，通用 I/O 端口），提供众多的 I/O 引脚。

## 5.1　GPIO 的结构和功能

STM32F103 微控制器有 7 组通用 I/O 端口（GPIO），用 GPIOx（x 是 A、B、C、D、E、F、G）表示，即 GPIOA、GPIOB、…、GPIOG。每组端口有 16 个外设引脚，分别用 Px0、Px1、…、Px15（x 是 A～G）表示。每个引脚具有相同的电路结构，如图 5-1 所示。

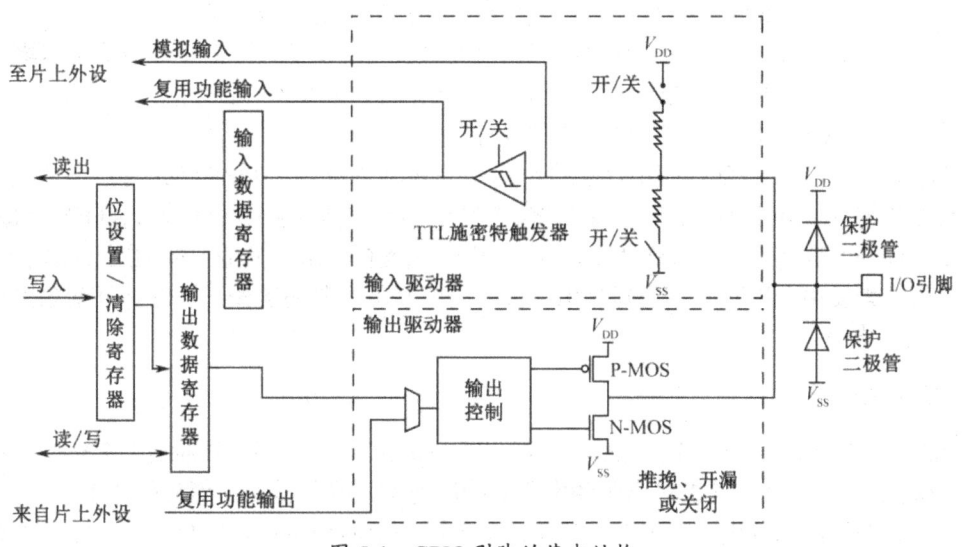

图 5-1　GPIO 引脚的基本结构

图 5-1 右端是对外的 I/O 外设引脚，左端连接于芯片内部，中间部分是一个标准 I/O 端口引脚（位）的基本电路。

### 1．输入模式

图 5-1 上半部描绘了 I/O 引脚作为外设输入的结构，具有 4 种输入模式。

① 模拟输入模式（Analog）：输入驱动器中的施密特触发器关闭，也不接上拉电阻（与 $V_{DD}$ 相连的电阻）和下拉电阻（与 $V_{SS}$ 相连的电阻），外设引脚的信号接至芯片内部的外设。例如，外设信号传送给模拟/数字转换器 ADC 模块，由 ADC 采集电压信号。

② 浮空输入模式（Input Floating）：不接上拉和下拉电阻，但经由触发器输入 I/O 引脚信号。其引脚的输入阻抗较大，一般用于标准的通信协议 USART 或 I²C 的接收端。

③ 上拉输入模式（Input Pull-up）：连接上拉电阻。当 I/O 引脚无输入信号时，读取引脚的数据为 1，即高电平。

④ 下拉输入模式（Input Pull-down）：连接下拉电阻。当 I/O 引脚无输入信号时，读取引脚的数据为 0，即低电平。

施密特触发器能将缓慢变化或者畸变的输入脉冲信号整形为较理想的矩形脉冲信号。对 I/O 引脚执行读操作时，将把引脚的当前电平从输入数据寄存器读取到内部；不执行读操作，则 I/O 引脚与内部断开。

### 2. 输出模式

图 5-1 下半部描绘了 I/O 引脚作为外设输出的结构，输出驱动器主要由 P-MOS 管和 N-MOS 管组成。输出有推挽和开漏两种，又分通用和复用两种，故具有 4 种输出模式：通用推挽输出、通用开漏输出和复用推挽输出、复用开漏输出。

① 推挽输出（Output Push-Pull）：输出"1"（高电平），让 P-MOS 管导通；输出"0"（低电平），让 N-MOS 管导通。两个 MOS 管轮流导通，使其负载能力和开关速度都比普通方式有很大提高。输出低电平是 0 V，输出高电平是 3.3 V。

② 开漏输出（Output Open-Drain）：输出"0"，让 N-MOS 管导通，使输出接地，为 0 V；输出"1"，不激活 P-MOS 管，输出为高阻状态，要获得高电平需外接一个上拉电阻，并由其连接电源决定输出高电平的电压。但开漏输出具有"线与"特点，即多个开漏输出引脚连接在一起时，只当所有引脚都输出高阻状态，才由上拉电阻提供高电平。若任意一个引脚为低电平，线路输出就是低电平，相当于"逻辑与"的功能。

STM32 微控制器的 I/O 引脚不仅能够作为通用输入/输出端口 GPIO 的引脚，大多数还有复用功能，即作为片上外设（如串口、ADC 等）的 I/O 引脚，称为复用 I/O 端口 AFIO（Alternate-Function I/O）。所以，当 I/O 引脚作为 GPIO 功能时，应选择通用推挽输出或通用开漏输出模式。当 I/O 引脚作为复用功能时，应选择复用推挽输出或复用开漏输出模式。选择开漏输出模式，需要外接上拉电阻。

### 3. 输出速度

GPIO 的 I/O 引脚用于输出模式时有 3 种速度（Speed）可供选择，分别基于 2 MHz、10 MHz 和 50 MHz 频率。"速度"是指输出驱动电路的响应速度，并不是输出信号的速度。

I/O 端口的输出部分设计有多个响应不同速度的输出驱动电路，用户应根据需求选择相匹配的驱动电路，达到最佳的噪声控制效果，并降低功耗。例如，对于最大波特率为 115.2 kbps 的串行异步通信接口 USART，使用 2 MHz 的引脚输出速度就够了，功耗少，噪声也小；对于串行外设接口 SPI，若使用 9 MHz 或 18 MHz，则 10 MHz 的 GPIO 引脚速度显然不够，需要选择 50 MHz 的引脚输出速度。

当 GPIO 的 I/O 引脚设置为输入模式时，不需配置输出速度。

## 5.2 GPIO 寄存器

在认识 GPIO 结构和功能的基础上，需要进一步了解 GPIO 寄存器，因为所有外设接口的控制都是通过对外设寄存器编程实现的。

## 5.2.1 GPIO 寄存器的功能

GPIO 的每组端口都有 7 个寄存器（如表 5-1 所示），实现对 GPIO 端口初始化配置和数据输入/输出控制。每个寄存器只能以 32 位（字）访问，不允许 16 位（半字）或 8 位（字节）访问。

表 5-1 GPIO 寄存器

| 寄存器缩写 | 寄存器英文名称 | 寄存器中文名称 |
| --- | --- | --- |
| GPIOx_CRL | Configuration Register Low | 端口配置低寄存器 |
| GPIOx_CRH | Configuration Register High | 端口配置高寄存器 |
| GPIOx_IDR | Input Data Register | 端口输入数据寄存器 |
| GPIOx_ODR | Output Data Register | 端口输出数据寄存器 |
| GPIOx_BSRR | Bit Set/Reset Register | 端口置位/复位寄存器 |
| GPIOx_BRR | Bit Reset Register | 端口复位寄存器 |
| GPIOx_LCKR | Configuration Lock Register | 端口配置锁定寄存器 |

**1. 配置寄存器：选择引脚功能，如输入或输出**

每个端口有 2 个 32 位配置寄存器（Configuration Register），分别是配置寄存器低字（Low）和配置寄存器高字（High），称为 GPIOx_CRL 和 GPIOx_CRH（x 是 A~G）。配置寄存器低字 CRL 对应低 8 位引脚 Px0、Px1、…、Px7，配置寄存器高字 CRH 对应高 8 位引脚 Px8、Px9、…、Px15。从作用来说，GPIO 的配置寄存器相当于控制寄存器（Control Register）。

这 2 个 32 位（也可以看成是一个 64 位）配置寄存器的每 4 位对应一个引脚，其中低 2 位设置其工作模式（MODE），高 2 位设置其配置（CNF，configuration），如表 5-2 所示。

表 5-2 GPIO 引脚的配置

| CNF【1:0】 | MODE【1:0】 | 引脚配置的功能 | STM32 库的枚举常量 |
| --- | --- | --- | --- |
| 0 0 | 0 0（输入，下拉和上拉模式的区别需设置输出数据寄存器 ODR 的相应引脚位，设置为 0（默认）是下拉模式，设置为 1 是上拉模式） | 模拟输入模式 | GPIO_Mode_AIN |
| 0 1 | | 浮空输入模式（默认） | GPIO_Mode_IN_FLOATING |
| 1 0 | | 下拉输入模式 | GPIO_Mode_IPD |
| 1 0 | | 上拉输入模式 | GPIO_Mode_IPU |
| 0 0 | 0 1（输出，最大速度 10 MHz）<br>1 0（输出，最大速度 2 MHz）<br>1 1（输出，最大速度 50 MHz） | 通用推挽输出模式 | GPIO_Mode_Out_PP |
| 0 1 | | 通用开漏输出模式 | GPIO_Mode_Out_OD |
| 1 0 | | 复用推挽输出模式 | GPIO_Mode_AF_PP |
| 1 1 | | 复用开漏输出模式 | GPIO_Mode_AF_OD |

**2. 数据寄存器：保存引脚输入电平或输出电平**

每组端口有 2 个 32 位数据寄存器（Data Register）：输入数据寄存器 IDR，输出数据寄存器 ODR。每个数据寄存器都只使用其低 16 位（高 16 位保留），依次对应每个 GPIO 引脚。

当设置 GPIO 引脚为输入模式时，可以从输入数据寄存器 GPIOx_IDR 的相应位读出该 I/O 引脚的高（1）、低（0）电平。当配置 GPIO 引脚为输出模式时，向输出数据寄存器 GPIOx_ODR 的相应位写入"1"或"0"，控制该 I/O 引脚为高（1）、低（0）电平。

输出数据寄存器 ODR 也可以读出。对输出数据寄存器某位写入时，要考虑其他位的状态，不能任意改变。所以，需要先读出输出数据寄存器的内容，修改相应位，再写入。因此，更方便的数据写入是使用位控寄存器。

### 3. 位控寄存器：控制某引脚为"1"或"0"

每个端口有 2 个位控寄存器，只能写入，不能读出：32 位的位置位/复位寄存器 BSRR（Bit Set/Reset Register），16 位的位复位寄存器 BRR（Bit Reset Register）。16 位的位复位寄存器 BRR 也可以看成只使用了低 16 位的 32 位寄存器。

位置位/复位寄存器 BSRR 的高 16 位和位复位寄存器 BRR 的低 16 位控制 I/O 引脚为低电平（复位 BR，Bit Reset），位置位/复位寄存器 BSRR 的低 16 位控制 I/O 引脚为高电平（置位 BS，Bit Set）。位控寄存器某位写入"1"，实现引脚复位或置位；写入"0"，对引脚无影响（作用）。

### 4. 锁定寄存器：锁定引脚配置（不允许修改）

32 位的端口配置锁定寄存器 GPIOx_LCKR（Lock Register）用于冻结配置寄存器对 I/O 引脚功能的改变。

当对端口执行了写入锁定序列后，被锁定引脚配置的工作模式不能再改变，直到下次复位后才被解锁。这可以防止程序随意改变 GPIO 配置，导致程序异常。

## 5.2.2 GPIO 寄存器的应用

应用 GPIO 需要结合具体的应用项目，在初始化时写入配置寄存器选择工作模式，在 I/O 引脚工作期间读取输入数据寄存器，掌握输入引脚的高低电平状态；或者写入位控寄存器或输出数据寄存器，控制输出引脚的电平高低。

如果直接对 GPIO 寄存器编程，需要更详细地了解每个寄存器的格式以及每位的含义，可以进一步阅读 STM32 参考手册（参考文献 10）的相关内容。如果利用驱动程序库，可以使用库函数实现各种功能，减少大量学习时间，达到快速开发的目的。

### 1. GPIO 寄存器结构定义

STM32 驱动程序库（V3.5.0）的头文件 stm32f10x.h 中定义了 7 个 GPIO 寄存器组成的结构类型，其代码如下：

```
typedef struct
{
    __IO uint32_t CRL;
    __IO uint32_t CRH;
    __IO uint32_t IDR;
    __IO uint32_t ODR;
    __IO uint32_t BSRR;
    __IO uint32_t BRR;
    __IO uint32_t LCKR;
} GPIO_TypeDef;
```

对于 GPIO 寄存器地址，先有外设基地址的宏定义，如下所示：

```
#define PERIPH_BASE        ((uint32_t)0x40000000)
```

再有 APB2 总线上外设基地址的宏定义，如下所示：
```
#define  APB2PERIPH_BASE        (PERIPH_BASE + 0x10000)
```
接着有各组 GPIO 寄存器的基地址宏定义，如下所示：
```
#define  GPIOA_BASE             (APB2PERIPH_BASE + 0x0800)
#define  GPIOB_BASE             (APB2PERIPH_BASE + 0x0C00)
……
```
最后，各组 GPIO 寄存器指向其对应的基地址：
```
#define  GPIOA                  ((GPIO_TypeDef *) GPIOA_BASE)
#define  GPIOB                  ((GPIO_TypeDef *) GPIOB_BASE)
……
```

例如，GPIOA 是指向地址 0x40010800 的结构类型，而配置寄存器低字 CRL、配置寄存器高字 CRH……锁定寄存器 LCKR 的地址偏移量依次是 0、4、…、0x18，正好依次对应结构体成员的地址。

利用这些结构类型和宏定义可以声明结构体变量指针，进而直接访问各端口的各寄存器。

### 2．GPIO 库函数

为了方便 GPIO 的开发应用，STM32 驱动程序库提供了常用的 GPIO 函数，如表 5-3 所示（不是所有 GPIO 函数）。STM32 固件库还有相关的数据结构、常量定义，甚至每个 GPIO 引脚的定义等。例如，表 5-2 最右列给出了 8 种工作模式的枚举常量。

表 5-3  STM32 库的部分常用 GPIO 函数

| 函 数 名 | 函数功能 |
| --- | --- |
| GPIO_Init | GPIO 初始化：根据 GPIO 初始化结构参数设置 GPIOx 外设 |
| GPIO_DeInit | GPIO 解除初始化：将 GPIOx 外设寄存器恢复为默认复位值 |
| GPIO_StructInit | 使用默认值填充 GPIO 初始化结构成员 |
| GPIO_Write | 字输出：向选定的 GPIO 数据端口输出数据 |
| GPIO_WriteBit | 位输出：向选定的 GPIO 数据端口引脚输出数据 |
| GPIO_SetBits | 置位：使选定的 GPIO 端口引脚置位（为 1） |
| GPIO_ResetBits | 复位：使选定的 GPIO 端口引脚复位（为 0） |
| GPIO_ReadInputData | 输入端口的字输入：从选定的 GPIO 输入数据端口输入数据 |
| GPIO_ReadInputDataBit | 输入端口的位输入：从选定的 GPIO 输入数据端口引脚输入数据 |
| GPIO_ReadOutputData | 输出端口的字输入：从选定的 GPIO 输出数据端口输入数据 |
| GPIO_ReadOutputDataBit | 输出端口的位输入：从选定的 GPIO 输出数据端口引脚输入数据 |

这些库函数以及相关类型、常量、宏等都可以方便地在 STM32 固件库手册找到详细说明。STM32 固件库手册（stm32f10x_stdperiph_lib_um.chm 文件）与驱动程序库文件保存在同一个目录中，建议将其复制出来，与 STM32 参考手册等资料文件整理在一起，方便在开发过程中随时阅读。本书将随着示例项目的开发逐渐展开，引导读者熟悉这些关键文献。

在使用 STM32 库的过程中，一定要认真阅读其中的库帮助文件。例如，阅读其主页（Main Page）中"如何使用库（How to use the Library）"条目，了解使用库的注意事项和方法。再如，使用到某个外设一定要阅读其寄存器结构定义、初始化函数和各种控制函数的调用方法等。这些宏定义名、结构类型名、函数名通常很长，又区别字母大小写，拼写易错，所以不妨直接复制库帮助文件的声明。另外，驱动程序库的应用过程中应留意它们的规律。例如，常用下划线连接不同字段，宏定义常量都是大写字母，函数名、类型名的首字母是大写，其他为小写字母等。

## 5.3 GPIO 输出应用示例：LED 灯的亮灭控制

在嵌入式系统学习过程中，通常第一个应用项目就是利用 GPIO 控制发光二极管 LED 灯的亮和灭，实现逐个点亮 LED 灯的效果，俗称跑马灯或流水灯程序。

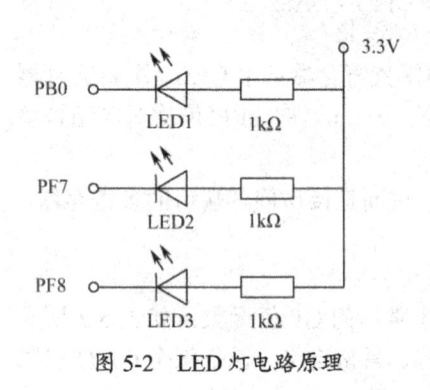

**【例 5-1】** 跑马灯（流水灯）。

假设一个基于 STM32F103ZET6 微控制器的目标开发板使用默认的标准时钟（外部时钟频率 8 MHz，系统时钟 SYSCLK 为 72 MHz）。其中，GPIO 引脚 PB0 连接 LED1，PF7 连接 LED2，PF8 连接 LED3。输出低电平（逻辑 0），使得相应的 LED 灯亮；输出高电平（逻辑 1），LED 灯灭（不亮），如图 5-2 所示。也就是说，本示例项目使用了 GPIO 端口的 B 组引脚 0（PB0）、F 组引脚 7（PF7）和引脚 8（PF8），而 LED 灯需要 GPIO 引脚采用推挽输出模式。

图 5-2 LED 灯电路原理

### 5.3.1 项目创建和选项配置

回顾第 3 章 MDK 创建项目的过程，类似地创建 LED 亮灭控制项目。强烈建议大家阅读这部分内容的同时，按照各步骤亲自操作，这样才能真正理解所描述的项目创建过程（限于篇幅，本书无法将过程详细截图展示）。

**1. 新建项目文件夹**

为了便于管理项目文件，建议为每个项目建立单独的文件夹（如根据项目特点取名 GPIO_LED）。在这个文件夹中，新建 3 个子文件夹。

① user 文件夹：用于存放用户编写的应用程序源文件。
② output 文件夹：用于存放编译器输出的目标代码文件。
③ listing 文件夹：用于存放编译器生成的列表文件。

用户可以根据需要新建其他子文件夹。例如，DOC 文件夹用于保存项目的说明性文档等。如果希望生成的列表文件也保存在 output 文件夹中，可以不建立 listing 文件夹，但建议为用户编写的有关应用程序单独建立一个文件夹（如 user）。注意，所有文件夹名不要使用中文（MDK 对中文支持不完善）。

项目创建后，MDK 将在"项目"文件夹下保存有关的项目文件。MDK v5 还在项目所在的文件夹下建立 RTE 子文件夹，用于保存与项目运行环境相关的文件，如启动代码、初始化配置（system_stm32f10x.c）、运行环境头文件等。例如，RTE_Components.h 文件是自动生成的，记录了用户选择的运行环境（外设驱动程序）。

为了便于教学，建议在分区根目录下新建一个文件夹（如取名 mystm32），专门用于保存本课程学习过程中开发的各项目，把与课程相关的教学资料、参考文献等一并纳入。尽管这些好像是项目开发过程中的旁枝末节，似乎无关大局，但是作为一个工程项目，建议大家养成工程管理的思维习惯，尤其是当工程项目有一定规模、略为复杂，或者涉及多人合作时更是重要。有一句话说得很好："细节决定成败。"

### 2. 新建工程项目

打开 MDK v5 集成开发环境 μVision，使用"项目（Project）"菜单的"新建项目（New μVision Project）"命令开始创建工程项目。创建（工程）项目的操作如下所述。

<1> 在弹出的"创建新项目"对话框中，选择之前建立的项目文件夹，并为项目命名（如 GPIO_LED）。

<2> 在弹出的"器件选择"对话框中选择目标开发板采用的 CPU（如 STM32F103ZE）。

<3> 在弹出的"管理运行环境"对话框中选中"CMSIS 核心组件（CMSIS-CORE）"和"器件启动代码（Device-Startup）"。

<4> 通过"管理运行环境"对话框添加外设驱动程序。选择"CMSIS 核心组件"和"启动代码"后，如果已经明确需要使用的外设，可以一并选中，也可以在后期添加。例如，本例需要使用通用 I/O 端口（GPIO），所以选中"标准外设驱动程序库（StdPeriph Drivers）"中的"GPIO"，此时"验证输出"文本框中提示使用 GPIO，还需要"框架（Framework）"和"复位与时钟控制（RCC）"的配合，所以必须同时选中。

### 3. 添加文件

完成运行环境设置，回到 μVision 主界面，呈现项目窗口（Project Window）。

<1> 建议修改目标名（默认是 Target 1，可修改为目标 CPU 的名称）和组名（默认是 Source Group 1，可修改为 Source Main），还可以根据项目需要建立其他组，以便分门别类地管理文件。

<2> 右击组名，然后选择"添加新项（Add New Item to Group）"命令，新建文件并加入项目；也可以选择"文件（File）"→"新建（New）"命令创建源程序文件，然后添加进去。如果源程序已经编写完成，右击组名，然后选择"添加文件（Add Existing Files to Group）"命令，将已有文件添加到项目中。

应用程序的编写将在后面介绍，用户可以先将主程序（如 main.c）添加到项目中。主程序最初可以只是一个基本框架，如

```
int main()
{
}
```

建议源程序文件保存在项目文件夹的 user 子文件夹中。

### 4. 配置目标选项

应用项目的开发过程中常需要配置目标选项，可以右击目标名，然后选择"选项命令（Options for Target）"，弹出"目标选项"对话框，如图 5-3 所示。

"目标选项"对话框有多个标签，最初可以进行如下设置。

<1> 单击"Output（输出）"标签的"Select Folder for Objects（目标代码文件夹）"按钮，选择事先创建的目录（如 output），保存生成的可执行文件。需选中"Create HEX file（创建 HEX 文件）"，以便生成可以下载到目标板的可执行文件。

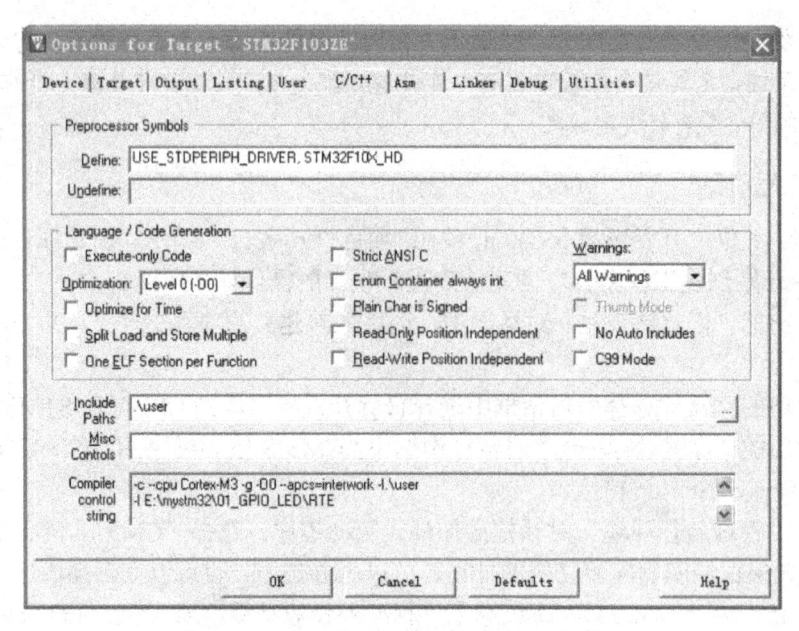

图 5-3 "目标选项"对话框（C/C++标签）

<2> 单击"Listing（列表）"标签的"（Select Folder for Listings 列表文件夹）"按钮，选择事先创建的目录（如 listing），保存生成的列表文件。

<3> 在"C/C++"标签的"Define（预处理符号定义）"栏中添加"USE_STDPERIPH_DRIVER，STM32F10X_HD"宏定义（MDK v5 版本可以不添加）。前一个宏定义说明使用 STM32 库函数；没有这个宏定义，表示不使用 STM32 库函数，直接对外设寄存器编程。后一个说明目标 CPU 类型，需要与前面选择的 CPU、启动代码一致。如果不在这里添加这两个宏定义，需要修改 stm32f10x.h 文件（其中的注释说明如何修改）。

<4> 在"C/C++"标签的"Include Paths（包含路径）"栏中，必要时，添加头文件的路径。按照本书使用的项目文件结构，默认情况下不需添加路径；但当移动或复制项目到其他文件夹时，或者新建其他文件夹时，有可能不在 MDK 的搜索路径中，会提示无法找到文件的错误，此时需要添加相应文件的路径（可以通过右边按钮选择）。为了防止出现找不到头文件的错误，也可以将项目用到的头文件路径都添加在"包含路径"栏中，如把用户文件夹纳入。建议所有用户文件都保存在一个文件夹（如前述 user 文件夹）中。如果文件很多，需要分门别类保存，也建议在此文件夹下新建子文件夹。

<5> 在"Debug（调试）"标签中选择左侧的"（Use Simulator 使用模拟器）"。项目开发的多数情况下都应该首先通过模拟器调试运行，然后下载到目标板运行。

<6> 在"Target（目标）"标签中，因为假设 STM32 微控制器的外部时钟采用 8 MHz，因此在"Xlat（MHz）"栏应填入"8.0"（MDK 默认为 72.0）。

至此，工程创建基本结束，可以尝试进行目标构建（Build Target）。如果没有错误或警告，说明创建成功。

### 5.3.2 应用程序分析

本应用项目中，用户需要创建或编辑的文件如下。

① 主程序，实现主流程代码：main.c（文件名可以修改）。
② LED 驱动程序：led.c 和 led.h（文件名可以修改）。

应用程序执行的主流程有下述 3 个步骤：

<1> 开启外设时钟，本例是 GPIOB 和 GPIOF。
<2> 初始化外设，本例是连接 LED1～LED3 的 GPIO 引脚。
<3> 控制外设工作，本例是置位、复位 GPIO 引脚。

**1. 开启外设时钟**

在 STM32 库中开启外设时钟，由复位和时钟控制 RCC 驱动程序（stm32f10x_rcc.c）实现，主要提供 3 个针对不同总线连接的外设时钟命令函数：RCC_AHBPeriphClockCmd()，RCC_APB1PeriphClockCmd()和 RCC_APB2PeriphClockCmd()。

根据 STM32 微控制器的系统总线结构（见图 4-3），GPIO 通过 APB2 总线连接系统，应该使用 RCC_APB2PeriphClockCmd()函数。STM32 V3.5.0 库帮助文件的函数说明如图 5-4 所示（建议打开 STM32 固件库手册文件 stm32f10x_stdperiph_lib_um.chm，找到相关说明）。

```
void RCC_APB2PeriphClockCmd ( uint32_t  RCC_APB2Periph, FunctionalState  NewState )
Enables or disables the High Speed APB (APB2) peripheral clock.
Parameters:
        RCC_APB2Periph, : specifies the APB2 peripheral to gates its clock. This
parameter can be any combination of the following values:
        • RCC_APB2Periph_AFIO, RCC_APB2Periph_GPIOA, RCC_APB2Periph_GPIOB,
        RCC_APB2Periph_GPIOC, RCC_APB2Periph_GPIOD, RCC_APB2Periph_GPIOE,
        RCC_APB2Periph_GPIOF, RCC_APB2Periph_GPIOG, RCC_APB2Periph_ADC1,
        RCC_APB2Periph_ADC2, RCC_APB2Periph_TIM1, RCC_APB2Periph_SPI1,
        RCC_APB2Periph_TIM8, RCC_APB2Periph_USART1, RCC_APB2Periph_ADC3,
        RCC_APB2Periph_TIM15, RCC_APB2Periph_TIM16, RCC_APB2Periph_TIM17,
        RCC_APB2Periph_TIM9, RCC_APB2Periph_TIM10, RCC_APB2Periph_TIM11
        NewState, : new state of the specified peripheral clock. This parameter can
be: ENABLE or DISABLE.
Return values:
        None
Definition at line 1095 of file stm32f10x_rcc.c.
```

图 5-4　APB2 外设时钟命令函数说明

可以看出，该函数定义在 stm32f10x_rcc.c 文件的 1095 行（可以直接在库手册文件中单击相关链接，进入文件查看）。该函数的功能是允许（ENABLE）或禁止（DISABLE）APB2 总线外设时钟，其第 1 个参数就是 APB2 总线上的外设名称组合。本例是接在 APB2 总线上的 GPIOB 和 GPIOF，所以开启 GPIOF 外设时钟的函数调用为

```
RCC_APB2PeriphClockCmd (RCC_APB2Periph_GPIOB, ENABLE);
RCC_APB2PeriphClockCmd (RCC_APB2Periph_GPIOF, ENABLE);
```

也可以把两个调用合并为一个函数调用，如

```
RCC_APB2PeriphClockCmd (RCC_APB2Periph_GPIOB|RCC_APB2Periph_GPIOF, ENABLE);
```

## 2. 初始化外设

外设工作前需要按照应用问题的需求进行初始化和配置，STM32 库为此提供了外设初始化函数，函数名为 PPP_Init。其中，PPP 是外设的名称。例如，对通用 I/O 端口 GPIO 初始化的函数名为 GPIO_Init，STM32 固件库手册中的函数说明如图 5-5 所示。

```
void GPIO_Init ( GPIO_TypeDef * GPIOx, GPIO_InitTypeDef * GPIO_InitStruct )
Initializes the GPIOx peripheral according to the specified parameters in the
GPIO_InitStruct.
 Parameters:
      GPIOx, : where x can be (A..G) to select the GPIO peripheral.
      GPIO_InitStruct, : pointer to a GPIO_InitTypeDef structure that contains the
configuration information for the specified GPIO peripheral.
 Return values:
      None
Definition at line 173 of file stm32f10x_gpio.c.
```

图 5-5 GPIO 初始化函数说明

GPIO_Init 函数的第 1 个参数指明端口号 GPIOx（x 是 A～G），本例是 GPIOB 和 GPIOF。第 2 个参数是指向 GPIO 初始化结构类型 GPIO_InitTypeDef 的指针，定义在 STM32 库的 GPIO 头文件（stm32f10x_gpio.h）中，代码如下：

```
typedef struct
{
    uint16_t GPIO_Pin;                     /* 指定配置的 GPIO 引脚 */
    GPIOSpeed_TypeDef GPIO_Speed;          /* 指定 GPIO 引脚输出的最高频率 */
    GPIOMode_TypeDef GPIO_Mode;            /* 指定 GPIO 引脚配置的工作模式 */
}GPIO_InitTypeDef;
```

可以看到，GPIO_InitTypeDef 结构体有下述 3 个成员。

① 成员 1：GPIO_Pin 是要进行配置的 GPIO 引脚编号，其值用常量 GPIO_Pin_y（y 是 0～15 和 ALL）表示，同样在 GPIO 头文件（stm32f10x_gpio.h）中定义。代码如下：

```
#define  GPIO_Pin_0     ((uint16_t)0x0001)    /*!< Pin 0 selected */
#define  GPIO_Pin_1     ((uint16_t)0x0002)    /*!< Pin 1 selected */
#define  GPIO_Pin_2     ((uint16_t)0x0004)    /*!< Pin 2 selected */
#define  GPIO_Pin_3     ((uint16_t)0x0008)    /*!< Pin 3 selected */
……
#define  GPIO_Pin_15    ((uint16_t)0x8000)    /*!< Pin 15 selected */
#define  GPIO_Pin_All   ((uint16_t)0xFFFF)    /*!< All pins selected */
```

② 成员 2：GPIO_Speed 选择最高输出频率，定义在枚举类型 GPIOSpeed_TypeDef 中。代码如下：

```
typedef enum
{
    GPIO_Speed_10MHz = 1,
    GPIO_Speed_2MHz,              // 不赋值的枚举变量自动加 1，故此常量值为 2
```

```
    GPIO_Speed_50MHz                        // 常量值为 3
}GPIOSpeed_TypeDef;
```

③ 成员 3：GPIO_Mode 选择工作模式，定义在枚举类型 GPIOMode_TypeDef 中。代码如下：

```
typedef enum
{
    GPIO_Mode_AIN = 0x0,                    // 模拟输入模式
    GPIO_Mode_IN_FLOATING = 0x04,           // 浮空输入模式
    GPIO_Mode_IPD = 0x28,                   // 下拉输入模式
    GPIO_Mode_IPU = 0x48,                   // 上拉输入模式
    GPIO_Mode_Out_OD = 0x14,                // 通用开漏输出模式
    GPIO_Mode_Out_PP = 0x10,                // 通用推挽输出模式
    GPIO_Mode_AF_OD = 0x1C,                 // 复用开漏输出模式
    GPIO_Mode_AF_PP = 0x18                  // 复用推挽输出模式
}GPIOMode_TypeDef;
```

于是，只要根据具体应用问题对这 3 个成员赋予相应的常量值，就可以对 GPIO 端口进行配置。

注意，配置外设前一定先启动外设时钟。外设配置后，如果修改，可以仅设置相应的外设初始化结构变量成员值，再调用 PPP_Init 函数。另外，将外设寄存器恢复为默认值，可以使用 PPP_DeInit 函数。

对于例 5-1 所示的跑马灯程序，硬件上使用 PB0、PF7 和 PF8 连接 3 个 LED 灯，其初始化程序片段如下：

```
GPIO_InitTypeDef GPIO_InitStructure;
/* 配置 PB0 (LED1)  */
GPIO_InitStructure.GPIO_Pin = GPIO_Pin_0;
GPIO_InitStructure.GPIO_Speed = GPIO_Speed_50MHz;
GPIO_InitStructure.GPIO_Mode = GPIO_Mode_Out_PP;
GPIO_Init(GPIOB, &GPIO_InitStructure);
/* 配置 PF7 (LED2) 和 PF8 (LED3)  */
GPIO_InitStructure.GPIO_Pin = GPIO_Pin_7|GPIO_Pin_8;
GPIO_Init(GPIOF, &GPIO_InitStructure);
```

初始化 PF7 和 PF8 时，由于输出速度和模式没有改变，故不必重复赋值。

### 3. 控制外设工作

外设驱动程序库提供了控制外设工作的有关函数，对 GPIO 主要是输入和输出数据。本例中只需要输出函数，如多位输出 GPIO_Write 函数、一位输出 GPIO_WriteBit 函数、置位 GPIO_SetBits 函数、复位 GPIO_ResetBits 函数。

根据 LED 的位控制特点，使用 GPIO 引脚置位和复位函数比较简单，只要填入端口（GPIOx）和引脚（GPIO_PIN）即可。

① 置位 GPIO 引脚 GPIO_SetBits 函数：

```
void GPIO_SetBits(GPIO_TypeDef *GPIOx, uint16_t GPIO_Pin)
```

② 复位 GPIO 引脚 GPIO_ResetBits 函数：

```
void GPIO_ResetBits(GPIO_TypeDef *GPIOx, uint16_t GPIO_Pin)
```

### 5.3.3 应用程序编写

通过上述设计分析，把它们综合起来，编辑成源程序文件。当然，每个人的编程习惯、风格不同，下述代码只是一个参考示例。

从工程角度考虑，为了方便重复利用，可以把应用程序主流程和设备驱动（含初始化）程序分别编辑成两个文件：主程序 main.c 和 LED 驱动程序 led.c。

#### 1. LED 驱动程序头文件 led.h

LED 头文件比较简单，完全可以写入源文件。但是，为了便于以后其他应用程序使用这些 LED 驱动程序，应有头文件，因为只要在源程序文件中包含该头文件即可，不必重复书写这些声明。

```
/* 文件名：led.h */
#ifndef __LED_H
#define __LED_H

#include "stm32f10x.h"

void LED_Config(void);
void LED_On_all(void);
void LED_Off_all(void);
void LED_On(uint8_t led);
void LED_Off(uint8_t led);
void Delay(__IO uint32_t nCount);

#endif                                              /* __LED_H */
```

对函数的声明需要与源程序文件对应。

头文件前两行（不含注释行）和最后一行组成了一个条件编译语句，定义了符号 __LED_H，目的是避免重复引用。当第一次引用该头文件时，定义了这个符号；再次引用该头文件时，因为已经定义了这个符号，编译器不再处理该头文件。所以，程序员应该将其作为一个规则，即任何用户的头文件都使用这样的条件编译语句。

头文件 stm32f10x.h 包含 STM32 库最基本的定义，几乎所有程序都需要引用它，所以 led.h 头文件也包含它。但因为有类似的条件编译语句，不必担心重复引用问题。

#### 2. LED 驱动程序源文件 led.c

LED 驱动程序提供 LED 初始化函数和 LED 灯亮、灭控制函数。代码如下：

```
/* 文件名：led.c */
#include "led.h"
/* LED 初始化配置函数 */
void LED_Config(void)
{
    GPIO_InitTypeDef GPIO_InitStructure;           // 声明外设初始化结构体变量
    /* 启动外设时钟 */
    RCC_APB2PeriphClockCmd (RCC_APB2Periph_GPIOB|RCC_APB2Periph_GPIOF, ENABLE);
    /* 配置 PB0 (LED1) */
    GPIO_InitStructure.GPIO_Pin = GPIO_Pin_0;
```

```c
    GPIO_InitStructure.GPIO_Speed = GPIO_Speed_50MHz;
    GPIO_InitStructure.GPIO_Mode = GPIO_Mode_Out_PP;
    GPIO_Init(GPIOB, &GPIO_InitStructure);
    /* 配置 PF7 (LED2) 和 PF8 (LED3) */
    GPIO_InitStructure.GPIO_Pin = GPIO_Pin_7|GPIO_Pin_8;
    GPIO_Init(GPIOF, &GPIO_InitStructure);
    /* 初始化外设：LED 灯全灭 */
    GPIO_SetBits(GPIOB, GPIO_Pin_0);
    GPIO_SetBits(GPIOF, GPIO_Pin_7|GPIO_Pin_8);
}
/* LED 全亮函数 */
void LED_On_all(void)
{
    GPIO_ResetBits(GPIOB, GPIO_Pin_0);                    // 点亮 LED1 灯
    GPIO_ResetBits(GPIOF, GPIO_Pin_7|GPIO_Pin_8);         // 点亮 LED2 和 LED3 灯
}
/* LED 全灭函数 */
void LED_Off_all(void)
{
    GPIO_SetBits(GPIOB, GPIO_Pin_0);                      // 关闭 LED1 灯
    GPIO_SetBits(GPIOF, GPIO_Pin_7|GPIO_Pin_8);           // 关闭 LED2 和 LED3 灯
}
/* 指定某个 LED 灯亮函数，不涉及未指定的 LED 灯 */
void LED_On(uint8_t led)
{
    switch(led)
    {
        case 1:   GPIO_ResetBits(GPIOB, GPIO_Pin_0);
                  break;
        case 2:   GPIO_ResetBits(GPIOF, GPIO_Pin_7);
                  break;
        case 3:   GPIO_ResetBits(GPIOF, GPIO_Pin_8);
                  break;
        default:
                  break;
    }
}
/* 指定某个 LED 灯灭函数，不涉及未指定的 LED 灯 */
void LED_Off(uint8_t led)
{
    switch(led)
    {
        case 1:   GPIO_SetBits(GPIOB, GPIO_Pin_0);
                  break;
        case 2:   GPIO_SetBits(GPIOF, GPIO_Pin_7);
                  break;
        case 3:   GPIO_SetBits(GPIOF, GPIO_Pin_8);
```

```
                    break;
            default:
                    break;
        }
}
/* 简单延时函数 */
void Delay(__IO uint32_t nCount)
{
    for (; nCount != 0; nCount--);
}
```

按照目标板的硬件连接，输出低电平（逻辑 0），使得 LED 灯亮，故使用复位函数。复位就是清"0"、清除（Clear）。输出高电平（逻辑 1），使用置位（Set）函数。置位就是置"1"。

文件最后包含一个简单的软件延时函数 Delay()。延时的精度不高，与输入参数间没有准确的计算公式。若要精准延时，应使用定时器实现（详见第 9 章）。

记得要把 led.c 和 led.h 文件创建在 user 用户文件夹中，并将源程序文件添加到项目源程序组中（头文件不需要添加）。

### 3. 主程序 main.c

结合主流程，调用 LED 驱动程序，按照要求实现跑马灯效果。程序代码如下：

```c
/* 文件名：main.c，功能：跑马灯程序 */
#include "stm32f10x.h"
#include "led.h"
/* 主函数 */
int main(void)
{
    LED_Config();                   // LED 初始化
    LED_On_all();                   // 全亮
    Delay(5000000);                 // 延时
    LED_Off_all();                  // 全灭
    Delay(5000000);                 // 延时

    while (1)                       // 逐个点亮 LED，像跑马灯一样循环
    {
        LED_Off_all();
        LED_On(1);
        Delay(1000000);
        LED_Off_all();
        LED_On(2);
        Delay(1000000);
        LED_Off_all();
        LED_On(3);
        Delay(1000000);
    }
}
```

语句 while(1)是个死循环。通过修改其中的语句，可以实现各种显示效果。对于相同的效

果，可以编写不同的代码。例如，使用如下循环语句：

```
for(int i=1; i<4; i++) {
    LED_Off_all();
    LED_On(i);
    Delay(1000000);
}
```

### 5.3.4 程序模拟运行

编辑完成所有源程序文件，就可以开始构建（Build）目标程序。如果没有错误，使用"Debug（调试）"菜单，尝试进行软件模拟运行和硬件调试。

在调试运行状态，用户通过源程序窗口、反汇编窗口（Disassembly）、寄存器窗口（Register）、观察窗口（Watch）、存储器窗口（Memory）等调试程序提供的常规窗口观测程序运行状态。针对微控制器外设，MDK 调试程序还提供外设窗口，用于观测外设工作状态。

#### 1. GPIO 外设窗口

启动调试进程（Start/Stop Debug Sessions 命令），系统经启动初始化后，暂停在主函数的第一个语句前。此时，通过"Peripherals（外设）"菜单选择"General Purpose I/O（通用 I/O）"的 B 端口（GPIOB），打开如图 5-6 所示的对话框，查看寄存器内容、引脚状态，以及运行过程中的改变，还可以临时修改寄存器内容。"外设"菜单只在调试状态才被激活、可见。

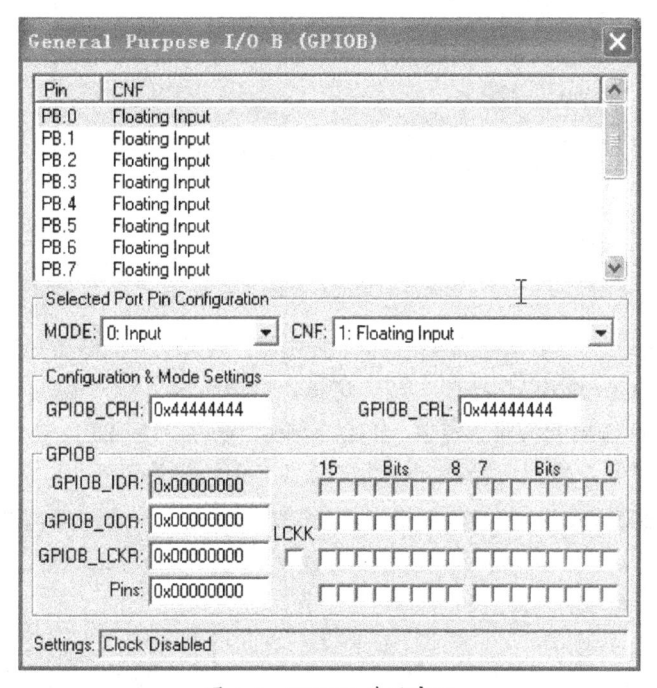

图 5-6 GPIOB 外设窗口

注意观察 PB0 引脚，初始默认是浮空输入模式（Floating Input）。但单步执行（Step Over 命令，F10 快捷键）完成 LED 初始化配置函数（LED_Config）后，PB0 改变为通用推挽输出模式（GP output push-pull）。接着单步执行，控制 LED 灯的亮、灭，PB0 引脚的高、低电平相应改变，反映在 GPIOB 外设窗口中，PB0 位在 1 或 0 间改变。

### 2．逻辑分析仪

进一步可以在"View（查看）"菜单选择"Analysis Windows（分析窗口）"中的"Logic Analyzer（逻辑分析仪）"。在"逻辑分析仪"窗口中单击"Setup（设置）"按钮，指定要观察的外设引脚（"设置逻辑分析仪"窗口中右上角的新插入按钮），如本例的 PORTB.0、PORTF.7 和 PORTF.8，观察波形变化。同时，修改这 3 个引脚的"Display Type（显示类型）"为"Bit（位）"，还可以修改其显示色彩，以便更清晰。图 5-7 为完成设置后的情况。

图 5-7　逻辑分析仪的设置

在"逻辑分析仪"窗口中需要调整时间轴的单位，使用"Zoom（变焦）"中的"Zoom In（放大）"或"Zoom Out（缩小）"按钮实现。这样，启动程序运行（Run）时，才能观察到与图 5-8 类似的逻辑分析仪输出的波形。其中，开始全部为"低"，对应 LED 灯全亮；之后都为"高"，对应 LED 灯全灭；接着，重复一个接一个为"低"，对应逐个点亮，与主程序流程一致。

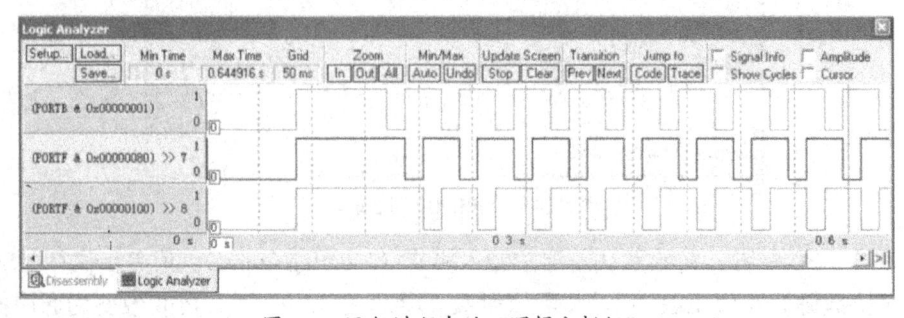

图 5-8　运行过程中的"逻辑分析仪"

## 2. 常用调试方法

进行程序运行的动态调试，需要使用单步或者断点调试方法。在选项中默认启动应用程序执行，但进入 main()函数暂停。这时可以设置断点（Breakpoint），然后执行（Run 命令，快捷键为 F5）；或者移动光标在需要暂停的语句，然后使用"Run to Cursor Line（执行到光标）"进行断点调试。

由于示例程序不长，可以单步调试，有以下两种形式。

① 一般的"Step（单步）"命令（快捷键为 F11）：进入函数体（或循环体）内部，一条语句一条语句地执行，所以也被称为"Step In（单步进入）"。在函数或循环中，可以使用"Step Out（单步出来）"命令执行函数或循环，直至结束退出。

② "Step Over（单步通过）"命令（快捷键为 F10）：单步执行语句，包括函数语句和循环语句，但不进入函数或循环内部单步执行。

在实际的调试过程中，需要结合被调试内容，灵活运用各种调试方法。

对于本例程序，在进入 while 循环前使用"单步通过"命令（F10 键）观察函数的执行情况，也可以使用"单步进入"（F11 键）命令仔细观察函数内每条语句的执行情况。对于 while(1) 语句，要选择"单步进入"命令，才能进一步观察循环体内每个语句（函数）的执行情况。如果使用"单步通过"命令调试 while 语句，将执行完成循环语句；对于本例的无条件循环语句，程序将一直执行（死循环），直到执行"Stop（停止）"命令。

注意，MDK-ARM 并不支持所有 STM32 微控制器的软件模拟（目前主要支持 STM32F103 系列，对其他系列或不支持，或部分支持），有些外设也不能模拟。

### 5.3.5 程序硬件仿真

随着软件越来越复杂，现代处理器结构中的调试特性越来越重要。Cortex-M3 包括广泛的调试特性，如程序执行控制（暂停和单步）、指令断点、数据观察点、寄存器和存储器访问、性能分析（Profiling）和跟踪（Trace）等。

## 1. Cortex-M3 的调试特性

Cortex-M 处理器有两种接口：调试（Debug）接口和跟踪（Trace）接口。

（1）调试接口

调试接口允许调试仿真器连接 Cortex-M 微控制器，用于控制调试特性和片上存储器空间。CM 处理器支持 JTAG 协议（使用 4 个或 5 个引脚）或者新型 2 个引脚 SWD 协议（Serial Wire Debug）。SWD 由 ARM 开发，可以使用 2 个引脚处理 JTAG 相同的调试特性，而且不会损失调试性能。许多商业调试仿真器（ULINK2 或 ULINK Pro）支持这两种协议，可以使用相同的连接器，如图 5-9 所示。

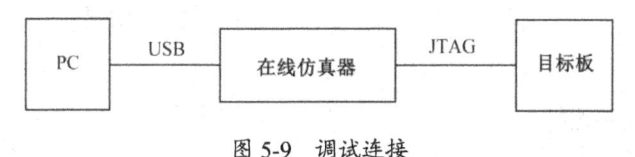

图 5-9 调试连接

利用调试接口，可以完成以下任务：
- ❖ 下载已经编译的程序映像到微控制器中。
- ❖ 控制微控制器复位。
- ❖ 启动程序执行，停止处理器，单步执行。
- ❖ 插入或移除断点（指定指令地址）。
- ❖ 插入或移除观察点（指定数据地址）。
- ❖ 检查或修改存储器或外设的内容，即使是在处理器运行的时候。
- ❖ 检查或修改处理器内部值，这只能是在处理器停止运行的时候。

（2）跟踪接口

跟踪接口用于在程序运行过程中采集数据、事件、性能信息，甚至程序运行的全部细节。跟踪接口分两种：单引脚（Serial Wire Viewer，SWV）协议和多引脚（Trace Port，TP）协议。

SWV 是一个低功耗解决方案，提供了较低的跟踪数据带宽（典型值不超过 2Mbps），但其带宽足以支持可选的数据跟踪、事件跟踪和基本的性能分析。SWV 的单引脚（Serial Wire Output，SWO）与 JTAG TDO（Test Data Out）引脚共享，使用一个标准的 JTAG/SWD 连接器就可以既进行调试，也进行跟踪。SWV 接口可以输出下述信息：
- ❖ 异常事件（数据值、程序计数器值、地址值等与数据观察事件相关的信息）。
- ❖ 来自性能计数器的事件（软件产生的跟踪数据，如 printf()的信息输出、时间戳信息）。

跟踪接口（TP）协议使用一个时钟引脚和数量可配置的数据引脚（一般最多 4 个），支持比 SWV 更高的跟踪数据带宽。高数据跟踪带宽允许实时记录程序执行信息，即指令跟踪。

实时程序跟踪需要芯片具有嵌入跟踪宏单元（Embedded Trace Macrocell，ETM），只是 CM3 的一个可选部件。部分 CM3 微控制器没有 ETM 单元，所以不提供程序或指令跟踪。CM3 还具有其他调试部件，如测量跟踪宏单元（Instrumentation Trace Macrocell，ITM）等。

虽然 USB 接口很流行，但它需要相对复杂的硬件以及时钟、电压、电源等支持，所以对于调试和跟踪来说并不合适。

2．硬件仿真的 MDK 选项设置

使用硬件在线仿真器可以在实际的目标平台上调试程序、运行程序。

按照产品说明，将硬件仿真器一端连接目标板，另一端连接 PC，然后安装仿真器的驱动程序。打开"目标选项"对话框的"Debug（调试）"标签，选中右边的"Use（使用）"仿真器，并选择相应的硬件仿真工具（如 ULINK、J-LINK 等）。

在"目标"选项的 Debug 或 Utilities 标签中单击"Settings（设置）"按钮，弹出仿真器的"Target Driver Setup（目标驱动设置）"对话框，如图 5-10 所示。在"Flash Download（下载）"标签中通过"Add（添加）"按钮选择 CPU 使用的 Flash 编程算法；还可以选择下载的文件是"Erase（擦除）"原来所有芯片的内容还是对应扇区，或者不擦除原内容。如果不选中"Reset and Run（复位运行）"，则程序下载后自动运行，否则需要目标板手动复位（上电复位或按键复位）运行。

3．程序下载和硬件运行

下载程序到目标板有多种方法，如传统的串口下载（ISP）和 ULINK、J-LINK 等仿真器下载。串口下载速度较慢且不支持硬件在线仿真，ULINK、J-LINK 等下载更方便。

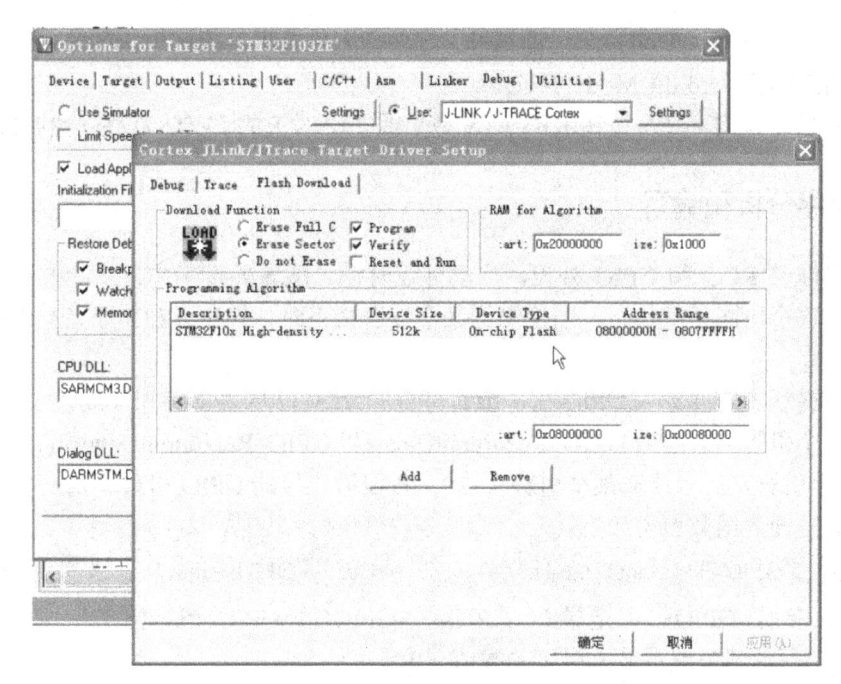

图 5-10　Flash 下载设置和算法选择

要确保硬件仿真器与目标板连接，并且 MDK 软件和目标板硬件设置正确，接通目标板电源。硬件在线仿真器连接、驱动正常，当打开"目标"选项的"Debug（调试）"标签时，软件会自动扫描仿真器序列号（SN），需要选择"Port（端口）"使用 SW，才可以在线跟踪程序。

使用"Flash"菜单的"Download（下载）"命令，将程序写入目标板。如果在"目标"选项的"Output"标签没有选中"Create HEX file（创建 HEX 文件）"，这时一定要选中，然后重新创建项目、生成可执行文件，才可以写入目标板。

程序下载到目标板后，或者自动运行，或者按复位键启动运行。对于本示例项目，在程序运行状态，应能观察到先 LED 灯全亮，接着 LED 灯全灭，然后 3 个 LED 灯轮流点亮，像跑马灯（流水灯）一样。

硬件在线仿真可以真实地进行调试，除观察运行效果是否与要求一致之外，还可以与软件模拟类似进行观察。

## 5.4　GPIO 输入应用示例：查询按键状态

本示例项目主要引出 GPIO 引脚的输入模式，进一步熟悉 GPIO 的应用。

【例 5-2】　查询按键，控制 LED 灯。

在基于 STM32F103ZET6 微控制器的目标开发板上，有两个用户通用按键 KEY1 和 KEY2。GPIO 引脚 PA0 连接 KEY1，PC13 连接 KEY2，并设计有上拉电阻，如图 5-11 所示。在按键被按下时，相应的 GPIO 引脚输入低电平（0），否则为高电平（1）。所以，这两个 GPIO 引脚可以配置为浮空输入模式

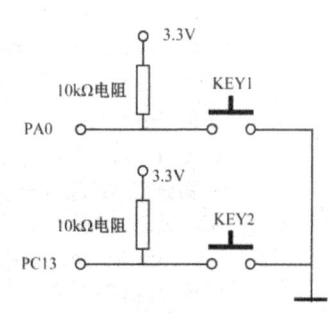

图 5-11　按键电路原理图

（GPIO_Mode_IN_FLOATING）。由于 GPIO 内部有上拉电阻，因此本例的 GPIO 引脚也可以配置为上拉输入模式（GPIO_Mode_IPU）。

本例的功能是按下某个按钮 KEYx（x 是 1 或 2），对应的 LEDx 灯亮一段时间，然后熄灭。

### 5.4.1 程序分析和编写

本例只涉及 RCC 和 GPIO 外设，启动外设时钟、配置外设工作方式的方法与之相同。程序主流程是逐个检测按键状态，当检测到某个按键按下时，控制 LED 灯亮一段时间，否则继续循环检测。

检测按键状态需要读入 GPIO 引脚值，可查阅 STM32 固件库手册（或表 5-3）。GPIO 驱动程序中有两个引脚输入函数 GPIO_ReadInputData() 和 GPIO_ReadInputDataBit()。前者读取整个端口的 16 个引脚，后者读取某个引脚（位）。各按键连接的 GPIO 引脚不是一个端口，使用位读取函数更方便，函数原型如下：

uint8_t GPIO_ReadInputDataBit (GPIO_TypeDef *  GPIOx, uint16_t  GPIO_Pin)

其中，输入参数 GPIOx 指定端口 GPIOA～GPIOG，GPIO_Pin 指定引脚 GPIO_Pin_0～GPIO_Pin_15。返回值就是输入引脚的数值（0 或 1）。

本例仍然要使用 LED 灯，所以例 5-1 所示跑马灯 LED 驱动程序（led.c 和 led.h）需要继续使用，暂时不需修改。可以继续使用例 5-1 的工程项目，本例只修改主程序，并增加按键 KEY 驱动程序（文件要添加进项目）。

作为练习，建议重新创新一个工程项目（取名 GPIO_KEY），但复制例 5-1 的用户程序到 user 文件夹中，然后继续本例编程；或者将例 5-1 所述项目内容复制一份，但文件夹更名（如 GPIO_KEY），再继续编程。总之，最好完整保留例 5-1 的所有文件，以便对照或者研究。

**1. 按键驱动程序 key.c**

驱动程序开头包含必要的头文件，代码如下：

```
#include "stm32f10x.h"
#include "key.h"
```

驱动程序提供两个函数。一个是按键初始化函数 KEY_Config()，代码如下（因为是输入模式，不需要配置输出频率）：

```
void KEY_Config(void)
{
   GPIO_InitTypeDef GPIO_InitStructure;
   /* 初始化 KEY1 (PA0)   */
   RCC_APB2PeriphClockCmd (RCC_APB2Periph_GPIOA, ENABLE);
   GPIO_InitStructure.GPIO_Pin = GPIO_Pin_0;
   GPIO_InitStructure.GPIO_Mode = GPIO_Mode_IPU;
   GPIO_Init(GPIOA, &GPIO_InitStructure);
   /* 初始化 KEY2 (PC13)   */
   RCC_APB2PeriphClockCmd (RCC_APB2Periph_GPIOC, ENABLE);
   GPIO_InitStructure.GPIO_Pin = GPIO_Pin_13;
   GPIO_Init(GPIOC, &GPIO_InitStructure);
}
```

另一个函数是按键扫描函数 KEY_Scan()，提供检测的按键编号，返回值是 0 或 1。其代码如下：

```c
uint8_t KEY_Scan(uint8_t key)
{
    switch(key)
    {
        case 1:   return( GPIO_ReadInputDataBit(GPIOA, GPIO_Pin_0) );
        case 2:   return( GPIO_ReadInputDataBit(GPIOC, GPIO_Pin_13) );
        default:  return 1;
    }
}
```

### 2. 按键驱动程序头文件 key.h

按键头文件 key.h 很简单，只是声明按键初始化函数和按键扫描函数，代码如下：

```c
#ifndef __KEY_H
#define __KEY_H
#   include "stm32f10x.h"
    void KEY_Config(void);
    uint8_t KEY_Scan(uint8_t key);
#endif                                          // __KEY_H
```

### 3. 主程序 main.c

主程序的开始是必不可少的预处理声明等，代码如下：

```c
#include "stm32f10x.h"
#include "led.h"
#include "key.h"
```

主函数初始化外设后，进入循环检测主流程，代码如下：

```c
int main(void)
{
    LED_Config();                    // LED 初始化
    LED_On_all();                    // LED 灯全亮
    Delay(5000000);
    LED_Off_all();                   // LED 灯全灭
    KEY_Config();                    // 按键 KEY 初始化
    while (1)                        // 逐个检测按键。按下某个键，对应的 LED 灯亮
    {
        if(KEY_Scan(1) == 0)         // KEY1 按下
        {
            while(KEY_Scan(1) == 0) ; // 等待 KEY1 按键结束
            LED_On(1);               // 点亮 LED1
            Delay(5000000);
            LED_Off(1);
        }
        if(KEY_Scan(2) == 0)         // KEY2 按下
        {
```

```
            while(KEY_Scan(2) == 0);         // 等待 KEY2 按键结束
            LED_On(2);                       // 点亮 LED2
            Delay(5000000);
            LED_Off(2);
        }
    }
}
```

用户按键有一个从按下到释放的过程，因此读取的按键状态也是按下时为低电平、释放后为高电平。程序中，while 语句的作用就是等待按键释放，表明一次按键结束，然后才点亮 LED 灯。

### 5.4.2 程序调试和运行

参考 5.3 节的项目创建和选项配置等操作过程，完成例 5-2 所述按键输入程序的构建，生成没有错误的可执行文件。下面首先进行软件模拟运行。

#### 1．利用逻辑分析仪观察引脚波形

由于在软件模拟状态，输入引脚默认为低电平（0），因此检测按键时，虽然发现按键被按下，但没有释放，LED 灯不会被点亮。如果观察逻辑分析仪输出的波形，LED 灯对应的外设引脚在开始时有一段时间为低电平，以后一直为高电平。

打开 GPIOA 或者 GPIOC 窗口，改变 KEY 对应引脚（PA0 和 PC13）的状态，模拟按键过程，观察 LED 引脚（PB0 和 PF7）的波形变化。

#### 2．调试函数模拟按键

逻辑分析仪的波形反映了 LED 灯的亮、灭情况，但按键没有模拟。借助 MDK 提供的强大仿真手段——调试函数（Debug Function），可以模拟 KEY1 和 KEY2 的按键。

μVision 内嵌一个调试函数编辑器，可以新建、打开、保存、编辑调试文件（仿真文件、初始化文件），可以对调试函数进行编译，检查调试函数是否正确。μVision 的调试函数使用 C 语言的一个子集，如支持 if、while、do、switch 等流程控制语句，但只支持基本标量变量（不支持数组）。μVision4 内嵌预定义调试函数，如 printf 语句用于显示，swatch(float seconds)函数用于延时 seconds 秒。μVision 还特别支持信号函数（Signal Function），用于生成信号输入和脉冲，帮助模拟和测试串行 I/O、模拟 I/O、端口通信等重复的外部事件。

对于例 5-2，编辑一个文件（如命名为 key.ini，保存于 user 文件夹中），内容如下：

```
DEFINE BUTTON "Key1","Key1Press()"
DEFINE BUTTON "Key2","Key2Press()"
signal void Key1Press(void)  {
    PORTA |= 0x01;
    swatch (0.05);
    PORTA &= ~0x01;
    swatch (0.05);
}
signal void Key2Press(void)  {
    PORTC |= (0x01<<13);
    swatch(0.05);
```

```
        PORTC &= ~(0x01<<13);
        swatch(0.05);
}
```

其中，利用两条 DEFINE 语句，在"查看（View）"菜单的"工具窗口（ToolBox）"中创建了两个名为 Key1 和 Key2 的按钮（如图 5-12(a)所示）。单击它们，将相应地执行 Key1Press() 或 Key2Press()函数，其功能是让 PA0 和 PC13 引脚模拟产生一个高脉冲，即模拟一次按键。系统默认输入引脚是低电平。这个函数实现先高电平 0.5 ms，然后恢复低电平。

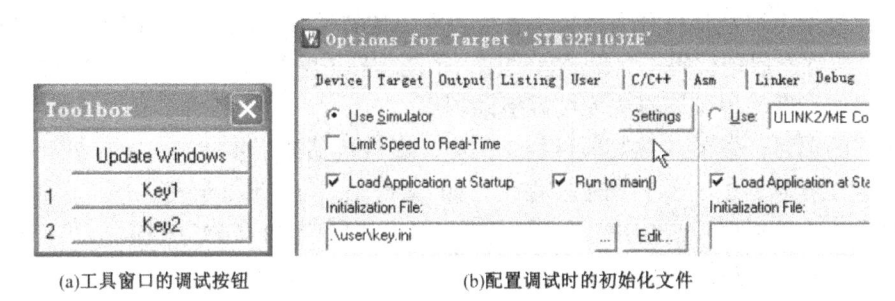

(a)工具窗口的调试按钮　　　　(b)配置调试时的初始化文件

图 5-12　创建调试按钮

打开"工程"选项的"Debug（调试）"标签窗口，单击"Initialization File（初始化文件）"栏后的按钮，在 user 文件夹中找到文件（..\user\key.ini），如图 5-12(b)所示。这样，每次进入调试状态，都可以使用这些按钮模拟按键的效果。

进入调试状态，运行（Run）程序，在逻辑分析仪中观察。单击"ToolBox（工具窗口）"的 Keyx（x 是 1 或 2）按钮，使得 LEDx 灯点亮，即相应的 GPIO 引脚输出低电平。

限于本书的入门性质，对于调试函数的更多内容，有兴趣的读者可以阅读 MDK 帮助文件的 μVision 用户手册。

### 3．硬件仿真运行

如果有目标板，可以参照 5.3 节的介绍进行硬件仿真。

在硬件仿真运行过程中，可能出现按键有不稳定的情况，这是因为前面主程序检测按键没有处理按键抖动。所谓按键抖动，是指机械按键由于弹簧的作用，在按下和松开的时刻，出现按键在闭合与断开之间跳动若干次才稳定的现象。抖动会导致按钮的错误识别或重复识别。要消除抖动，按键驱动程序的检测函数可以增加延时，避开抖动时间；待按键稳定了，再次检测。

本例只在主程序中增加延时，消除抖动，然后等待按键结束，再点亮 LED 灯。例如：

```
if(KEY_Scan(1) == 0)
{
    Delay(10000);                      // 延时，消除抖动
    if(KEY_Scan(1) == 0)
    {
        while(KEY_Scan(1) == 0);       // 等待按键结束
        LED_On(1);
        Delay(5000000);
        LED_Off(1);
    }
}
```

## 5.5 STM32库编程总结

经过两个示例项目的开发，读者也许被繁杂凌乱的内容搞糊涂了，此时不妨回顾整个开发过程的每个环节以及相应的知识点，并做一些总结，理顺流程，理清思路。

### 5.5.1 基于STM32库的开发过程

不管是课程学习还是项目开发，首先需要安装MDK和STM32驱动程序库，并通过简单的项目（如第3章的启动代码、汇编语言程序、示例程序）熟悉MDK开发平台及其基本操作。如果使用在线仿真器，也可以事先安装好驱动程序。

进行具体的项目开发前，做好项目创建工作，通常包括如下步骤：
<1> 新建工程项目的文件夹和子文件夹（如user、output、listing等）。
<2> 使用MDK新建（或打开）项目，选择目标CPU，添加CMSIS核心、STM32启动代码和外设驱动程序，构成运行环境。
<3> 添加包含main()函数的主程序文件。
<4> 配置目标选项。

这些项目创建的步骤是通用的，项目构建确认无误后，可以复制整个项目文件夹的内容并保存，再次创建项目时可以直接应用（需适当改变项目名称等）。

要对项目本身进行流程分析，明确并掌握相关外设的STM32驱动函数，有如下建议：
① 为每个目标板上的外设编写一个驱动程序源文件（.c），包含外设初始化函数和简单通用的外设操控函数（直接应用性质的控制函数）。
② 将外设驱动程序的常量定义、函数声明等写入对应的头文件（.h）。源程序文件要包含其头文件，并添加到项目的源程序组中。
③ 单独编写一个主程序文件（如main.c），实现项目需要的主控制流程。主程序应包含外设驱动程序头文件，并调用外设操控函数或STM32库函数实现外设控制。

主函数的调用关系如图5-13所示。

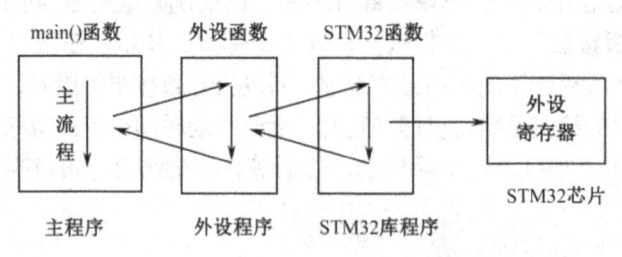

图5-13 应用程序的调用示意

项目构建后最好先进行软件模拟，然后下载目标板进行硬件调试和运行。除了常规的寄存器、存储器等显示窗口，还应该利用外设窗口和逻辑分析仪窗口观测外设及其引脚的工作状态，尤其是在软件模拟时。

### 5.5.2 使用STM32库的一般规则

CMSIS和STM32库本身比较复杂，但有统一的规范。熟悉这些规律有助于我们更好地使用驱动程序。

### 1. 常量定义

各种参数值等定义有常量或者枚举常量。一般常量采用大写英文字母表达；枚举常量使用下划线分隔各字段，单词首字大写。例如，表 5-4 给出很多函数共用的常见枚举常量及其含义。前面多个表中列出了 GPIO 函数常用的常量，可以参看。

### 2. 外设函数

外设函数名用一个下划线分隔两部分。下划线前面部分是该外设的缩写 PPP（大写字母）；下划线后面部分是反映函数功能的词汇，每个单词的首字母大写，后跟小写，如 GPIO_WriteBit。

各种外设往往具有功能雷同的函数，STM32 库采用统一的函数名称，如表 5-5 所示。

表 5-4 STM32 常用枚举常量

| 枚举类型 | 枚举常量及含义 |
| --- | --- |
| FunctionalState | DISABLE = 0：禁止<br>ENABLE = 1：允许 |
| FlagStatus<br>（ITStatus） | RESET = 0：复位，清除，清零，置 "0"<br>SET = 1：置位，置 "1" |
| ErrorStatus | ERROR = 0：错误<br>SUCCESS = 1：成功 |

表 5-5 外设共有函数一览表

| 函数名 | 函数功能 |
| --- | --- |
| PPP_Init | 使用 PPP_InitTypeDef 指定的参数初始化外设 PPP |
| PPP_DeInit | 复位外设 PPP 所有寄存器为默认值 |
| PPP_StructInit | 使用默认数据填充 PPP_InitTypeDef 结构成员 |
| PPP_Cmd | 允许（使能）或禁止（关闭、失能）外设 PPP |
| PPP_ITConfig | 设置外设 PPP 的某个（些）中断请求是允许或禁止 |
| PPP_GetITStatus | 获取外设 PPP 某个中断的状态（置位或复位） |
| PPP_ClearITPendingBit | 清除外设 PPP 某个挂起的中断（复位） |
| PPP_GetFlagStatus | 获取外设 PPP 某个事件的标志状态（置位或复位） |
| PPP_ClearFlag | 清除外设 PPP 某个事件的标志（复位） |
| PPP_DMAConfig | 设置外设 PPP 的某个（些）DMA 请求是允许或禁止 |
| PPP_DMACmd | 允许或禁止外设 PPP 的 DMA 请求 |
| PPP_SendData | 使用外设 PPP 发送数据 |
| PPP_ReceiveData | 使用外设 PPP 接收数据 |

### 3. 外设结构类型

每种外设至少有两个结构体数据类型：一个是在系统头文件 stm32f10x.h 定义的外设寄存器结构体 PPP_TypeDef，用于访问外设寄存器；另一个是外设头文件 stm32f10x_ppp.h 定义的外设初始化结构体 PPP_InitTypeDef，用于配置外设初始化参数。

有了这两个外设结构，就可以使用外设驱动程序库进行编程，步骤一般如下。

<1> 开启外设时钟：使用 RCC 的外设时钟命令函数。

<2> 初始化外设：定义外设初始化结构变量，为外设初始化结构变量成员赋值，调用外设初始化函数配置外设。

<3> 控制外设：使用驱动程序库函数编写应用程序。

### 4. 外设初始化

按照 STM32 固件库手册的使用说明，外设初始化和配置的过程一般如下。

<1> 定义外设初始化结构变量。例如（PPP 是外设名称）：

```
PPP_InitTypeDef PPP_InitStructure;
```

<2> 用允许的成员值填充外设初始化结构成员变量。

① 方法 1：逐个成员地填充整个结构体。例如：

PPP_InitStructure.member1 = val1;
PPP_InitStructure.member2 = val2;
……
PPP_InitStructure.memberN = valN;

也可以优化组合成 1 行表达，如

PPP_InitTypeDef PPP_InitStructure = {val1, val2, …, valN}

② 方法 2：只填充结构体中的若干成员。在这种情况下，用户应该事先用外设结构初始化函数 PPP_StructInit()进行过结构变量填充，以保证其他成员已经被初始化为合适的值（多数情况下是默认值）。例如：

PPP_StructInit(&PPP_InitStructure);
PPP_InitStructure.memberX = valX;
PPP_InitStructure.memberY = valY;

<3> 调用 PPP_Init()函数初始化外设。例如：

PPP_Init(PPP, &PPP_InitStructure);

<4> 外设初始化后，调用 PPP_Cmd()函数，允许外设开始工作（不是所有的外设都需要这个函数）。例如：

PPP_Cmd(PPP, ENABLE);

然后，用户可以使用驱动程序库提供的一套外设函数了。

### 5. GPIO 的应用

对于 GPIO，STM32 固件库定义有端口指针 GPIOx（x= A～G）、端口引脚常量 GPIO_Pin，还定义有 8 个工作模式（GPIOMode_TypeDef）和 3 种输出速率（GPIOSpeed_TypeDef）枚举类型。其应用一般包括以下内容。

① 开启 GPIOx 端口外设时钟：

RCC_APB2PeriphClockCmd (RCC_APB2Periph_GPIOx, ENABLE);    // 端口 x = A～G

② 定义外设初始化结构变量：

GPIO_InitTypeDef GPIO_InitStructure;    // 变量名可修改（但不建议修改）

③ 为外设初始化结构变量成员赋值：

GPIO_InitStructure.GPIO_Pin = GPIO_Pin_y;    // 引脚号 y = 0～15
GPIO_InitStructure.GPIO_Speed = GPIO_Speed_z;    // 输出频率 z=10 MHz、2 MHz、50 MHz
/* 工作模式?? =AIN (模拟输入)、IN_FLOATING (浮空输入)、IPD (下拉输入)、IPU (上拉输入)、
    Out_OD (通用开漏输出)、Out_PP (通用推挽输出)、AF_OD (复用开漏输出)、
    AF_PP (复用推挽输出)    */
GPIO_InitStructure.GPIO_Mode = GPIO_Mode_??;

④ 调用外设初始化函数配置 GPIO 端口：

GPIO_Init(GPIOx, &GPIO_InitStructure);    // 端口 x = A～G

⑤ 使用驱动库函数编写应用程序。

阅读 STM32 固件库手册，看到很多 GPIO 驱动函数（见表 5-3）。
- ❖ 数据输出函数：多位输出 GPIO_Write()，一位输出 GPIO_WriteBit()，置位 GPIO_SetBits()，复位 GPIO_ResetBits()。
- ❖ 数据输入函数：输入端口读取 GPIO_ReadInputData()，输入端口的位读取 GPIO_ReadInputDataBit()，输出端口读取 GPIO_ReadOutputData()，输出端口的位读取 GPIO_ReadOutputDataBit()。

### 5.5.3 对比直接对寄存器编程

利用 STM32 库开发需要熟悉相关的宏定义、外设库函数，按照要求填写结构体，提供函数参数等。对于各种寄存器，我们并不需要详细阅读相关内容，减少了学习时间，能够快速进入开发阶段。当然，频繁地调用函数对执行效率会有影响。

为了对比直接对寄存器编程的方法，我们选择一个比较简单的 GPIO_ResetBits()端口引脚复位函数进行分析。

#### 1. GPIO 引脚复位函数分析

通过 STM32 固件库手册，定位到 stm32f10x_gpio.c 文件的 GPIO_ResetBits()函数，其代码如下：

```
/** @brief  Clears the selected data port bits.
  * @param  GPIOx: where x can be (A..G) to select the GPIO peripheral.
  * @param  GPIO_Pin: specifies the port bits to be written.
  *   This parameter can be any combination of GPIO_Pin_x where x can be (0..15).
  * @retval None
  */
void GPIO_ResetBits(GPIO_TypeDef* GPIOx, uint16_t GPIO_Pin)
{
    /* Check the parameters */
    assert_param(IS_GPIO_ALL_PERIPH(GPIOx));
    assert_param(IS_GPIO_PIN(GPIO_Pin));

    GPIOx->BRR = GPIO_Pin;
}
```

代码一开始简单注释了函数功能、两个参数的取值。

函数体本身只有 3 条语句。前 2 条语句使用 C 语言的断言（assert）函数检查 2 个参数是否符合语法规范（如参数是否存在，是否在取值范围内），出现错误时，报告所在文件及行号。它仅用于调试阶段，在发布（Release）时没有作用。

函数体真正起作用的只有 1 条简单赋值语句：

```
GPIOx->BRR = GPIO_Pin;
```

BRR 是端口复位寄存器。GPIO_Pin 是引脚编号，其定义在前面已有介绍，如引脚 0 的定义如下：

```
#define GPIO_Pin_0      ((uint16_t)0x0001)                /*!< Pin 0 selected */
```

那么，为什么将 BRR 寄存器最低位赋值为 1，可以使得引脚 0 输出逻辑 0（低电平）？

### 2．GPIO 端口复位寄存器 BRR

这时需要查阅 STM32 参考手册，如图 5-14 所示。端口复位寄存器的高 16 位保留（不起作用），低 16 位依次对应每个端口引脚。BRR 只能以字为单位对各位写入。对某位写入“1”，就复位输出数据寄存器 ODR 对应位，也就是让对应引脚为逻辑 0（低电平）；写入“0”，没有作用。

**9.2.6　Port bit reset register (GPIOx_BRR) (x=A..G)**

Address offset: 0x14

Reset value: 0x0000 0000

| 31 | 30 | 29 | 28 | 27 | 26 | 25 | 24 | 23 | 22 | 21 | 20 | 19 | 18 | 17 | 16 |
|---|---|---|---|---|---|---|---|---|---|---|---|---|---|---|---|
| Reserved | | | | | | | | | | | | | | | |

| 15 | 14 | 13 | 12 | 11 | 10 | 9 | 8 | 7 | 6 | 5 | 4 | 3 | 2 | 1 | 0 |
|---|---|---|---|---|---|---|---|---|---|---|---|---|---|---|---|
| BR15 | BR14 | BR13 | BR12 | BR11 | BR10 | BR9 | BR8 | BR7 | BR6 | BR5 | BR4 | BR3 | BR2 | BR1 | BR0 |
| w | w | w | w | w | w | w | w | w | w | w | w | w | w | w | w |

Bits 31:16　Reserved

Bits 15:0　**BRy:** Port x Reset bit y (y= 0 .. 15)

These bits are write-only and can be accessed in Word mode only.

0: No action on the corresponding ODRx bit

1: Reset the corresponding ODRx bit

图 5-14　STM32 参考手册的端口复位寄存器文档截图

例如，控制 PB0 为低，采用如下语句：

```
GPIOB->BRR = (uint16_t)0x0001;
```

例 5-1 中实现了 LED1 发光的控制作用。

### 3．直接对寄存器编程

从对 GPIO_ResetBits()函数的分析来看，STM32 库函数本质上是对外设寄存器直接编程，只是为了方便应用封装成了函数，所以用户的应用程序也可以绕过库函数，直接对寄存器编程。

例如，例 5-1 中控制 LED 灯全亮的函数可以改写为：

```
void LED_On_all(void)
{
    GPIOB->BRR = 0x0001;              // 点亮 LED1（PB0）灯
    GPIOF->BRR = 0x0180;              // 点亮 LED2（PF7）和 LED3（PF8）灯
}
```

后一条语句可能一下子难以理解，可修改为阅读性更好的两条语句：

```
GPIOF->BRR = (0x1<<7);                // 点亮 LED2（PF7）灯
GPIOF->BRR = (0x1<<8);                // 点亮 LED3（PF8）灯
```

GPIO 的输出数据寄存器 ODR 也不复杂，低 16 位与引脚依次对应，可读、可写。所以，例 5-1 中控制 LED 灯全亮的函数还可以改写为：

```
void LED_On_all(void)
{
```

```
        GPIOB->ODR &= ~(0x1);              // 点亮 LED1 (PB0) 灯
        GPIOF->ODR &= ~(0x1<<7);           // 点亮 LED2 (PF7) 灯
        GPIOF->ODR &= ~(0x1<<8);           // 点亮 LED3 (PF8) 灯
    }
```

直接对 ODR 编程，例 5-1 中控制 LED 灯全灭的函数修改为：

```
    void LED_Off_all(void)
    {
        GPIOB->ODR |= (0x1);               // 关闭 LED1 (PB0) 灯
        GPIOF->ODR |= (0x1<<7);            // 关闭 LED2 (PF7) 灯
        GPIOF->ODR |= (0x1<<8);            // 关闭 LED3 (PF8) 灯
    }
```

GPIO_ResetBits()函数比较简单，但 GPIO 初始化函数 GPIO_Init()比较难懂。有兴趣的读者可以查阅该函数的源代码，其功能是写入配置寄存器（CRL 或 CRH）。上拉或下拉输入模式时，还需写入 BRR 或者 BSRR（即 ODR）寄存器。

对于例 5-1 中设置 PB0 为通用推挽输出模式，直接对寄存器编程，可以只有一条语句：

```
    GPIOB->CRL = 0x44444443;   // PB0 引脚通用推挽输出模式、对应 4 位为 0011 (0x3) 其他
                               // 引脚保持默认的浮空输入模式不变，对应 4 位为 0100 (0x4)
```

但是，GPIO_Init()函数在写入该值之前需要大量代码去判断工作模式和配置的引脚，最后才组合出正确的数值，其源代码共有 86 行之多（含注释行）。

由此可见，直接对寄存器编程的代码效率最高。不过，为了明确对寄存器填写什么值，需要花费大量时间学习和查阅 STM32 数据手册。这个过程既烦琐、易错，又难以移植。

实际上，库函数就是用宏定义、枚举标识符等代表的数值写入寄存器，替用户摆脱枯燥的机械过程。对大多数用户来说，何乐而不为呢？当然，在一些要求高效率的情况下，对寄存器编程也是有必要的。对寄存器的学习将非常有助于我们在出错时进行程序调试。

# 习 题 5

5-1 单项或多项选择题（选择一个或多个符合要求的选项）

（1）STM32 微控制器有（　　）组 GPIO 端口，每组端口有（　　）个寄存器，支持（　　）个外设引脚。每个引脚可以配置为（　　）种工作模式之一。

  A. 4    B. 7    C. 8    D. 16

（2）GPIO 配置寄存器中的工作模式（MODE【1:0】）字段为 00 时，配置（CNF【1:0】）字段为 10，则设置该引脚的功能是（　　）。

  A. 模拟输入模式    B. 浮空输入模式
  C. 上拉输入模式    D. 下拉输入模式

（3）STM32 固件库按照外设寄存器的地址偏移顺序定义外设寄存器结构类型的每个成员，每个寄存器通常是 32 位（4 字节）。例如，在 GPIO_TypeDef 结构类型中，输入数据寄存器（GPIO_IDR）是第 3 个成员，则其地址偏移量是（　　）。

  A. 0x00    B. 0x04    C. 0x08    D. 0x0C

（4）外设初始化结构类型定义了需要配置的外设参数。对于 GPIO_InitTypeDef 定义的结构来说，指定 GPIO 工作模式的成员名是（　　）。

　　A. GPIOx　　　　B. GPIO_Pin　　　　C. GPIO_Speed　　　　D. GPIO_Mode

（5）STM32 库中的 GPIO 函数有很多。其中，实现从输入端口仅输入某个引脚状态的函数是（　　）。

　　A. GPIO_ReadInputData　　　　　　B. GPIO_ReadInputDataBit
　　C. GPIO_ReadOutputData　　　　　 D. GPIO_ReadOutputDataBit

5-2　STM32 微控制器的 GPIO 引脚支持哪 8 种功能模式？在 STM32 库中分别使用什么枚举常量表示这些模式？

5-3　为实现 GPIO 引脚输出，可以使用哪 3 个 GPIO 寄存器？有什么区别？

5-4　表 5-3 列出了哪 4 个能够实现数据（位）输出的 GPIO 函数？有什么区别？

5-5　对于例 5-1 所示项目，假设目标板还有一个 LED 灯，且与 PA13 引脚连接。编写其初始化配置函数。

5-6　在例 5-1 中，控制 LED1（PB0 引脚）还可以使用其他 STM32 库函数。请阅读 GPIO_Write()函数的帮助，然后用该函数实现。

5-7　基于例 5-1，编写多种显示效果的主程序。例如，从左向右依次点亮、从右向左依次点亮、多个 LED 灯不断闪烁等效果。

5-8　对于图 5-15 所示按键识别电路，引脚 PE5 可以设置成什么模式？如果没有电阻 $R_4$，应该设置成什么模式？按键按下和释放的时候，PE5 的电平分别是什么？

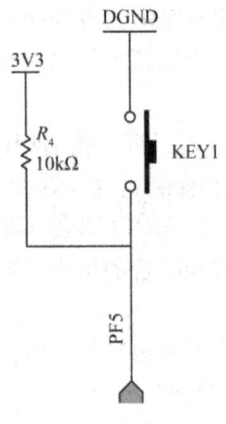

图 5-15　习题 5-8 电路

5-9　如下代码是配置按键的初始化函数，说明其功能。

```
void Key_GPIO_Config(void)
{
    GPIO_InitTypeDef    GPIO_InitStructure;
    RCC_APB2PeriphClockCmd(RCC_APB2Periph_GPIOE, ENABLE);
    GPIO_InitStructure.GPIO_Pin = GPIO_Pin_7;
    GPIO_InitStructure.GPIO_Mode = GPIO_Mode_IPU;
    GPIO_Init(GPIOF, &GPIO_InitStructure);
}
```

5-10　基于例 5-2，编程实现 KEY1 按键按下、3 个 LED 灯从左到右依次点亮；KEY2 按键按下、3 个 LED 灯从右到左依次点亮的显示效果。

5-11　假设某目标板有 4 个 LED 灯（LED1 与 PB0 引脚连接，LED2 与 PB1 引脚连接，LED3 与 PC3 引脚连接，LED4 与 PF13 引脚连接），有 2 个按键（KEY1 与 PA0 引脚连接，KEY2 与 PC13 引脚连接），具体的连接电路与例 5-1 和例 5-2 类似。编写 4 个 LED 灯和 2 个 KEY 按键的初始化配置函数。

5-12　在习题 5-11 的基础上编写如下显示效果的主程序：4 个 LED 灯依次点亮，然后 4 个 LED 灯不断闪烁，接着重复依次点亮和不断闪烁。

5-13 在习题 5-11 的基础上编写如下功能的主程序：按键 KEY1 按下，4 个 LED 灯依次点亮；按键 KEY2 按下，4 个 LED 灯不断闪烁。

5-14 使用直接对寄存器编程的方法改写 led.c 文件中的驱动程序，即不使用 GPIO_Init()、GPIO_ResetBits() 和 GPIO_SetBits() 函数。请阅读 STM32 参考手册有关 GPIO 置位/复位寄存器 BSRR 的部分，采用直接寄存器编程的方法，改写例 5-1 中控制 LED 亮灭的函数。

5-15 什么是单步调试？有哪两种单步调试形式？两者的区别是什么？

5-16 本章对使用 STM32 库的一般规则进行了简单总结（见 5.5.2 节）。其实在 STM32 固件库手册（参考文献 12）的主页中有对编码规范（Coding rules）和命名规则（Naming conventions）的详细说明，请阅读后总结（可以简单地对各条规则进行翻译）。

5-17 设计一个七段 LED 数码管的测试电路和程序（如实现数字 0~9 循环显示）。假设数码管是共阳极结构（接+3.3 V），阴极通过限流电阻连接到 STM32 的 GPIOA 端口的前 8 个引脚（PA0~PA7）上。七段数码管的各段与 GPIOA 口连接的对应关系是：a 段连接 PA0，b 段连接 PA1，…，g 段连接 PA6，小数点 dp 段连接 PA7。本题具有一定开放性，需读者自行查阅 LED 数码管的有关内容。

# 第 6 章  CM3 异常和 STM32 中断

通过处理器查询外设的方式可以了解外设的当前工作状态。另一方面，外设可以通过外部中断请求的方式主动报告其状态变化。使用外部中断，外部事件的处理更及时，系统的实时性更强。本章介绍 Cortex-M3 异常机制和 STM32 中断结构，并实现按键中断的应用示例。

## 6.1  Cortex-M3 的异常

异常（Exception）是程序正常执行过程中出现需要另行处理的特殊事件。异常将导致程序流程改变，处理器转向执行异常处理程序（Exception Handler）。ARM 的中断（Interrupt）是异常的一种类型，但是中断通常由外设或外部输入产生，有时也可以由软件激发。针对中断的异常处理程序也被称为中断服务程序（Interrupt Service Routine，ISR）。异常（中断）机制可以实现特殊事件的处理和外设数据的传送。

### 1. CM3 异常类型

Cortex-M3 处理器支持 15 个内部异常和 240 个外部中断，如表 6-1 所示。基于 CM3 的微控制器通常设计 16～100 个外部中断。每个异常（中断）都有一个编号。异常号 1～15 为系统异常，异常号 16 及以上用于中断。异常号用于确定异常处理程序的入口地址（异常向量地址），所有异常向量保存于向量表中。

表 6-1  CM3 的异常（中断）

| 异常编号 | IRQn | 优先级 | 名称 | 说明 |
| --- | --- | --- | --- | --- |
| 1 | — | −3 | Reset | 复位 |
| 2 | −14 | −2 | NMI | 非屏蔽中断：连接 RCC 的时钟安全系统 CSS |
| 3 | −13 | −1 | HardFault | 硬件失效：所有类型的失效 |
| 4 | −12 | 0 | MemManage | 存储器管理 |
| 5 | −11 | 1 | BusFault | 总线失效：预取指令失效、存储器访问失效 |
| 6 | −10 | 2 | UsageFault | 应用失效：未定义指令或非法状态 |
| 7～10 | — | — | | 保留 |
| 11 | −5 | 3 | SVCall | 系统服务调用：通过 SWI 指令 |
| 12 | −4 | 4 | DebugMonitor | 调试监控 |
| 13 | | | | 保留 |
| 14 | −2 | 5 | PendSV | 可挂起的系统复位请求 |
| 15 | −1 | 6 | SysTick | 系统滴答定时器 |
| 16～255 | 0～255 | 7～255 | IRQ | 外设中断请求 |

复位后，异常向量表从地址 0x0 开始。向量表的每个单元是 4 字节，地址 0x0 用于保存堆栈指针 MSP 起始值，异常号 $N$ 的异常向量地址是 $N×4$。例如，编号 1 的复位服务程序的首地址从 0x4 单元取出（如第 3 章"启动代码"所述）。但异常向量表可以重定位，由系统控制模块（System Control Block，SCB）的一个可编程的向量表偏移寄存器（Vector Table Offset Register，VTOR）控制。

注意，Cortex 微控制器软件接口标准 CMSIS 的中断编号 IRQn 与异常编号不同。外部中断从 0 开始编号，16 个 CM3 内部异常编号为负值。复位异常没有编号，NMI 编号为-14，接着按照异常号，从小到大依次为-13，-12，…，-1（即 SysTick）。

### 2. 异常优先级

Cortex-M 处理器的一个异常是否被处理器接收并处理，取决于它的优先级以及处理器当前的优先级。在 CM3 中，优先级的数值越小，优先级别越高（优先权越高）。CM3 有 3 个系统级异常，依次是复位、NMI 和硬件失效。它们的优先级固定，数值是负数，表示其优先级别（优先权）高于其他优先级。其他异常的级别都可以编程，范围是 0~255，不能为负值。

注：优先级的数值用大小表达，优先级别（优先权）用高低表达。

CM3 支持多达 256 级可编程优先级（需用 8 位优先级寄存器实现），但实际支持的优先级由微控制器半导体芯片厂商决定，多数支持 8、16、32 种优先级（只需 3、4、5 位优先级寄存器）。

3~8 位的优先级寄存器又分成两部分：组优先级（Group Priority）和子优先级（Sub-Priority）。在早期的技术手册中，组优先级也被称为抢占优先级（Pre-emption Priority）。也可以说，优先级又分为两种：组（抢占）优先级和子优先级（也有译为响应优先级）。

组优先级确定是否可以打断正在执行的中断，实现嵌套。子优先级只用于在相同组优先级时多个子优先级同时出现的情况，高优先级别（优先级数值小）的异常首先被处理。

### 3. 嵌套向量中断控制器 NVIC

CM3 处理器的异常由嵌套向量中断控制器（Nested Vectored Interrupt Controller，NVIC）处理，如图 6-1 所示。NVIC 支持中断嵌套，即高优先权的异常可以抢占（Preempt）低优先权的异常，导致低优先权异常挂起（Pending）。所以，挂起是指暂停正在进行的中断，转而执行更高级别或同级别中断。

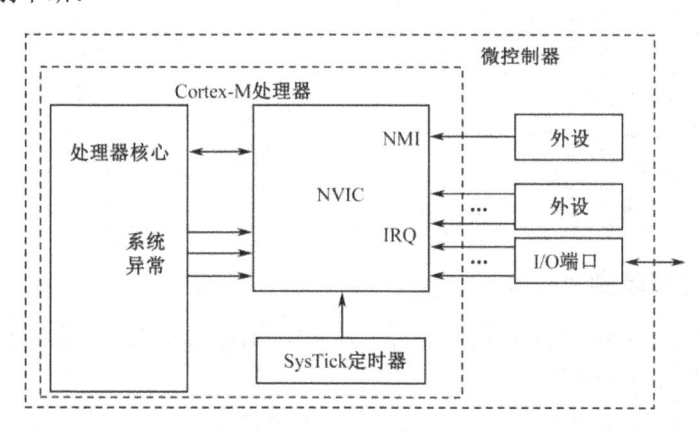

图 6-1 CM3 的异常处理机制

NVIC 可以处理一系列中断请求 IRQ（Intrrupt Request）和非屏蔽中断 NMI（Non-Maskable Interrupt）请求。通常，IRQ 来自微控制器芯片上的外设或经 I/O 端口的外部中断输入。NMI 连接复位与时钟控制（RCC）的时钟安全系统（Clock Security System，CSS）。如果启用 CSS，当发生外部高速时钟（HSE）失效时，CSS 发生中断，NMI 自动产生。由于事件比较紧迫，必须马上处理，因此不可屏蔽。

处理器内部有一个系统滴答定时器 SysTick，它产生周期性的中断请求，用于嵌入式操作系统的时间记录，或者在不需要操作系统的系统中作为监督的定时控制。

处理器本身也是异常事件的来源，如表示系统错误条件的失效事件，或用于支持嵌入式操作系统操作的软件异常等。

复位是一种特殊的异常。当处理器从复位中退出时，它处于线程模式（Thread mode），执行复位处理程序（其他异常是处理模式，Handler mode）。

### 4．NVIC 寄存器

NVIC 处理异常和中断的配置、优先级和中断屏蔽，具有如下特性。

① 灵活的异常和中断管理。每个中断（除了 NMI）都可以允许或禁止，其挂起状态可以用软件设置或清除。请求信号可以是脉冲，也可以是电平（高有效）。

② 支持异常和中断的嵌套。每个异常具有一个优先级。当更高级异常发生时，当前的任务被暂停，有些寄存器被保存到堆栈，处理器将执行新异常的处理程序，这个过程被称为抢占（Preemption）。高级异常处理结束，处理器自动从堆栈恢复寄存器，继续执行先前的任务。这个机制不需任何软件开销就能允许异常服务的嵌套。

③ 向量化的异常和中断入口：自动从存储器的向量表定位异常处理程序的起始点。

④ 中断屏蔽。处理器有若干中断屏蔽寄存器，如主屏蔽寄存器 PRIMASK 禁止所有异常（不包括 HardFault 和 NMI），详见第 2 章。

NVIC 是处理器的一部分，可以编程，其寄存器（如表 6-2 所示）位于存储器地址的私有外设总线（Private Peripheral Bus，PPB）区域。

表 6-2　NVIC 寄存器

| 寄存器缩写 | 寄存器英文名称 | 寄存器中文名称 |
| --- | --- | --- |
| NVIC_ISER | Interrupt Set-enable Register | 允许中断寄存器 |
| NVIC_ICER | Interrupt Clear-enable Register | 禁止中断寄存器 |
| NVIC_ISPR | Interrupt Set-pending Register | 设置中断挂起寄存器 |
| NVIC_ICPR | Interrupt Clear-pending Register | 清除中断挂起寄存器 |
| NVIC_IABR | Interrupt Active Bit Register | 中断有效位寄存器 |
| NVIC_IPR | Interrupt Priority Register | 中断优先级寄存器 |
| NVIC_STIR | Software Trigger Interrupt Register | 软件触发中断寄存器 |

### 5．NVIC 的 CMSIS 函数

处理器指令 CPSIE I 和 CPSID I 用于允许或禁止中断。Cortex 微控制器软件接口标准 CMSIS 提供如下内联函数（Intrinsic Function）：

```
void __enable_irq(void);           // 清除 PRIMASK，以允许中断
void __disable_irq(void);          // 置位 PRIMASK，以禁止所有中断
```

为了便于在不同的 Cortex-M 处理器之间移植，控制 NVIC 寄存器，建议使用 CMSIS 访问函数，如表 6-3 所示。

表 6-3　CMSIS 的（主要）NVIC 函数

| 函数原型 | 函数功能 |
| --- | --- |
| void NVIC_EnableIRQ (IRQn_Type IRQn) | 允许编号 IRQn 的中断或异常 |
| void NVIC_DisableIRQ (IRQn_Type IRQn) | 禁止编号 IRQn 的中断或异常 |
| void NVIC_SetPriority (IRQn_Type IRQn,uint32_t priority) | 设置中断优先级 |
| uint32_t NVIC_GetPriority (IRQn_t IRQn) | 读取 IRQn 中断的优先级 |
| void NVIC_SetPriorityGrouping(uint32_t PriorityGroup) | 设置优先级组 |
| void NVIC_SetPendingIRQ (IRQn_t IRQn) | 设置编号 IRQn 的中断挂起 |

## 6.2　STM32 的中断应用

基于 Cortex-M3 的 STM32 微控制器把 16 个 CM3 异常定义为系统异常（见表 6-1），把从异常编号 16（优先级 7）开始的异常定义为外部中断，多达 68 个中断，如表 6-4 所示（可以看成表 6-1 的续表）。

表 6-4　STM32 的中断

| 异常编号 | IRQn | 优先级 | 名　称 | 说　明 |
| --- | --- | --- | --- | --- |
| 16 | 0 | 7 | WWDG | 窗口看门狗中断 |
| 17 | 1 | 8 | PVD | 通过 EXTI16 的电源电压检测（PVD）中断 |
| … | … | … | … | … |
| 22 | 6 | 13 | EXTI0 | EXTI0 中断 |
| 23 | 7 | 14 | EXTI1 | EXTI1 中断 |
| 24 | 8 | 15 | EXTI2 | EXTI2 中断 |
| 25 | 9 | 16 | EXTI3 | EXTI3 中断 |
| 26 | 10 | 17 | EXTI4 | EXTI4 中断 |
| 27 | 11 | 18 | DMA1_Channel1 | DMA1 的通道 1 中断 |
| … | … | … | … | … |
| 33 | 17 | 24 | DMA1_Channel7 | DMA1 的通道 7 中断 |
| 34 | 18 | 25 | ADC1_2 | ADC1 和 ADC2 中断 |
| … | … | … | … | … |
| 39 | 23 | 30 | EXTI9_5 | EXIT9～EXTI5 中断 |
| … | … | … | … | … |
| 53 | 37 | 44 | USRAT1 | USRAT1 中断 |
| 54 | 38 | 45 | USRAT2 | USRAT2 中断 |
| 55 | 39 | 46 | USRAT3 | USRAT3 中断 |
| 56 | 40 | 47 | EXTI15_10 | EXIT15～EXTI10 中断 |
| 57 | 41 | 48 | RTCAlarm | 通过 EXTI17 的 RTC 报警中断 |
| 58 | 42 | 49 | USBWakeup | 通过 EXTI18 的 USB 唤醒中断 |
| … | … | … | … | … |

续表

| 异常编号 | IRQn | 优先级 | 名 称 | 说 明 |
|---|---|---|---|---|
| 72 | 56 | 63 | DMA2_Channel1 | DMA2 的通道 1 中断 |
| 73 | 57 | 64 | DMA2_Channel2 | DMA2 的通道 2 中断 |
| 74 | 58 | 65 | DMA2_Channel3 | DMA2 的通道 3 中断 |
| 75 | 59 | 66 | DMA2_Channel4_5 | DMA2 的通道 4 和通道 5 中断 |
| … | … | … | … | … |

不同型号 STM32 微控制器的中断向量表略有区别。启动文件包含其支持的所有中断，并给出了中断服务函数名。编写中断服务程序时，必须使用启动文件定义的中断服务函数名。

### 6.2.1 NVIC 初始化配置

嵌套向量中断控制器 NVIC 管理着中断，所以要使用外部中断，一定要配置 NVIC。STM32 库在 misc.c 文件中提供 NVIC 函数，如表 6-5 所示。所以，当使用中断时，一定要在项目中添加 misc.c 文件。

表 6-5　STM32 库的 NVIC 函数

| 函 数 名 | 函数功能 |
|---|---|
| NVIC_Init | NVIC 初始化：配置具体中断通道的组优先级和子优先级 |
| NVIC_PriorityGroupConfig | 配置中断系统的优先权组 |
| NVIC_SetVectorTable | 设置向量表位置和偏移（修改中断向量表的起始地址） |
| NVIC_SystemLPConfig | 为系统进入低功耗模式选择条件 |
| SysTick_CLKSourceConfig | 配置系统时钟 SysTick 时钟源 |

表 6-5 列出了 MISC 模块提供的所有 STM32 库函数，但只有前 3 个与中断相关。其中，NVIC_SetVectorTable()函数用于中断向量表位置的动态设置，一般应用程序不需修改。所以，使用中断需要使用 NVIC_PriorityGroupConfig()函数确定整个中断系统的优先级组，然后使用 NVIC_Init 函数为每个中断通道配置优先级（含组优先级和子优先级）。

**1. 配置优先级组**

STM32 使用 4 位优先级寄存器，支持 16 种异常优先级（不是 16 个中断）。4 位分成组（抢占）优先级和子（响应）优先级，有 5 种分配形式，如表 6-6 所示。

表 6-6　STM32 的优先级配置

| 组 号 | 组（抢占）优先级 | 子（响应）优先级 |
|---|---|---|
| 0<br>（NVIC_PriorityGroup_0） | 无 | 4 位都用来配置子优先级<br>16 种子优先级（0~15） |
| 1<br>（NVIC_PriorityGroup_1） | 1 位配置组优先级<br>2 种组优先级（0、1 级） | 3 位配置子优先级<br>8 种子优先级（0~7） |
| 2<br>（NVIC_PriorityGroup_2） | 2 位配置组优先级<br>4 种组优先级（0~3 级） | 2 位配置子优先级<br>4 种子优先级（0~3） |
| 3<br>（NVIC_PriorityGroup_3） | 3 位配置组优先级<br>8 种组优先级（0~7 级） | 1 位配置子优先级<br>2 种子优先级（0、1） |
| 4<br>（NVIC_PriorityGroup_4） | 4 位都配置组优先级<br>16 种组优先级（0~15 级） | 无 |

进行 NVIC 初始化配置，首先使用 NVIC_PriorityGroupConfig()函数选择优先级组号。函数原型如下：

```
void NVIC_PriorityGroupConfig(uint32_t NVIC_PriorityGroup)
```

其中，参数 NVIC_PriorityGroup 是 NVIC_PriorityGroup_0～NVIC_PriorityGroup_4，依次对应上述 5 种分配形式。例如，选择组 2 的语句如下：

```
NVIC_PriorityGroupConfig(NVIC_PriorityGroup_2);
```

### 2. NVIC 初始化

在 STM32 库的 misc.c 文件中，中断控制器 NVIC 的初始化函数如下：

```
void NVIC_Init ( NVIC_InitTypeDef *  NVIC_InitStruct )
```

参数 NVIC_InitStruct 是指向 NVIC_InitTypeDef 结构的指针，包含中断外设的配置信息。其定义如下：

```
typedef struct
{
    uint8_t NVIC_IRQChannel;                        // 指明允许或禁止的 IRQ 通道
    uint8_t NVIC_IRQChannelPreemptionPriority;      // 指明 IRQ 通道的组（抢占）优先级
    uint8_t NVIC_IRQChannelSubPriority;             // 指明 IRQ 通道的子优先级
    FunctionalState NVIC_IRQChannelCmd;             // 允许(ENABLE)或禁止(DISABLE)
} NVIC_InitTypeDef;
```

其中，参数 NVIC_IRQChannel 是要配置的 IRQ 通道，应填入 IRQn 编号（见表 6-1 和表 6-4）或者其枚举类型的名称。STM32 完整的 IRQ 通道列表在 stm32f10x.h 文件中定义。例如，EXTI0～EXTI4、EXTI9_5 和 EXTI15_10 依次被定义为 EXTI0_IRQn～EXTI4_IRQn、EXTI9_5_IRQn 和 EXTI15_10_IRQn（名称后增加"_IRQn"作为标识），对应 CMSIS 定义的 IRQ 号依次是 6～10、23 和 40。

参数 NVIC_IRQChannelPreemptionPriority 设置 IRQ 通道的抢占优先级。参数 NVIC_IRQChannelSubPriority 设置 IRQ 通道的子优先级，直接填入数值即可。参数 NVIC_IRQChannelCmd 用 ENABLE 表示允许该 IRQ 通道中断，用 DISABLE 表示禁止中断。

## 6.2.2 外部中断 EXTI

STM32 芯片外设的中断请求直接连接到 NVIC，来自芯片之外的外设中断请求需要通过 EXTI（External Interrupt/Event Controller，外部中断/事件控制器）连接到 NVIC。EXTI 模块就是图 6-1 中的 I/O 端口。

### 1. EXTI 中断通道

STM32 的外部中断 EXTI 模块有 19 个中断请求通道，称为 EXTI0～EXTI18。其中，前 16 个 EXTI 通道对应 GPIO 的 16 个引脚，另 3 个依次是：EXTI16 连接电源电压检测（PVD）输出，EXTI17 连接实时时钟（RTC）报警信号，EXTI18 线连接 USB 唤醒信号（见表 6-4）。对支持互联网的 STM32F105/107 系列微控制器，EXTI 模块有 20 个中断通道，EXTI19 连接以太网唤醒信号。

STM32 的所有 I/O 端口都可以配置为 EXTI 外部中断模式，所有引脚都可以作为中断源，用来检测外设中断请求，可以配置为下降沿触发、上升沿触发或上升下降沿均触发。GPIO 引脚以图 6-2 所示方式连接到 16 条 EXTI 外部中断线（Line）上。PAx～PGx 引脚连接到 EXTIx，即在同一个时刻，EXTIx 只能响应一个端口引脚 x 的中断事件。

由表 6-4 还可以看到，EXTI0～EXTI4 分别占用一个中断向量；但 EXTI9～EXTI5 共用一个中断向量，称为 EXTI9_5；EXTI15～EXTI10 共用一个中断向量，称为 EXTI15_10。

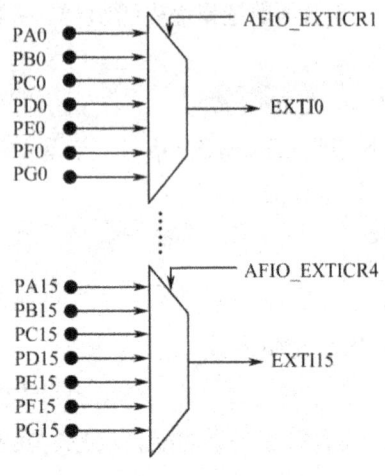

图 6-2 GPIO 的 EXTI 连接

## 2. EXTI 寄存器

同其他外设模块一样，EXTI 通过可编程外设寄存器可以实现各种控制（如表 6-7 所示）。同样，EXTI 寄存器必须以字（32 位）访问，STM32 库为这些寄存器定义了结构类型，代码如下：

```
typedef struct
{
    __IO uint32_t IMR;
    __IO uint32_t EMR;
    __IO uint32_t RTSR;
    __IO uint32_t FTSR;
    __IO uint32_t SWIER;
    __IO uint32_t PR;
} EXTI_TypeDef;
```

表 6-7 EXTI 寄存器

| 寄存器缩写 | 寄存器英文名称 | 寄存器中文名称 |
| --- | --- | --- |
| EXTI_IMR | Interrupt Mask Register | 中断屏蔽寄存器 |
| EXTI_EMR | Event Mask Register | 事件屏蔽寄存器 |
| EXTI_RTSR | Rising trigger Selection Register | 上升沿触发选择寄存器 |
| EXTI_FTSR | Falling trigger Selection Register | 下降沿触发选择寄存器 |
| EXTI_SWIER | Software Interrupt Event Register | 软件中断事件寄存器 |
| EXTI_PR | Pending Register | 挂起寄存器 |

各 EXTI 寄存器的作用可以通过其结构（如图 6-3 所示）清楚地理解。外部输入线信号经边沿检测电路检测，若是符合两个触发选择寄存器（RTSR 和 FTSR）确定的有效触发信号，则生成外部硬件触发信号；软件中断事件寄存器（SWIER）也可以产生软件触发信号。不管是硬件还是软件触发，如果事件屏蔽寄存器（EMR）允许，将产生一个请求事件（Event），该事件信号可传输给其他模块；如果中断屏蔽寄存器（IMR）允许，同时没有被挂起寄存器（PR）挂起，则产生一个中断（Interrupt），该中断信号送至 NVIC 进一步处理。

由此可区别这里的"中断"和"事件"。对前面的触发信号，中断和事件没有区别；只是到了后面的处理才有区别。事件是指发生了硬件或软件触发情况，并可以把这个触发情况用事件信号通知其他模块，其他模块决定如何响应该信号。中断也反映发生了硬件或软件触发情况，

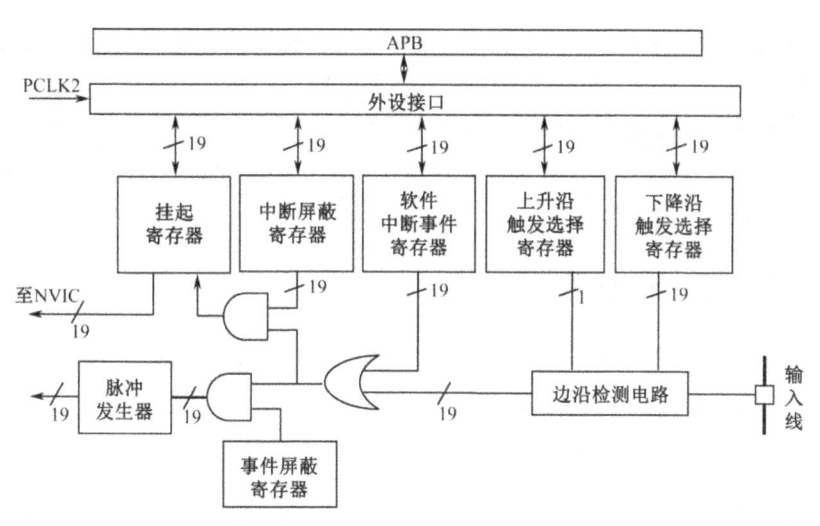

图 6-3 EXTI 结构

如果没有被挂起，会向 NVIC 提出中断处理的请求，获得响应，执行中断服务程序。如果不被屏蔽，触发情况会产生事件，但不一定产生中断；而且中断可能被更高优先级的中断挂起，但事件不会被挂起。

### 3．STM32 库的 EXTI 函数

STM32 库在 stm32f10x_exti.c 文件中编辑了 8 个 EXTI 函数，如表 6-8 所示。其中 3 个用于 EXTI 的初始化，4 个用于获取或清除中断或事件标志，最后 1 个用于申请软件中断。

表 6-8　STM32 库的 EXTI 函数

| 函 数 名 | 函数功能 |
| --- | --- |
| EXTI_Init | EXTI 初始化：根据 EXTI 初始化结构参数设置 EXTI 外设 |
| EXTI_DeInit | EXTI 解除初始化：将 EXTI 外设寄存器恢复为默认复位值 |
| EXTI_StructInit | 使用默认值填充 EXTI 初始化结构成员 |
| EXTI_GetITStatus | 获取中断的状态：检测某个 EXTI 线是否激活 |
| EXTI_ClearITPendingBit | 清除中断的挂起位：清除某个 EXTI 线的挂起位 |
| EXTI_GetFlagStatus | 获取事件的标志状态：检测某个 EXTI 线事件标志是否置位 |
| EXTI_ClearFlag | 清除事件的标志：清除某个 EXTI 线的标志（复位） |
| EXTI_GenerateSWIInterrupt | 产生软件中断：某个 EXTI 线产生软中断 |

进行 EXTI 初始化配置，要使用 EXTI 初始化结构 EXTI_InitTypeDef，定义如下：

```
typedef struct
{
    uint32_t EXTI_Line;                      // 指明允许或禁止的 EXTI 线
    EXTIMode_TypeDef EXTI_Mode;              // 指明 EXTI 的工作模式
    EXTITrigger_TypeDef EXTI_Trigger;        // 指明触发信号有效边沿
    FunctionalState EXTI_LineCmd;            // 允许 (ENABLE) 或禁止 (DISABLE)
}EXTI_InitTypeDef;
```

① 成员 1：EXTI_Line 是外部中断线编号，在 EXTI_Lines 常量组中定义，依次是 EXTI_Line0～EXTI_Line19。

② 成员 2：EXTI_Mode 是 EXTI 线的工作模式，在枚举类型 EXTIMode_TypeDef 中定义。

EXTI_Mode_Intrrupt 表示中断模式，EXTI_Mode_Event 表示事件模式（不触发中断，仅在寄存器中把相应的事件标志置位，需要查询获知中断请求）。

③ 成员 3：EXTI_Trigger 是 EXTI 线的有效触发边沿，在枚举类型 EXTITrigger_TypeDef 中定义。EXTI_Trigger_Rising 是上升沿触发，EXTI_Trigger_Falling 是下降沿触发，EXTI_Trigger_Rising_Falling 是上升沿和下降沿均触发。

### 6.2.3 GPIO 引脚的中断配置

作为外部的中断请求信号输入，GPIO 引脚也需要做一些中断设置。GPIO 与中断相关的 STM32 库函数如表 6-9 所示（表 5-3 的续表），源代码在 stm32f10x_gpio.c 文件中。其中，第一个函数配置中断，后两个函数配置事件。

表 6-9　STM32 库的 GPIO 中断相关函数

| 函 数 名 | 函数功能 |
| --- | --- |
| GPIO_EXTILineConfig | 选择作为 EXTI 线的 GPIO 引脚 |
| GPIO_EventOutputConfig | 选择作为事件输出的 GPIO 引脚 |
| GPIO_EventOutputCmd | 允许或禁止事件输出 |

#### 1. 启动 GPIO 的复用功能（AFIO）时钟

STM32 微控制器的 I/O 引脚不仅能够作为通用输入/输出端口 GPIO，还可以作为片上外设（如串口、ADC 等）的输入/输出引脚，称为复用 I/O 端口（Alternate-Function I/O，AFIO）。大多数 GPIO 都有默认的复用功能，部分还有重映射（Remapping）功能。重映射功能是指把原来是 A 引脚的默认复用功能映射到 B 引脚使用，前提是 B 引脚支持这个重映射功能（详见 STM32 参考手册中对 GPIO 引脚的功能说明）。

通过复用于重映射，STM32 芯片的对外引脚可以具有 2 种或 3 种功能，得到充分应用。

当把 GPIO 用于 EXTI 外部中断或者使用重映像功能时，必须启动 AFIO 时钟。仅使用 GPIO 默认的复用功能，不必开启 AFIO 时钟。启动 AFIO 时钟需要先设置 GPIO 引脚，可以与 GPIO 时钟启动同时进行，也是通过调用 RCC_APB2PeriphClockCmd() 函数来实现的，参数为 RCC_APB2Periph_AFIO，即

RCC_APB2PeriphClockCmd(RCC_APB2Periph_AFIO, ENABLE);

#### 2. 选择作为 EXTI 线的 GPIO 引脚

作为 EXTI 线的 GPIO 端口和引脚需用 GPIO_EXTILineConfig()函数指定，原型如下：

void GPIO_EXTILineConfig(uint8_t GPIO_PortSource, uint8_t GPIO_PinSource)

参数 GPIO_PortSource 选择作为 EXTI 线的端口，形如 GPIO_PortSourceGPIOx（x 为 A～G）；参数 GPIO_PinSource 指明作为 EXTI 线的引脚，形如 GPIO_PinSourcex（x 为 0～15）。

### 6.2.4 芯片外设的中断配置

不仅 GPIO 引脚通过 EXTI 能够产生中断（或事件），STM32 芯片上的其他外设大多数都支持中断（见表 6-4）。多数外设也有与中断（事件）相关的函数，如表 6-10 所示。

表 6-10  STM32 库的外设中断相关函数

| 函 数 名 | 函数功能 |
| --- | --- |
| PPP_ITConfig | 设置外设 PPP 的某个（些）中断请求是允许或禁止 |
| PPP_GetITStatus | 获取外设 PPP 某个中断的状态（置位或复位） |
| PPP_ClearITPendingBit | 清除外设 PPP 某个挂起的中断（复位） |
| PPP_GetFlagStatus | 获取外设 PPP 某个事件的标志状态（置位或复位） |
| PPP_ClearFlag | 清除外设 PPP 某个事件的标志（复位） |

PPP 指具体的外设，如 ADC、BKP、CAN、CEC、DMA、FMSC、I2C、RCC、RTC、SDIO、SPI、TIM、USART 等。其中，PPP_ITConfig()函数允许或禁止 PPP 外设中断，常用于中断初始化配置。中断处理中，PPP_GetITStatus()函数可以确认当前中断的工作状态；中断处理完成，多使用 PPP_ClearITPendingBit()函数清除中断标志，以便接收下次中断。

事件不能禁止，处理前可用 PPP_GetFlagStatus()函数确认事件的标志状态；处理后，用 PPP_ClearFlag()函数复位事件的标志。

## 6.3  EXTI 应用示例：按键中断

本示例使用 GPIO 引脚连接的按键作为外部中断 EXTI 源，演示中断初始化配置和中断服务程序的编写方法。

【例 6-1】 按键中断，控制 LED 灯。

基于与例 5-1 和例 5-2 同样的 LED 灯和按键电路，使用中断驱动方式实现与例 5-2 相同的功能，即根据按键状态控制 LED 灯的亮、灭：按下某个按钮 KEYx（x 是 1 或 2），对应的 LEDx 亮一段时间，然后熄灭。但是，按键状态不是通过程序反复地查询，而是按下时产生中断请求，在中断服务程序中控制 LED 灯。

按键电路原理见图 5-11，KEY1 连接 PA0，KEY2 连接 PC13，低电平表示按下。

### 6.3.1  主程序流程

嵌入式系统的应用程序可以根据实际项目构建不同的程序流程。

#### 1. 程序查询

对于简单的应用程序，处理器可以等待外设。如果外设需要处理，就进行处理；不需要处理，就继续等待（如图 6-4 所示）。

程序查询方式虽然简单、实用，但有许多不足。例如，处理器需要花费大量时间进行循环查询。再如，若需要查询的外设较多，查询的先后顺序需要精心安排，才能避免某个外设过长的等待时间，也就是实时性可能较差。

#### 2. 中断驱动

程序查询仍需要处理器正常运行，耗时耗能。实际上，微控制器几乎都有低功耗模式，不进行实质性操作时完全可以进入睡眠等模式，减少能耗；只有当外设请求服务时，才利用中断机制唤醒处理器进行处理。这就是中断驱动流程，如图 6-5 所示。根据外设的工作特点、重要性和紧迫性等，应用程序可以合理地安排外设中断的优先级别，以便及时处理，具有较好的实时性。

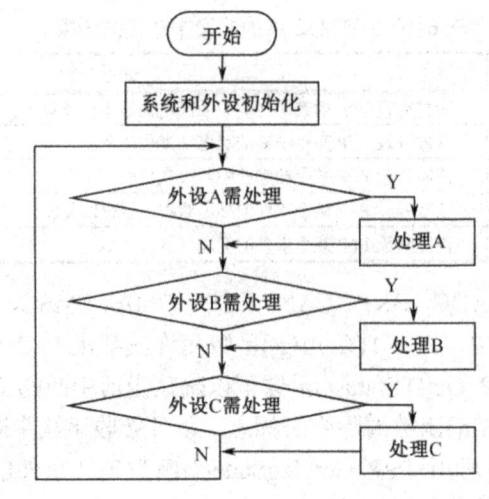

图 6-4 程序查询流程

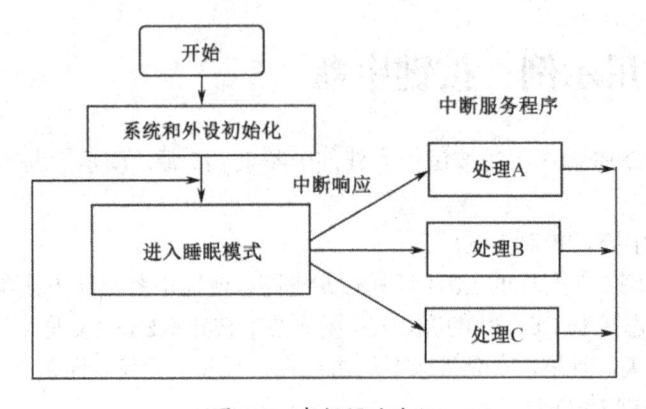

图 6-5 中断驱动流程

当然，实际应用项目比较复杂时也可以将程序查询和中断驱动结合起来。例如，比较紧迫的处理安排在中断服务程序，耗时费力的处理安排在查询流程中；没有外设服务时，处理器仍进入睡眠状态；外设需要服务，启动中断服务程序，完成快速处理，更新状态，处理器进入程序查询流程。

随着应用项目的复杂增加，程序查询和中断驱动可能无法满足处理需求，可以考虑移植实时操作系统（RTOS）。例 6-1 所述项目可以采用图 6-5 所示的中断驱动流程。

### 6.3.2 中断初始化配置

复位后，所有中断都被禁止，并赋予优先级 0。使用任何中断，除了外设本身的初始化，还需要针对 NVIC 进行系统中断配置，以及针对外设进行外设中断配置。具体来说，分成 3 部分，分述如下。

**1. NVIC 初始化配置**

根据应用项目的整个中断情况，针对 NVIC 配置中断系统，需要如下两个步骤：

<1> 配置优先级组，即选择中断优先级组号。在本例中，中断比较简单，只有 2 个，所以优先级的配置有多种选择。例如，选择中断优先级组号 2：有 4 个组优先级，每个组优先级又

有 4 个子优先级。

<2> 对每个中断通道进行 NVIC 初始化，即配置中断通道的组优先级和子优先级。本例的中断是 PA0 和 PC13，即中断通道是 EXTI0_IRQn 和 EXTI15_10_IRQn。PA0（KEY1）选择组优先级和子优先级都是 0，为最高；PC13（KEY2）选择组优先级和子优先级都是 2，为中等（以满足教学需求）。

```
void NVIC_Config(void)
{
    NVIC_InitTypeDef NVIC_InitStructure;
    /* 配置优先级，使用优先级组 2 */
    NVIC_PriorityGroupConfig(NVIC_PriorityGroup_2);
    /* 配置 KEY1 (PA0) 中断通道 */
    NVIC_InitStructure.NVIC_IRQChannel = EXTI0_IRQn;
    NVIC_InitStructure.NVIC_IRQChannelPreemptionPriority = 0;
    NVIC_InitStructure.NVIC_IRQChannelSubPriority = 0;
    NVIC_InitStructure.NVIC_IRQChannelCmd = ENABLE;
    NVIC_Init(&NVIC_InitStructure);
    /* 配置 KEY2 (PC13) 中断通道 */
    NVIC_InitStructure.NVIC_IRQChannel = EXTI15_10_IRQn;
    NVIC_InitStructure.NVIC_IRQChannelPreemptionPriority = 2;
    NVIC_InitStructure.NVIC_IRQChannelSubPriority = 2;
    NVIC_Init(&NVIC_InitStructure);
}
```

### 2. 外设初始化配置

根据外设的作用，按照外设初始化的一般规则进行配置。

本例外设与例 5-2 一样，所以仍然使用原有的按键初始化配置函数 KEY_Config()。

### 3. 外设中断配置

大部分 STM32 片上外设只需要使用 PPP_ITConfig()函数，允许 PPP 外设中断就可以了。但对于 GPIO 引脚的外部中断，需要多个步骤：

<1> 启动 GPIO 端口的复用功能（AFIO）时钟。启用 AFIO 时钟可与启用 GPIO 时钟同时进行，也可以早于 GPIO 时钟启用，但不应晚于 GPIO 时钟启用。所以，通常先启动 AFIO 时钟，接着外设初始化配置，再进行 NVIC 初始化配置（也可以在外设初始化配置之前），然后进入下一步。

<2> 调用 GPIO_EXTILineConfig()函数，为每个中断请求的 GPIO 引脚指明作为外部中断 EXTI 线（或者说，选择作为 EXTI 中断的 GPIO 引脚）。

<3> 调用 EXTI_Init()函数，为每个中断请求的 GPIO 引脚进行 EXTI 初始化。

本例中，按下按键，输出低电平，所以选择下降沿作为中断触发方式。完整的 EXTI 中断初始化配置函数如下：

```
void EXTI_Config(void)
{
    EXTI_InitTypeDef EXTI_InitStructure;
    /* 启动 AFIO 时钟 */
```

```
        RCC_APB2PeriphClockCmd ( RCC_APB2Periph_AFIO, ENABLE );
        NVIC_Config();                                    // NVIC 初始化配置
        KEY_Config();                                     // GPIO 初始化配置
        /* 选择 KEY1 (PA0) 作为外部中断 EXTI */
        GPIO_EXTILineConfig(GPIO_PortSourceGPIOA, GPIO_PinSource0);
        /* KEY1 (PA0) 的 EXTI 初始化*/
        EXTI_InitStructure.EXTI_Line = EXTI_Line0;
        EXTI_InitStructure.EXTI_Mode = EXTI_Mode_Interrupt;
        EXTI_InitStructure.EXTI_Trigger = EXTI_Trigger_Falling;
        EXTI_InitStructure.EXTI_LineCmd = ENABLE;
        EXTI_Init(&EXTI_InitStructure);
        /* 选择 KEY2 (PC13) 作为外部中断 EXTI */
        GPIO_EXTILineConfig(GPIO_PortSourceGPIOC, GPIO_PinSource13);
        /* KEY2 (PC13) 的 EXTI 初始化 */
        EXTI_InitStructure.EXTI_Line = EXTI_Line13;
        EXTI_Init(&EXTI_InitStructure);
    }
```

### 6.3.3 中断应用程序编写

在例 5-2 所述查询按键的项目基础上，本例需要在项目中添加外部中断 EXTI 驱动程序文件（stm32f10x_exti.c）。用户除编写主程序外，还需要编写中断初始化配置程序（取名 exti.c）和中断服务程序（stm32f10x_it.c）。

**1. 中断初始化配置程序 exti.c**

6.3.2 节分析、编写了这部分代码，现在组合到一个文件中，代码如下：

```
#include "exti.h"
void NVIC_Config(void)
{
    ......                                // 同前，略
}
void EXTI_Config(void)
{
    ......                                // 同前，略
}
```

与之配合的头文件 exti.h 代码如下：

```
#ifndef    __EXTI_H
#define    __EXTI_H
#include "stm32f10x.h"
#include "key.h"
    void EXTI_Config(void);
#endif                                    // __EXTI_H
```

**2. 主程序 main.c**

按照中断驱动流程，主程序很简单。首先调用有关初始化配置文件，就是等待中断，因为点亮 LED 灯都是在中断服务程序中实现的。

```c
#include "stm32f10x.h"
#include "led.h"
#include "key.h"
#include "exti.h"

int main(void)
{
    LED_Config();              // LED 初始化
    LED_On_all();              // 全亮
    Delay(5000000);
    LED_Off_all();             // 全灭
    EXTI_Config();             // 外部中断初始化（含 KEY 初始化）
    while (1)                  // 循环等待中断
    {

    }
}
```

### 3. 中断服务程序 stm32f10x_it.c

MDK 为方便用户编写中断服务程序，特别提供了文件 stm32f10x_it.c 以及配套的头文件 stm32f10x_it.h。这两个文件保存于 MDK 文件夹（Keil_v5）的软件包（Pack）中，在 STM32 标准外设驱动程序库的模板文件夹（templates）下，也可以在 MDK 文件夹下搜索出它们。

将文件 stm32f10x_it.c 和 stm32f10x_it.h 复制到用户应用程序文件夹（user）下，去掉其"只读"属性，添加到项目中。

打开 MDK 提供的中断服务程序文件 stm32f10x_it.c，会发现已经编辑了 CM3 异常处理程序（函数）的框架，处理本身或为空或为死循环。最后，给出一个内容为空的外设中断服务程序（函数）的框架，等待用户编写。

用户可以在文件 stm32f10x_it.c 的基础上添加自己编写的中断服务程序（也可以另外编辑文件），但是中断服务函数名必须与启动代码中定义的中断向量表一致。

例如，KEY1（PA0）使用 EXTI0 中断通道，它在启动代码中定义的中断服务函数名是 EXTI0_IRQHandler()，于是编写中断服务程序如下：

```c
void EXTI0_IRQHandler(void) // KEY1(PA0)
{
    if(EXTI_GetITStatus(EXTI_Line0) == SET)
    {
        LED_On(1);
        Delay(5000000);
        LED_Off(1);
        EXTI_ClearITPendingBit(EXTI_Line0);
    }
}
```

使用 EXTI_GetITStatus 函数是为了确认发生了中断，原型如下：

ITStatus EXTI_GetITStatus(uint32_t  EXTI_Line)

参数 EXTI_Line 是 EXTI 线编号：EXTI_Linex（x 是 0~19）；返回值 ITStatus 是 EXTI 线的状

态：触发（SET）、没有触发（RESET）。

EXTI 中断处理结束，应该清除中断挂起位，使用 EXTI_ClearITPendingBit()函数，原型如下：

```
void EXTI_ClearITPendingBit(uint32_t EXTI_Line)
```

同样，KEY2（PC13）在启动代码中的中断函数名是 EXTI15_10_IRQHandler()，代码如下：

```
void EXTI15_10_IRQHandler(void)                    // KEY2(PC13)
{
    if(EXTI_GetITStatus(EXTI_Line13) == SET)
    {
        LED_On(2);
        Delay(5000000);
        LED_Off(2);
        EXTI_ClearITPendingBit(EXTI_Line13);
    }
}
```

完成了中断服务程序，记得在对应的头文件 stm32f10x_it.h 加上对这两个中断函数的声明语句，以及包含 LED 程序的头文件（led.h），因为在中断函数中使用了 LED 函数。

本例文件编辑完成，在用户文件夹（user）中将有如下文件：

❖ exti.c 和 exti.h——外部中断 EXTI 初始化文件。
❖ key.c 和 key.h——按键初始化和驱动程序文件。
❖ led.c 和 led.h——LED 初始化和驱动程序文件。
❖ main.c——主程序文件。
❖ stm32f10x_it.c 和 stm32f10x_it.h——中断服务程序文件。
❖ key.ini——软件模拟按键的调试函数文件。

项目构建没有错误，可以与例 5-2 中查询按键一样进行软件模拟和硬件仿真。

# 习题 6

6-1 单项或多项选择题（选择一个或多个符合要求的选项）

（1）Cortex-M3 处理器中，关于中断嵌套正确的是（　　）。
A．组（抢占）优先级高的中断能够打断组（抢占）优先级低的中断，不需关注子优先级
B．子优先级高的中断能够打断子优先级低的中断，不需关注组（抢占）优先级
C．组（抢占）优先级高的中断能够打断子优先级低的中断
D．子优先级高的中断能够打断组（抢占）优先级低的中断

（2）STM32 使用（　　）位优先级寄存器，支持（　　）种异常优先级。
A．4　　　　　B．8　　　　　C．16　　　　　D．32

（3）STM32 驱动程序库中定义了很多常量符号。其中，（　　）表示"允许"。
A．SET　　　　B．RESET　　　C．ENABLE　　　D．DISABLE

（4）外部中断 EXTI 的信号可以配置为（　　）触发中断请求。
A．高电平　　　B．低电平　　　C．下降沿　　　D．上升沿

（5）STM32 驱动程序库对许多外设的事件标志或中断状态都设计了获取和清除的函数，如获取某个 EXTI 线中断状态的函数是（　　）。

A. EXTI_GetITStatus　　　　　　　B. EXTI_ClearITPendingBit
C. EXTI_GetFlagStatus　　　　　　D. EXTI_ClearFlag

6-2　简单区别异常（Exception）和中断（Interrupt）的概念。

6-3　说明中断"抢占（Preempt）"和"挂起（Pending）"的含义。假设 STM32 配置了 3 个中断，其优先级配置如表 6-11 所示。那么，STM32 在响应中断时，中断 A 能否打断中断 B 的中断服务函数？中断 B 能否打断中断 C？如果中断 B 和中断 C 中断同时到达，先响应哪个中断？

表 6-11　习题 6-3 的中断优先级配置

| 中断 | 抢占优先级 | 响应优先级 |
| --- | --- | --- |
| A | 0 | 0 |
| B | 1 | 0 |
| C | 1 | 1 |

6-4　Cortex-M3 的嵌套向量中断控制器（NVIC）能够处理的中断都有哪些？

6-5　假设某个 STM32 系统使用如下语句配置优先级组，那么，该系统的某个中断通道能够设置的组优先级和子优先级分别是多少？

　　　NVIC_PriorityGroupConfig(NVIC_PriorityGroup_2);

6-6　区别事件（Event）和中断（Interrupt）。

6-7　什么是 GPIO 的复用功能（Alternate-Function）和重映射（Remapping）功能？

6-8　每次中断触发后都会产生中断标志，所以在进入中断时，可检查相应的中断标志位；退出中断时，必须清除中断标志，否则系统会持续进入中断。给出实现 EXTI 模块这两个功能的 STM32 库函数原型。

6-9　假设 PA8 和 PD3 引脚作为 EXTI（如连接按键），请为其做中断配置。

6-10　假设在例 6-1 中还有一个按键 KEY3 连接 PA10，当其被按下时，在中断服务程序让 LED3 亮一段时间。由于 KEY3（PA10）与 KEY2（PC13）共用一个中断向量 EXTI15_10_IRQn，因此中断服务函数需要查询是哪个产生的中断请求，先查询的优先权就高。请编写这个中断服务函数。

6-11　将第 5 章中习题 5-12 的功能用按键中断方式实现，并要求 KEY1 的按键中断能打断 KEY2 中断。编写有关中断配置、中断服务等程序。

6-12　整理两个中断通道名称。

（1）启用一个中断通道，需要使用 NVIC_Init()函数为其配置优先级。其中，要配置的中断通道名称是参数 NVIC_IRQChannel，其完整取值在 stm32f10x.h 文件中定义。请查阅该文件，给出所有中断的通道名称。

（2）为某个中断向量服务需要编写中断服务程序，但中断服务函数名由启动代码（startup_stm32f10x_hd.s）定义。请查阅该文件，给出所有中断的函数名。

# 第 7 章　STM32 的串行通信接口

串行通信是将数据分解成二进制位，然后用一条信号线，进行一位一位顺序传送。串行通信的优势是连线少，适合远距离数据传送，也广泛用于近距离数据传送。嵌入式系统中广泛应用的串行通信接口（有时简称串口）一般由通用同步/异步接收/发送器（USART）构成。本章介绍 STM32 的 USART 接口，并将 C 语言标准输入/输出函数重定向到 USRAT 接口，实现与计算机的串行异步通信。

## 7.1　串行异步通信

串行通信有两类：一类是速度较快的同步串行通信，以数据块为基本传输单位，主要应用于网络连接；另一类是速度较慢的异步通信，以字符为单位传输，主要应用于近距离通信。通常所说的串行通信一般是指串行异步通信。

### 7.1.1　串行异步通信字符格式

在串行通信时，数据、控制和状态信息都使用同一根信号线传送，所以收发双方必须遵守共同的通信协议，才能解决传送速率、信息格式、位同步、字符同步、数据校验等问题。串行异步通信（Asynchronous Data Communication）以字符为单位传输，其通信协议是起止式异步通信协议，传输的字符格式如图 7-1 所示。

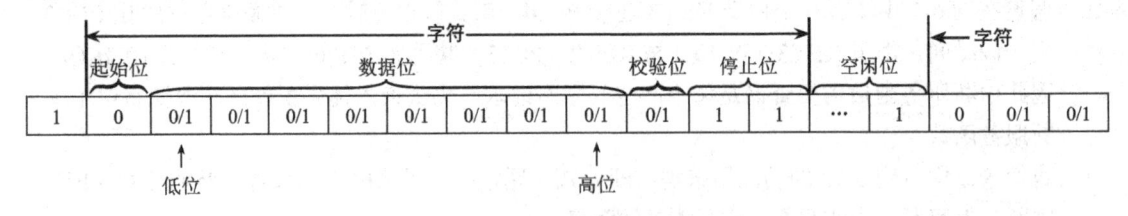

图 7-1　起止式异步通信的字符格式

① 起始位（Start Bit）：异步通信传输的每个字符开始传送的标志，用于实现字符同步，采用逻辑 0 电平。

② 数据位（Data Bit）：紧跟着起始位传送，数据由 5～8 个二进制位组成，但总是低位先传送。

③ 奇偶检验位（Parity Bit）：数据位传送完成后，可以选择一个奇偶检验位，用于校验是否正确传送了数据。可以选择奇检验，也可以选择偶校验，还可以不传送校验位。

④ 停止位（Stop Bit）：字符最后必须有停止位，以表示字符传送结束。停止位采用逻辑 1 电平，可选择 1 位、1.5 位或 2 位长度。

一个字符传输结束，可以接着传输下一个字符，也可以空闲一段时间再传输下一个字符。

空闲位为逻辑 1 电平。

字符格式中的"位"表示二进制位。每位持续的时间长度都是一样的,为数据传输速率的倒数。数据传输速率也称为比特率(Bit Rate),即每秒传输的二进制位数(bit per second,bps)。例如,数据传输速率为 1200 bps,则 1 位的时间长度为 0.833 ms(1/1200);对于采用 1 个停止位且不用校验的 8 位数据传送来说,1 个字符共 10 位,每秒能传送 120 个字符。

当进行二进制数码传输且每位时间长度相等时,比特率等于波特率(Baud Rate)。波特率表示数据调制速率,其单位为波特(Baud)。因此,习惯上,比特率也常使用波特这个单位来表达"位"的含义。所以,1200 bps 比特率也称为 1200 波特。

过去,串行异步通信的数据传输速率限制为 50~9600 bps,如 110 bps、300 bps、600 bps、1200 bps、2400 bps、4800 bps 和 9600 bps。现在,数据传输速率达到 115200 bps 或更高。

### 7.1.2 串行异步通信接口

串行异步通信最广泛使用的总线接口标准是 RS-232C。RS-232C 是美国电子工业协会 EIA (Electronic Industry Association)于 1962 年发布的,并于 1969 年修订的串行接口标准,事实上已经成为国际通用的标准串行接口。1987 年 1 月,RS-232C 经修改后,正式改名为 EIA-232D。由于标准修改得并不多,因此很多厂商仍沿用旧的名称。

最初,RS-232C(简称"232")串行接口的设计目的是用于连接调制解调器。目前,RS-232 接口成为数据终端设备 DTE(如计算机)与数据通信设备 DCE(如调制解调器)的标准接口。利用 RS-232 接口,不仅可以实现远距离通信,也可以近距离连接微机和嵌入式系统。

#### 1. RS-232 标准的引脚定义

RS-232 接口按标准使用 25 针连接器,但绝大多数设备只使用其中 9 个信号,所以常用 9 针连接器,如表 7-1 所示。

① TxD(Transmitted Data,发送数据):串行数据的发送端。

② RxD(Received Data,接收数据):串行数据的接收端。

③ RTS(Request To Send,请求发送):当数据终端设备准备好送出数据时,发出有效的 RTS 信号,用于通知数据通信设备准备接收数据。

④ CTS(Clear To Send,清除发送):当数据通信设备已准备好接收数据终端设备的传送数据时,发出 CTS 有效信号来响应 RTS 信号,其实质是允许发送。RTS 和 CTS 是数据终端设备与数据通信设备间一对用于数据发送的联络信号。

表 7-1 RS-232 接口常用的 9 针连接器引脚

| 引脚号 | 名 称 |
|---|---|
| 1 | 载波检测 CD |
| 2 | 接收数据 RxD |
| 3 | 发送数据 TxD |
| 4 | 数据终端准备好 DTR |
| 5 | 信号地 GND |
| 6 | 数据装置准备好 DSR |
| 7 | 请求发送 RTS |
| 8 | 清除发送 CTS |
| 9 | 振铃指示 RI |

⑤ DTR(Data Terminal Ready,数据终端准备好):通常,数据终端设备一加电,该信号就有效,表明数据终端设备准备就绪。

⑥ DSR(Data Set Ready,数据装置准备好):通常表示数据通信设备(即数据装置)已接通电源连到通信线路上,并处在数据传输方式,而不是处于测试方式或断开状态。DTR 和 DSR

也可用做数据终端设备与数据通信设备间的联络信号,如应答数据接收。

⑦ GND(Ground,信号地):为所有的信号提供一个公共的参考电平。

⑧ CD(Carrier Detected,载波检测):当本地调制解调器接收到来自对方的载波信号时,从该引脚向数据终端设备提供有效信号。该引脚也缩写为 DCD。

⑨ RI(Ring Indicator,振铃指示):当调制解调器接收到对方的拨号信号时,该引脚信号作为电话铃响的指示,保持有效。

### 2. RS-232 接口的连接

数字终端设备(如微机)可以利用 RS-232 接口连接调制解调器,用于实现通过电话线路的远距离通信。目前,两个数据终端设备多通过 RS-232 接口进行短距离通信,如图 7-2 所示。这种连接不使用调制解调器,所以被称为零调制解调器(Null Modem)连接。

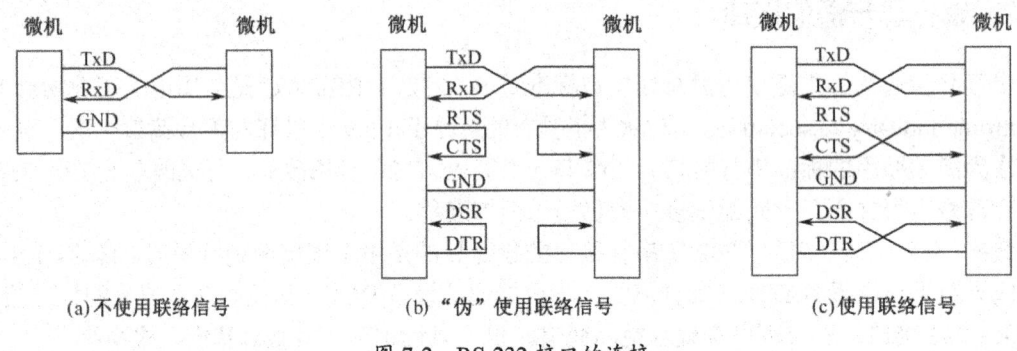

(a)不使用联络信号　　　(b)"伪"使用联络信号　　　(c)使用联络信号

图 7-2　RS-232 接口的连接

图 7-2(a)是不使用联络信号的 3 线相连方式。为了交换信息,TxD 和 RxD 应当交叉连接。通信程序不必使 RTS 和 DTR 有效,也不应检测 CTS 和 DSR 是否有效。

图 7-2(b)是"伪"使用联络信号的 3 线相连方式,是常用的一种方法。双方的 RTS 和 CTS 各自互接,用信号 RTS(请求发送)来产生信号 CTS(允许发送),表明请求传送总是允许的。同样,DTR 与 DSR 互接,用"数据终端准备好"DTR(信号产生)DSR(数据装置准备好)信号。这样的连接可以满足通信的联络控制要求。

因为通信双方并未进行联络应答,所以采用图 7-2(a)和图 7-2(b)的 3 线连接方式,应注意传输的可靠性。例如,发送方无法知道接收方是否可以接收数据,是否接收到了数据。传输的可靠性需要利用软件提高,如先发送一个字符,等待接收方确认之后(回送一个响应字符)再发送下一个字符。

图 7-2(c)是使用联络信号的多线相连方式,通信比较可靠,所用连线较多,不如前者经济。

## 7.2　通用同步/异步接收/发送器

处理器内部的数据由多位组成,如 32 位。实现数据的串行传输需要并行到串行和串行到并行的转换,并按照传输协议发送和接收每个字符(或数据块)。这些工作可以由软件实现,也可以采用硬件电路实现。

通用同步/异步接收/发送器(Universal Synchronous Asynchronous Receiver/Transmitter,USART)或者通用异步接收/发送器(UART)就是串行通信的接口电路。

## 7.2.1 STM32 的 USART 功能

STM32 有 5 个串行通信接口：3 个通用同步/异步收发器（USART1、USART2 和 USART3）、2 个通用异步收发器（UART4 和 UART5）。USART1 连接高速 APB2 总线，运行频率是 72 MHz（支持高达 4.5 Mbps 的传输速率）；其他位于 APB1 总线，运行频率是 36 MHz（2.25 Mbps 传输速率）。

STM32 的 USART 接口使用 NRZ（Non-Return-to-Zero，不归零）编码的异步串行数据格式，提供灵活的全双工异步通信，还支持同步单向通信和半双工单线通信以及局部互联网络（Local Interconnection Network，LIN）、智能卡（Smartcard）协议、红外数据协会（Infrared Data Association，IrDA）SIR 编码/解码协议和调制解调器（CTS/RTS）操作，也允许多处理器通信。

### 1. USART 接口引脚

USART 的双向通信需要最少两个引脚：RX（Receive Data，接收数据）输入引脚和 TX（Transmit Data）输出引脚。在单线和智能卡模式，TX 引脚用于发送数据，也用于接收数据（在 USART 层，数据通过 SW_RX 引脚接收）。

在同步通信模式，需要通过时钟 CK（Clock）输出引脚发送数据同步时钟（在早期版本的文档中，CK 引脚被称为 SCLK）。为了支持硬件流程控制（即使用通信联络信号），还需要请求发送 RTS 和清除发送 CTS 引脚（早期版本文档称为 nRTS 和 nCTS 引脚）。

然而，USART 接口的这些引脚在 STM32 微控制器上是与 GPIO 共用的。换句话说，USART 引脚使用了 AFIO（Alternate-Function I/O，复用 I/O 端口）功能的引脚。如果 GPIO 仍要使用这个 I/O 引脚，可以使用重映射（Remapping）功能的引脚。

例如，USART1 端口是复用 GPIOA 端口引脚实现的，查阅 STM32 参考手册的复用 I/O 章节，可以看到串行发送引脚 USART1_TX 复用 PA9 引脚，串行接收引脚 USART1_RX 复用 PA10 引脚，如表 7-2 所示。但是，如果 PA9 和 PA10 引脚已经连接了其他设备，USART1 引脚需要重映射，设置 USART1_REMAP=1，启用 GPIOB 的重映射功能，使用 PB6 和 PB7 引脚。

表 7-2 USART1 重映射

| 复用功能 | USART1_REMAP = 0 | USART1_REMAP = 1 |
| --- | --- | --- |
| USART1_TX | PA9 | PB6 |
| USART1_RX | PA10 | PB7 |

同样，USART2 等引脚也要复用和重映射，如表 7-3 所示。

表 7-3 USART2 重映射

| 复用功能 | USART2_REMAP = 0 | USART2_REMAP = 1 |
| --- | --- | --- |
| USART2_CTS | PA0 | PD3 |
| USART2_RTS | PA1 | PD4 |
| USART2_TX | PA2 | PD5 |
| USART2_RX | PA3 | PD6 |
| USART2_CK | PA4 | PD7 |

### 2. 通信波特率

串行异步通信双方不仅采用相同字符格式（包括数据位数、停止位数、奇偶校验方式），还必须步调一致，即采用相同的发送和接收数据传输速率（比特率或者波特率）。STM32 的 USART 支持较大范围的波特率，最高可达 4.5 Mbps。

要获得需要的传输速率（如常用的 115200 bps），应根据采用的外设时钟频率 $f_{PCLK}$（36 MHz，或仅 USART1 支持的 72 MHz），计算写入波特率寄存器 USART_BRR（Baud Rate Register）的数值。USART 的波特率计算公式如下：

$$\text{Baud\_Rate} = \frac{f_{PCLK}}{16 \times \text{USARTDIV}} \quad \text{或} \quad \text{USARTDIV} = \frac{f_{PCLK}}{16 \times \text{Baud\_Rate}}$$

其中，Baud_Rate 表示传输的波特率，USARTDIV 表示写入 BRR 的数值。

例如，设 $f_{PCLK}$=36 MHz，Baud_Rate=2.4 kbps，则

$$\text{USARTDIV} = \frac{36M}{16 \times 2.4k} = 937.5$$

写入 BRR 的数值是一个 16 位无符号定点数（包括 12 位整数部分 DIV_Mantissa 和 4 位小数部分 DIV_Fraction），导致实际的传输速率与设置的传输速率存在一定误差，如表 7-4 所示。异步接收器只有在时钟系统的整个误差小于其误差范围时，才能够正确接收数据。

表 7-4 STM32 常用波特率及其误差

| 波特率 kbps | $f_{PCLK}$=36 MHz 实际速率 | 误差 | 写入值 | $f_{PCLK}$=72 MHz 实际速率 | 误差 | 写入值 |
|---|---|---|---|---|---|---|
| 2.4 | 2.400 | 0% | 937.5 | 2.400 | 0% | 1875 |
| 9.6 | 9.600 | 0% | 234.375 | 9.600 | 0% | 468.75 |
| 19.2 | 19.200 | 0% | 117.1875 | 19.200 | 0% | 234.375 |
| 57.6 | 57.600 | 0% | 39.0625 | 57.600 | 0% | 78.125 |
| 115.2 | 115.384 | 0.15% | 19.5 | 115.200 | 0% | 39.0625 |
| 230.4 | 230.769 | 0.16% | 9.75 | 230.769 | 0.16% | 19.5 |
| 460.8 | 461.538 | 0.16% | 4.875 | 461.538 | 0.16% | 9.75 |
| 921.6 | 923.076 | 016% | 2.4375 | 923.076 | 0.16% | 4.875 |
| 2250 | 2250 | 0% | 1 | 2250 | 0% | 2 |
| 4500 | 无 | 无 | 无 | 4500 | 0% | 1 |

## 7.2.2 STM32 的 USART 应用

应用程序员可以利用 STM32 库进行项目开发，其中的 USART 函数实际上是针对 USART 寄存器编程实现的。

### 1. USART 寄存器

串行通信的各种配置参数和通信控制由 USART 寄存器实现，如表 7-5 所示。

数据寄存器 USART_DR 保存接收的或待发送的数据，但实际上分成两部分：发送数据寄存器和发送移位寄存器组成发送电路，接收数据寄存器和接收移位寄存器组成接收电路。

当发送数据时，主存数据（8 位或 9 位）写入发送数据寄存器，经移位，并在数据前加上起始位、数据后配合奇偶校验位和停止位，从串行发送引脚 TX 发送出去。数据进入发送移位寄存器，将产生 TXE（Transmit data register empty，发送数据寄存器空）事件；数据发送完毕，将产生 TC（Transmission Complete，发送完成）事件。

表 7-5  USART 寄存器

| 寄存器缩写 | 寄存器英文名称 | 寄存器中文名称 |
| --- | --- | --- |
| USART_SR | Status Register | 状态寄存器 |
| USART_DR | Data Register | 数据寄存器 |
| USART_BRR | Baud Rate Register | 波特率寄存器 |
| USART_CR1 | Control Register1 | 控制寄存器 1 |
| USART_CR2 | Control Register2 | 控制寄存器 2 |
| USART_CR3 | Control Register3 | 控制寄存器 3 |
| USART_GTPR | Guard Time and Prescaler Register | 时间保护和预分频寄存器 |

当接收数据时，数据从串行接收引脚 RX 逐位输入，经移位，组合成并行数据，被保存于接收数据寄存器中，再由程序或 DMA 控制读取到主存。数据接收过程中，接收电路将检测是否出错等状况。一旦出现，将产生相应的事件。

① CTS（CTS 改变）：CTS 引脚发生状态改变产生的事件。
② LBD（LIN 中止检测）：LIN 模式下，检测到传输中止的事件。
③ RXNE（接收数据寄存器非空）：接收移位寄存器将数据传给接收数据寄存器，表明已经接收到数据的事件。
④ IDLE（空闲线检测）：检测到线路处于逻辑"1"空闲状态的事件。
⑤ ORE（溢出错误）：当接收数据寄存器已有上次接收的数据未被及时取走，而接收移位寄存器又有新数据要送给接收数据寄存器时，出现溢出错误事件。
⑥ NE（噪声错误）：在一个接收到的字符中检测到有噪声信号发生的事件。
⑦ FE（帧错误）：检测到未同步、连续噪声或者中止字符时发生的事件。
⑧ PE（校验错）：检测到奇偶校验出错时发生的事件。

发送和接收过程中的这些事件都记录在状态寄存器 USART_SR 中。波特率寄存器 USART_BRR 确定传输速率；3 个控制寄存器 USART_CR 配置字符格式，控制事件是否产生中断等；时间保护和预分频寄存器 USART_GTPR 仅用于智能卡和 IrDA 模式。

### 2. USART 基本函数

类似已经学习的 GPIO、EXTI 等模块，STM32 驱动程序库为 USART 寄存器定义了结构类型，也为使用 USART 接口编写了驱动程序。STM32 固件库提供的 USART 等外设函数很多，可以简单分类，以便理解。例如，多数外设会有初始化相关函数、中断相关函数、DMA 相关函数、数据输入/输出（收发、接收/发送）相关函数，以及该外设特有的函数等。表 7-6 列出了 USART 初始化、收发和中断的基本函数。

表 7-6  STM32 库的 USART 基本函数

| 函 数 名 | 函数功能 |
| --- | --- |
| USART_Init | USART 初始化：根据 USART 初始化结构参数设置 USARTx 外设 |
| USART_DeInit | USART 解除初始化：将 USARTx 外设寄存器恢复为默认复位值 |
| USART_StructInit | 使用默认值填充 USART 初始化结构成员 |
| USART_Cmd | 允许或禁止 USART 外设 |
| USART_ReceiveData | 返回 USARTx 外设最新接收的数据 |
| USART_SendData | 通过 USARTx 外设发送单个数据 |

续表

| 函 数 名 | 函数功能 |
|---|---|
| USART_SendBreak | 发送中止字符 |
| USART_ITConfig | 设置 USRAT 的某个（些）中断请求是允许或禁止 |
| USART_GetITStatus | 获取 USRAT 某个中断状态 |
| USART_ClearITPendingBit | 清除 USRAT 某个挂起的中断标志（被清除为复位状态） |
| USART_GetFlagStatus | 获取标志状态：检测某个 USRAT 事件是否置位 |
| USART_ClearFlag | 挂起标志清除：清除某个 USART 事件的挂起标志 |

读者可以通过查阅 STM32 固件库手册，先了解每个函数的大致功能，然后结合应用项目详细掌握有关函数的调用。

## 7.3 USART 应用示例：实现 C 语言标准输入/输出函数

虽然 PC 串口（COM）应用不再普遍，甚至许多新型 PC 已经没有外接串口，但嵌入式开发系统通常利用 PC 串口实现调试过程的显示等作用。嵌入式系统与 PC 串口通常采用简单的交叉 3 线连接，不需联络信号，支持全双工通信。

本示例利用 USART1 接口与 PC 串口连接，实现 C 语言的标准输入（scanf()）和标准输出（printf()）函数。即用户使用 scanf()函数从键盘输入，使用 printf()函数在显示器上输出。输入的数据被 PC 传输给嵌入式系统，经处理后，嵌入式系统将数据传输到 PC 显示。也就是说，嵌入式系统是数据处理的主机，仅利用 PC 的控制台（键盘和显示器）实现数据输入/输出。

### 7.3.1 USART 初始化配置

使用 STM32 外设模块首先需要初始化配置：启动时钟，为外设初始化结构成员赋值，允许外设工作等。USART 模块也需要这样的初始化配置，具体过程如下。

**1. 启动 USART 时钟**

使用外设，先要开启其时钟。启用 USART1 接口时钟需要如下调用：

RCC_APB2PeriphClockCmd(RCC_APB2Periph_USART1 | RCC_APB2Perih_GPIOA, ENABLE);

需要开启 GPIOA 端口时钟，是因为 USART1 引脚是复用 GPIOA 引脚实现的（USART1_TX 复用 PA9，USART1_RX 复用 PA10），于是需要对 GPIO 这两个引脚初始化。

**2. GPIO 复用引脚初始化**

使用 GPIO_Init()函数初始化 GPIO 引脚，但如何配置 PA9 和 PA10 引脚呢？需要查阅 STM32 用户手册（GPIO 章节）。该文档给出了复用时的引脚配置，如表 7-7 所示。具体来说，在本例中，发送引脚 USART1_TX 需设置为复用推挽输出，接收引脚 USART1_RX 需配置为浮空输入或上拉输入。

串行通信如果使用两条通信线路分别进行发送和接收，可实现同时双向传输，称为全双工（Full Duplex）传输制式；如果仅使用一条通信线路进行双向传输，发送和接收不能同时进行，

表 7-7  USART 的 GPIO 配置

| USART 引脚 | 通信配置 | GPIO 配置 |
|---|---|---|
| USARTx_TX | 全双工 | 复用推挽输出 |
|  | 半双工同步模式 | 复用推挽输出 |
| USARTx_RX | 全双工 | 浮空输入 / 上拉输入 |
|  | 半双工同步模式 | 未用。可用于通用 I/O |

称为半双工（Half Duplex）传输制式；如果使用一条通信线路仅进行单向发送或接收，则是单工（Simplex）传输制式。

### 3. USART 初始化函数

根据已有应用经验，应该有一个 USART 初始化函数，并含有初始化结构变量。查阅 STM32 固件库手册，USART 外设的初始化函数如下：

void USART_Init (USART_TypeDef * USARTx, USART_InitTypeDef * USART_InitStruct)

参数 USARTx 是要配置的串口，可以是 USART1、USART2、USART3、UART4 或 UART5。
参数 USART_InitStruct 是指向 USART_InitTypeDef 结构变量的指针。结构类型定义如下：

```
typedef struct
{
    uint32_t USART_BaudRate;              /* 通信波特率 */
    uint16_t USART_WordLength;            /* 数据位数 */
    uint16_t USART_StopBits;              /* 停止位数 */
    uint16_t USART_Parity;                /* 校验模式 */
    uint16_t USART_Mode;                  /* 接收发送模式 */
    uint16_t USART_HardwareFlowControl;   /* 允许或禁止硬件流控制模式 */
} USART_InitTypeDef;
```

USRAT 初始化结构的成员就是需要配置的数值，如表 7-8 所示。

表 7-8  USART_InitTypeDef 结构成员及其取值表

| 结构成员名称（含义） | 取值或常量（含义） ||
|---|---|---|
| USART_BaudRate（通信波特率） | 直接填入波特率数值（常用波特率见表 7-4），如 PC 常用 115200 波特 ||
| USART_WordLength（数据位数） | USART_WordLength_8b（8 位） | USART_WordLength_9b（9 位） |
| USART_StopBits（停止位数） | USART_StopBits_0_5（0.5 位）<br>USART_StopBits_1_5（1.5 位） | USART_StopBits_1（1 位）<br>USART_StopBits_2（2 位） |
| USART_Parity（校验模式） | USART_Parity_No（无校验）<br>USART_Parity_Odd（奇校验） | USART_Parity_Even（偶校验） |
| USART_Mode（收发模式） | USART_Mode_Rx（单向接收）<br>USART_Mode_Rx \| USART_Mode_Tx（双向通信） | USART_Mode_Tx（单向发送） |
| USART_HardwareFlowControl（硬件流控制） | USART_HardwareFlowControl_None（不使用联络信号）<br>USART_HardwareFlowControl_RTS（使用 RTS）<br>USART_HardwareFlowControl_CTS（使用 CTS）<br>USART_HardwareFlowControl_RTS_CTS（使用 RTS 和 CTS） ||

### 4. 允许 USART 工作

使用外设，不仅要开启时钟，有些还要允许其工作。允许或禁止 USART 的函数为

void USART_Cmd(USART_TypeDef *  USARTx, FunctionalState  NewState)

参数 USARTx 指明串口是 USART1、USART2、USART3、UART4 或 UART5；参数 NewState 指"允许（Enable）"或"禁止（Disable）"。

## 7.3.2 输入/输出函数的重定向

完成 USART 初始化配置，就可以使用 USART 库函数实现数据收发了。例如，接收数据的函数如下：

```
uint16_t USART_ReceiveData(USART_TypeDef * USARTx)
```

函数调用的返回值就是最新接收的数据。

再如，发送数据的函数如下：

```
void USART_SendData (USART_TypeDef *  USARTx, uint16_t Data)
```

其中，参数 Data 是要发送的数据。虽然它是 16 位的，实际上只使用其低 8 位。

在 C 语言库中，常用标准输入 scanf()函数和输出 printf()函数。但是，scanf()函数的默认输入设备是键盘，printf()函数的默认输出设备是显示器。所以，如果要在嵌入式系统中使用 C 语言的 scanf()和 printf()函数，需要重定向（Retarget），也就是将输入和输出重新定向到外设，用到 USART1 接口。C 语言支持重定向，允许用户重新编写 C 语言的库函数。当 C 编译器检查到与 C 标准库函数相同名称的函数时，会优先采用用户编写的函数，实现 C 库函数修改，即重定向。

### 1. 编写 fputc()函数

在 C 标准库函数中，printf()函数实质上是一个宏，需要调用字符输出 fputc()函数实现各种输出形式。因此，用户只要编写 fputc()函数，就可以实现 printf()函数。

C 语言的 fputc()函数原型如下：

```
int fputc(int ch, FILE *f)
```

其中，参数 ch 是要输出的字符，其返回值也是这个输出的字符；*f 表示字符输出到的文件流。

按照这个原型，编写 USART 接口的源代码如下：

```
int fputc(int ch, FILE *f)
{
    USART_SendData(USART1, (uint8_t) ch);
    while( USART_GetFlagStatus(USART1, USART_FLAG_TC) == RESET);
    return ch;
}
```

其中，调用 USART_SendData()函数，将字符发送到 USART1 接口；调用 USART_GetFlagStatus() 函数，检测发送完成，其原型如下：

```
FlagStatus USART_GetFlagStatus (USART_TypeDef *  USARTx, uint16_t  USART_FLAG)
```

要检测的状态是参数 USART_FLAG，即传输过程的各种状态事件，如表 7-9 所示。返回值 USART_FLAG 说明置位（SET）或复位（RESET）。

为保证可靠发送，本例需要确认发送完成，即 USART_FLAG_TC 置位才结束。因此，为复位状态时，while 语句一直检测。

复位后，状态寄存器 USART_SR 的（TC 发送完成）标志默认为"1"（置位，SET）。使用上述代码的 fputc()函数输出字符串时，会出现第一个字符丢失的现象。可以在发送字符前先把

表 7-9  USART_FLAG 取值

| 常 量 名 | 含 义 |
| --- | --- |
| USART_FLAG_CTS | CTS 改变标志，UART4 和 UART5 上不可用 |
| USART_FLAG_LBD | LIN 中止检测标志 |
| USART_FLAG_TXE | 发送数据寄存器空标志 |
| USART_FLAG_TC | 发送完成标志 |
| USART_FLAG_RXNE | 接收数据寄存器非空标志 |
| USART_FLAG_IDLE | 空闲线检测标志 |
| USART_FLAG_PE | 校验错标志 |
| USART_FLAG_ORE | 溢出错误标志 |
| USART_FLAG_NE | 噪声错误标志 |
| USART_FLAG_FE | 帧错误标志 |

TC 标志复位（RESET，清除，清"0"）。

```
USART_ClearFlag(USART1,USART_FLAG_TC);   // 复位发送完成 USART_FLAG_TC 标志
```

### 2．编写 fgetc()函数

C 语言标准输入函数 scanf()是通过调用字符输入函数 fgetc()实现的。要通过 USART 端口实现 scanf()函数，需要编写输入一个字符的函数 fgetc()，代码如下：

```
int fgetc(FILE *f)
{
    int  ch;
    while (USART_GetFlagStatus(USART1, USART_FLAG_RXNE) == RESET) ;
    ch = USART_ReceiveData(USART1);
    /* 将接收的数据又发送回去，实现键盘输入的回显功能 */
    while (USART_GetFlagStatus(USART1, USART_FLAG_TC) == RESET) ;
    USART_SendData(USART1, (uint8_t) ch);
    return ch;
}
```

首先，在确认接收数据寄存器非空（USART_FLAG_RXNE）即接收到数据时，才调用 USART_ReceiveData()函数接收一个字符。然后，为了实现回显（通过键盘输入的字符也在显示器上显示），确认上次已经发送完成（USART_FLAG_TC）后，将输入的字符发送给 USRAT1 接口。如果不需要实现回显，就不需要再发送回去了。最后，将接收的字符作为 fgetc()函数的返回值。

### 3．不使用半主机模式

使用 C 标准库的输入/输出函数需要包含 stdio.h 头文件，但不能使用半主机模式。

半主机模式（Semihosting）是一种将 ARM 应用程序的输入/输出请求，通过运行调试程序的主机（PC）体现出来的机制。这个机制允许 C 语言库的 printf()、scanf()等函数使用主机的屏幕和键盘，而不必目标系统具有屏幕和键盘。有了这个机制，开发人员可以通过标准输入设备（键盘）和标准输出设备（显示器）调试 ARM 处理器代码。

现在，将 scanf() 和 printf() 函数重定向到 USART 接口，就是要使用 ARM 器件的输入/输出设备，所以不能再采用半主机模式。不使用半主机模式有下述两种方式。

（1）使用微库

微库是 Keil MDK 特别为嵌入式应用编写的小型 C 库，仅实现了基本的、简单的函数，如 printf()、scanf()，不能使用高级的 fprintf()、fopen() 等。微库不使用半主机模式。

在 MDK 集成环境中，需要在"Target（目标）"选项的"Code Generation（代码生成）"栏中选择"Use MicroLIB（使用微库）"，如图 7-3 所示。

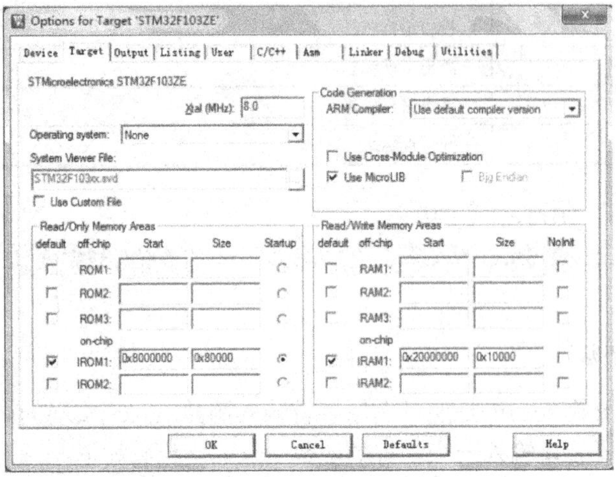

图 7-3　微库（MicroLib）的选项界面

（2）添加 retarget.c 文件

如果仍使用标准 C 库，需要用户重新编写那些使用半主机模式的函数。例如，创建一个文件 retarget.c，内容如下：

```
#include <stdio.h>
#pragma import(__use_no_semihosting_swi)
struct __FILE {  int handle;  };
FILE __stdout;
FILE __stdin;
void _sys_exit(int return_code)
{
    while (1);                              // endless loop
}
```

其中，预处理指令"#pragma import(__use_no_semihosting_swi)"指明不采用半主机模式。实现 fputc() 和 fgetc() 函数的源代码肯定需要，可以编辑在这个文件中或其他文件中。当然，这些源程序文件都需要添加到项目的程序组中。

### 7.3.3　信息交互应用程序

【例 7-1】　利用 USART 接口实现简单的信息交互。

将嵌入式系统的输入/输出定向到 USART1 接口，然后通过串行接口与 PC 相连，实现串行通信，进行信息交互。本例使用 RCC、GPIO 和 USART 模块，不使用半主机模式。

## 1. USART1 初始化配置文件（usart1.c）

本例编程的主要内容是 USART1 初始化配置函数 USART1_Config，代码如下：

```c
void USART1_Config(void)
{
    GPIO_InitTypeDef GPIO_InitStructure;
    USART_InitTypeDef USART_InitStructure;
    /* 启动 USART1 时钟 */
    RCC_APB2PeriphClockCmd(RCC_APB2Periph_USART1|RCC_APB2Periph_GPIOA, ENABLE);
    /* USART1 复用 GPIO 引脚初始化 */
    /* USART1_Tx(PA9)作为复用推挽输出 */
    GPIO_InitStructure.GPIO_Pin = GPIO_Pin_9;
    GPIO_InitStructure.GPIO_Mode = GPIO_Mode_AF_PP;
    GPIO_InitStructure.GPIO_Speed = GPIO_Speed_50MHz;
    GPIO_Init(GPIOA, &GPIO_InitStructure);
    /* USART1_Rx(PA10)作为浮空输入 */
    GPIO_InitStructure.GPIO_Pin = GPIO_Pin_10;
    GPIO_InitStructure.GPIO_Mode = GPIO_Mode_IN_FLOATING;
    GPIO_Init(GPIOA, &GPIO_InitStructure);
    /* USART1 初始化：115200-8-N-1 */
    USART_InitStructure.USART_BaudRate = 115200;
    USART_InitStructure.USART_WordLength = USART_WordLength_8b;
    USART_InitStructure.USART_StopBits = USART_StopBits_1;
    USART_InitStructure.USART_Parity = USART_Parity_No ;
    USART_InitStructure.USART_HardwareFlowControl = USART_HardwareFlowControl_None;
    USART_InitStructure.USART_Mode = USART_Mode_Rx | USART_Mode_Tx;
    USART_Init(USART1, &USART_InitStructure);
    USART_Cmd(USART1, ENABLE);                          //允许 USART1
}
```

字符输出 fputs()函数和字符输入 fgetc()函数的源代码（见 7.3.2 节）建议也编辑在 usart1.c 文件中。另外，配合头文件 usart1.h，对使用的函数进行声明。

## 2. 主程序 main.c 文件

主程序 main.c 很简单，调用 USART1 初始化配置函数后，就可以使用 printf()和 scanf()函数进行信息交互了。例如：

```c
include "stm32f10x.h"
#include "usart1.h"
#include <stdio.h>
int main(void)
{
    char msg[100];
    int temp;
    USART1_Config();              // USART1 配置：115200 比特率，8-N-1 字符格式
    printf("\r\n 演示 printf 和 scanf 函数 \r\n");
    printf("输入一个字符串: ");
    scanf("%s", msg);
```

```
        printf("\r\n 输入的字符串是: %s\r\n", msg);
        printf("\r\n 输入一个整数: ");
        scanf("%d", &temp);
        printf("\r\n 输入整数加 100 后是: %d", temp+ 100);
        printf("\r\n 结束 \r\n");
   }
```

### 3. 程序运行

创建新工程项目(如 USART1_printf),编辑源程序文件(本例是 usart1.c、usart1.h 和 main.c),并添加到项目程序组中。如果不使用微库,还需要 retarget.c 文件。项目构建无误,可以进行程序的调试运行。

首先进行软件模拟。启动调试进程,运行程序。使用"(View 查看)"菜单的"(Serial Windows 串行窗口)"命令,展开 UART #1 显示窗口。在程序调试运行时,可以看到 printf()输出结果。激活这个窗口,就可以利用 scanf()函数输入数据或信息。

如果进行硬件仿真,需要使用 3 线交叉串口电缆连接 PC 串口(COM)和目标板 USART1 接口。运行 PC 的超级终端程序(Hyper Terminal),设置其传输协议是"115200 8-N-1"。在嵌入式系统中运行程序,就可以在 PC 超级终端程序中进行信息交互了。

PC 超级终端程序会因为 Windows 版本不同而有所不同。Windows XP 具有超级终端程序,且支持中文显示。但是,Windows 7 取消了 Windows XP 自带的超级终端程序,需要自己安装这个程序,并进行适当设置。例如,最好支持中文显示,在"编码"选项中选择"GB2312",注意换行符(在 Windows 平台中是 CR+LF)。

有些开发板不再提供 232 标准的 9 针插座,而是通过相关电路转换为 USB 接口,与 PC 的 USB 接口连接。硬件连接更加方便了,但需要安装相应的驱动程序。

## 7.3.4 USART 接口的中断应用

USART 模块的各种收发状态会产生事件,也能够触发中断,可以利用这个特点实现相关控制功能。USART 模块还支持 DMA 传输,将在第 8 章介绍。

【例 7-2】 接收中断驱动 LED 灯点亮。

从 PC 的键盘输入数字 1、2 或 3,将其传输给嵌入式系统。嵌入式系统的 USART1 接口接收数字后,触发中断;然后在中断服务程序中获取数字,并相应地控制 LED1、LED2 或 LED3 点亮。LED 灯仍采用例 5-1 中所述连接电路。

### 1. USART 的中断请求

USART 的各种中断都连接到同一个中断向量,发送期间,有 TC(发送完成)、TXE(发送数据寄存器空)、CTS(清除发送);接收期间,IDLE 有(空闲总线检测)、ORE(溢出错误)、TXNE(接收数据寄存器非空)、PE(校验错误)、(断开符号检测)LINLBD、NE(噪声错误标志仅在多缓冲器通信)和 FE(帧错误仅在多缓冲器通信)中断,如图 7-4 所示。与门的另一个输入引脚是对应寄存器的允许位。如果允许对应的控制位,这些事件就可以触发中断请求。

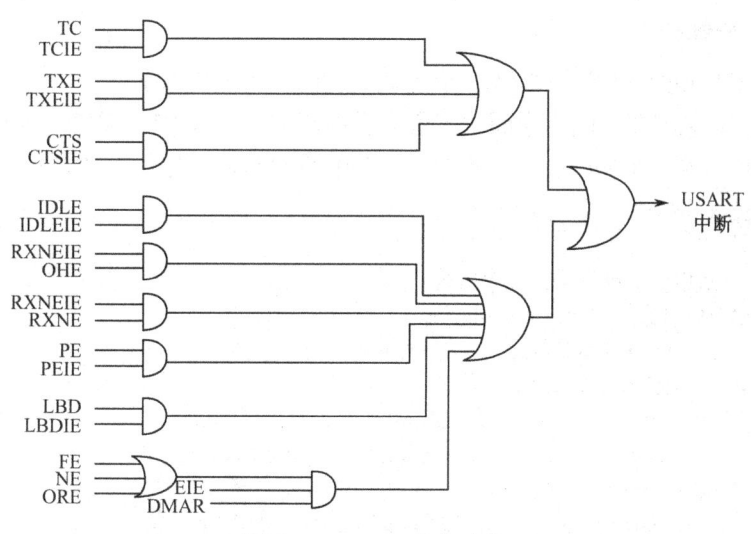

图 7-4  USART 中断连接

### 2. USART 中断相关函数

在 STM32 驱动库中与中断相关的 USART 函数主要有 3 个（见表 7-6），原型如下：

```
void USART_ITConfig(USART_TypeDef * USARTx, uint16_t USART_IT, FunctionalState NewState)
ITStatus USART_GetITStatus( USART_TypeDef * USARTx, uint16_t USART_IT)
void USART_ClearITPendingBit( USART_TypeDef * USARTx, uint16_t   USART_IT)
```

这 3 个函数有共同的参数 USART_IT，其取值如表 7-10 所示（对比表 7-9）。其中，中断配置 USART_ITConfig()函数使用前 8 个，获取中断状态 USART_GetITStatus()函数使用除 USART_IT_ERR 外的所有取值，而清除中断挂起位 USART_ClearITPendingBit()函数只有 USART_IT_CTS、USART_IT_LBD、USART_IT_TC 和 USART_IT_RXNE。

表 7-10  USART_IT 取值

| 常 量 名 | 含 义 |
| --- | --- |
| USART_IT_CTS | CTS 改变中断，UART4 和 UART5 上不可用 |
| USART_IT_LBD | LIN 中止检测中断 |
| USART_IT_TXE | 发送数据寄存器空中断 |
| USART_IT_TC | 发送完成中断 |
| USART_IT_RXNE | 接收数据寄存器非空中断 |
| USART_IT_IDLE | 空闲线检测中断 |
| USART_IT_PE | 校验错中断 |
| USART_IT_ERR | 错误中断，含溢出错误、噪声错误、帧错误 |
| USART_IT_ORE | 溢出错误中断 |
| USART_IT_NE | 噪声错误中断 |
| USART_IT_FE | 帧错误中断 |

另外，NewState 是"允许（Enable）"或"禁止（Disable）"，返回值 USART_IT 是"置位（Set）"或"复位（Reset）"。

### 3. USART 中断初始化

6.3.2 节介绍过外设的中断初始化配置过程，一般有以下 3 部分。

① NVIC 初始化配置。因为中断由嵌套向量中断控制器 NVIC 管理，所以要使用中断，一定要配置 NVIC（详见 6.2.1 节）。结合 USART 中断的 NVIC 配置代码如下：

```
void NVIC_Config(void)
{
    NVIC_InitTypeDef NVIC_InitStructure;
    /* 配置优先级，使用优先级组 1 */
    NVIC_PriorityGroupConfig(NVIC_PriorityGroup_1);
    /* 配置 USART1 中断通道 */
    NVIC_InitStructure.NVIC_IRQChannel = USART1_IRQn;
    NVIC_InitStructure.NVIC_IRQChannelPreemptionPriority = 0;
    NVIC_InitStructure.NVIC_IRQChannelSubPriority = 1;
    NVIC_InitStructure.NVIC_IRQChannelCmd = ENABLE;
    NVIC_Init(&NVIC_InitStructure);
}
```

② USART 初始化配置。按照 USART1 初始化规则进行配置，与例 7-1 相同（见 7.3.3 节中 usart1.c 文件的 USART1_Config()函数）。

③ USART 中断配置。多数 STM32 外设只需使用对应外设的 PPP_ITConfig()中断配置函数允许 PPP 外设中断，就可完成中断配置。本例是 USART1 接收一个字符，引起接收数据寄存器非空中断（USART_IT_RXNE）产生中断，代码如下：

```
USART_ITConfig(USART1, USART_IT_RXNE, ENABLE);
```

### 4. 项目编程

本项目中，用户需要编写如下文件（均保存于 user 目录下）。
- usart1.c 和 usart1.h：USART1 的初始化和驱动程序文件。
- led.c 和 led.h：LED 灯的初始化和驱动程序文件。
- stm32f10x_it.c 和 stm32f10x_it.h：中断服务程序文件。
- main.c：主程序文件。

（1）USART1 初始化和驱动程序文件

本示例同样需要使用例 7-1 中的串口重定向功能（输入/输出重定向到 UASRT1），因此可以把同名文件 usart1.c 和 usart1.h "拿来"。但是用到了 USART1 的中断，还需要修改 usart1.c 文件，添加与中断有关的语句（usart1.h 文件不需修改），即将 NVIC_Config()函数的定义写入文件中，并修改 USART1_Config()函数内容。

具体来说，在原 usart1.c 文件找到 "USART_Cmd(USART1, ENABLE)" 语句，在其前添加有关中断配置的语句：

```
NVIC_Config();
USART_ITConfig(USART1, USART_IT_RXNE, ENABLE);
```

（2）LED 初始化和驱动程序

将 LED 灯初始化和驱动程序单独编辑为一个源程序文件，所以可以继续使用，只需将 led.c 和 led.h "拿来"，即复制例 5-1 所述项目中的同名文件即可。

（3）USRAT1 中断服务程序

参考 6.3.3 节的内容，在 MDK 文件夹下搜索出 stm32f10x_it.c 和 stm32f10x_it.h 文件，并复制到用户应用程序文件夹（user）下。去掉文件的"只读"属性，然后添加到该项目中。需要编辑 stm32f10x_it.c 文件，并添加 USART1 的中断服务程序代码。

USART1 中断服务程序功能是判断 USART1 是否接收到字符信息（LED 灯编号）。如果已经接收到一个字符信息，根据该信息点亮对应的 LED 灯，其代码如下：

```c
void USART1_IRQHandler(void)
{
    uint8_t ch;
    LED_Off_all();                                    //关闭所有的 LED 灯
    /* 判断 USART1 是否已接收到字符，收到后进行相应的处理 */
    if(USART_GetITStatus(USART1, USART_IT_RXNE) != RESET)
    {
        ch= (uint8_t)USART_ReceiveData(USART1);
        //函数返回值类型是 uint16_t，需要强制类型转换为 uint8_t
        printf("%c\n",ch);
        switch(ch)
        {
            case '1':  LED_On(1); printf("LED1 灯亮\n "); break;
            case '2':  LED_On(2); printf("LED2 灯亮\n "); break;
            case '3':  LED_On(3); printf("LED3 灯亮\n "); break;
            /* 输入错误时，灭掉所有的 LED 灯 */
            default:   LED_Off_all(); printf("输入错误！请输入正确的灯编号（1、2、3）\n");
        }
    }
}
```

注意，需要将中断服务程序调用的函数在 stm32f10x_it.h 文件中包含，也就是在语句"#include "stm32f10x.h""之后添加如下语句：

```c
#include "led.h"
#include "usart1.h"
```

（4）主程序 main.c

通过第 6 章的学习可以发现，中断驱动流程的主程序反而比较简单。主函数完成有关外设的配置后，就是等待中断。程序代码如下：

```c
#include "stm32f10x.h"
#include "led.h"
#include "usart1.h"
int main(void)
{
    LED_Config();                    // 配置 LED 灯
    USART1_Config();                 // 配置 USART1
    printf("USART 中断实验：请通过 USART1 串口输入灯的编号（1、2、3）\n");
    while(1)                         // 等待 USART1 中断发生，转中断服务程序执行
    {
    }
}
```

## 5. 项目的调试运行

软件模拟运行时，使用"View（查看）"菜单的"Serial Windows（串行窗口）"命令，在展开的 UART #1 窗口中输入（PC 键盘）数字，然后通过逻辑分析仪窗口观察 LED 灯的输出波形。某次运行的效果如图 7-5 所示，上方图是逻辑分析仪的波形图，下方图是 UART #1 显示窗口的交互截图。

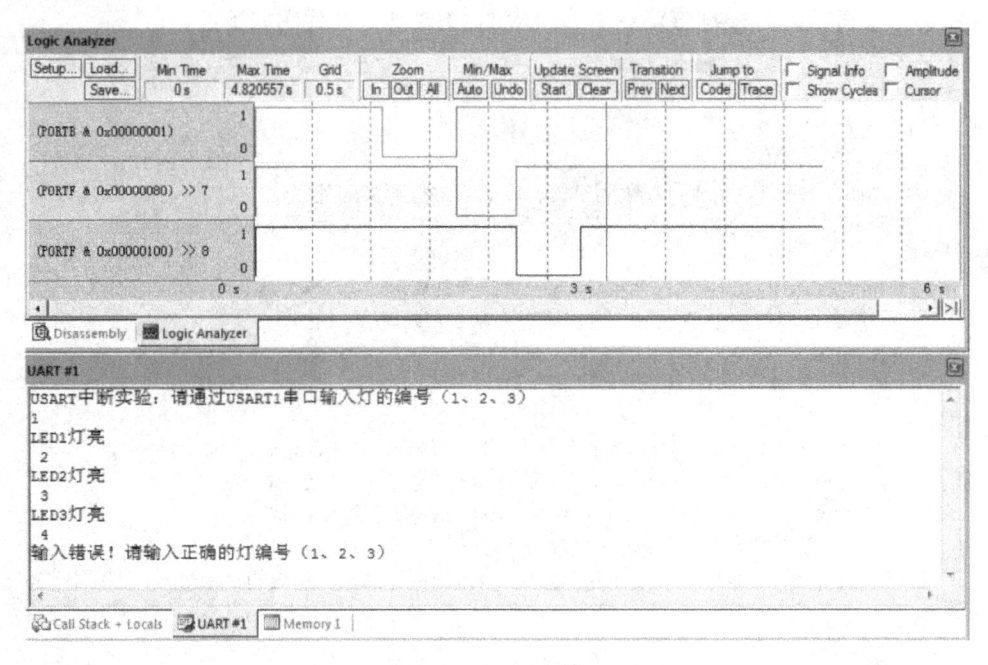

图 7-5　例 7-2 软件仿真运行结果

软件仿真正确后，可进行硬件仿真。硬件仿真与例 7-1 类似，需要用串口线将 PC 与开发板的串口连接好；如果 PC 没有串口接口，可用 USB 接口转串口的转换装置将 PC 的 USB 口与开发板的串口连接，并在 PC 上安装 USB 转串口的驱动程序。另外，PC 上要安装 PC 超级终端程序；如果没有，安装类似功能的串口调试助手软件。

# 习 题 7

7-1　单项或多项选择题（选择一个或多个符合要求的选项）

（1）串行异步通信以字符为单位传输，其字符格式中必须包含（　　）。

A. 起始位　　　　B. 数据位　　　　C. 奇偶检验位　　　　D. 停止位

（2）如果使用重映射功能的引脚，串行发送引脚 USART1_TX 使用（　　）引脚。

A. PA9　　　　B. PA10　　　　C. PB6　　　　D. PB7

（3）利用 STM32 的 USART 接口发送数据，当数据进入发送移位寄存器时，会产生（　　）事件；数据发送完毕，会产生（　　）事件。

A. RXNE　　　　B. TXE　　　　C. TC　　　　D. CTS

（4）USARTx_TX 引脚需要进行 GPIO 配置。在全双工通信制式时，应配置为（　　）GPIO 引脚工作模式。

A．通用推挽输出　　　B．复用推挽输出　　　C．通用开漏输出　　　D．复用开漏输出
（5）USART 接口初始化时需要配置数据位数（USART_WordLength），可以选择（　　）位。
A．7　　　　　　　　B．8　　　　　　　　C．9　　　　　　　　D．10

7-2　简述异步串行通信的起止式通信协议的字符格式。

7-3　什么是串行通信的数据传输速率？它与比特率和波特率有什么关系？

7-4　通过 STM32 固件库的 USART_GetFlagStatus()函数可以获取各种事件标志（USART_FLAG）的状态，请按照发送、接收和错误 3 类，列出事件标志的常量名及其含义。

7-5　通过 STM32 固件库的 USART_GetITStatus()函数可以获取各种中断标志（USART_IT）的状态，请按照发送、接收和错误 3 类，列出中断标志的常量名及其含义。

7-6　在 STM32 固件库中，实现串口 USART 发送数据、接收数据的函数分别是什么？

7-7　什么是输入/输出的重定向（Retarget）和半主机模式（Semihosting）？使用 USART 接口实现 C 语言的 scanf()和 printf()函数，为什么要进行重定向？为什么不使用半主机模式？

7-8　使用 STM32 的 USART1 与 PC 实现串行通信，串行口使用 1 位起始位、8 位数据位、无校验位和 1 位停止位，波特率为 19200。编程实现接收 PC 发送的数据（小写字母）后，转换为大写字母，再回传给 PC。

7-9　查询 STM32 微控制器的闪存容量。
STM32 微控制器设计有一个闪存容量寄存器，其基地址是 0x1FFF F7E0。该寄存器内的数值是以 KB 为单位的闪存容量。例如，读取数值 0x0080，它表示闪存容量是 128KB。该数值在产品出厂时被写入，具有"只读"属性。基于例 7-1 所述项目，在主程序加入代码，读取该数值，并通过 USART1 发送给 PC 显示。

7-10　查询"器件电子签名"。
器件电子签名是指 STM32 微控制器的产品序列号（ID），它保存在 96 位的产品唯一身份标识寄存器中，其基地址是 0x1FFF F7E8。这个 96 位的产品唯一身份标识号对于任意 STM32 微控制器，在任何情况下都是唯一的，可用于序列号、密码等需要安全性的场合。96 位产品唯一身份标识号是只读的，以字节（8 位）、半字（16 位）或者全字（32 位）读取。读者可以阅读 STM32 参考手册的相应章节了解详情。现基于例 7-1 所述项目，加入代码，读取该识别号，并在 PC 上显示。

7-11　LED 和 USRAT1 接口的综合应用（查询方式）。
基于例 7-1，从 PC 键盘输入数字 1、2 或 3，将其传输给嵌入式系统。嵌入式系统的 USRAT1 接口接收数字后，控制对应的 LED1、LED2 或 LED3 点亮一段时间，同时通过 USRAT1 接口发送点亮灯的信息给 PC 显示。采用查询方式编程实现，不使用中断。

7-12　简述使用 STM32 固件库函数进行 USART 中断初始化的过程。

7-13　键盘、LED 和 USRAT1 接口的综合应用（中断方式）。
基于例 7-2，主程序循环查询按键 KEY1、KEY2 或 KEY3。发现有按键事件，将相应的按键号（1、2 或 3）通过 USART1 发送给终端显示；发送结束，产生中断，然后在中断服务程序中将对应的 LED1、LED2 或 LED3 点亮。

# 第 8 章  STM32 的 DMA 接口

DMA（Direct Memory Access）即直接存储器存取，是利用系统总线直接在外设与存储器之间实现大量和高速数据传输的方法。DMA 传输利用 DMA 控制器进行控制，不需处理器直接参与。本章在介绍 STM32 的 DMA 控制器基础上，实现异步串行通信的 DMA 传输。

## 8.1  DMA 控制器

在计算机系统中，处理器主要完成数据处理工作，数据则来自主存储器或外设。

数据常需要在存储器与外设之间传输，如果由处理器控制，需要先将数据从外设读取到处理器，然后从处理器传送给存储器；或者相反，数据从存储器取出，经处理器后，输出给外设。DMA 控制器利用系统总线，在存储器与外设之间建立通道，实现直接传输，不需"中转"，如图 8-1(a)所示。

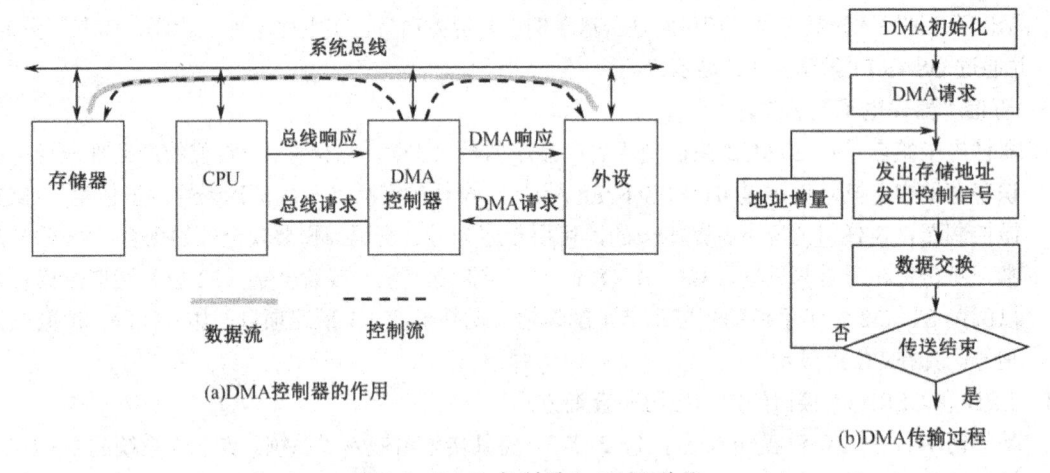

图 8-1  DMA 控制器和 DMA 传输

### 8.1.1  DMA 传输过程

DMA 传输过程如图 8-1(b)所示。像其他外设一样，首先需要进行 DMA 初始化。启动 DMA 时钟，将有关参数（工作方式、存储器首地址以及传输数据个数等）预先写到 DMA 控制器中。然后，外设经硬件信号请求 DMA 传输，或者通过软件启动 DMA 请求，开始 DMA 传输。

DMA 传输有两种：存储器的数据被传送给外设（外设作为目的地址），外设的数据被写入存储器（外设作为源地址）。完成数据的传输后，DMA 控制器对传输个数进行计数，据此判断所有数据是否传输完成。如果传输尚未完成，存储器地址增量（或减量），并重复以上步骤；如果完成，DMA 控制器将控制权交还给处理器。

DMA 传输过程中，DMA 控制器同时访问存储器和外设，一个读，一个写，存储器地址增（减）量，然后依次传输到连续的存储单元，但外设地址不变。DMA 数据传输使用硬件完成，不需要处理器执行指令；数据不需要进入处理器，也不需要进入 DMA 控制器。所以，DMA 传输是一种外设与存储器之间直接传输数据的方法，用于需要数据高速、大量传输的场合。

## 8.1.2 STM32 的 DMA 功能

STM32 微控制器中设计有 2 个 DMA 控制器单元：DMA1 和 DMA2。DMA1 支持 7 条 DMA 通道，DMA2 支持 5 条 DMA 通道。它们支持外设到存储器、存储器到外设，以及外设到外设、存储器到存储器的传输；支持闪存、SRAM、APB1/APB2/AHB 总线上的外设作为源和目的，还支持循环传输模式（自动重载初始化的数据个数、继续 DMA 请求，用于重复利用缓冲区和连续的数据流传输）。DMA 通道支持以 8 位、16 位、32 位为数据传输单位，最大传输的数据个数可达 64K。

### 1. DMA 请求的外设

STM32 的 2 个 DMA 控制器共有 12 条 DMA 通道，每条通道可以来自一个或多个外设请求。支持 DMA 传输的外设被赋予特定的 DMA 通道（DMA1 的 7 条通道用图 8-2 和表 8-1 表达）。多个外设请求是"逻辑或"的关系，某时刻只能有一个请求有效。这 12 条 DMA 通道都有独立的硬件 DMA 请求，也可以通过软件触发 DMA 请求。

表 8-1 DMA1 各通道连接的外设

| 外设 | 通道 1 | 通道 2 | 通道 3 | 通道 4 | 通道 5 | 通道 6 | 通道 7 |
|---|---|---|---|---|---|---|---|
| ADC1 | ADC1 | | | | | | |
| SPI/I2S | | SPI1_RX | SPI1_TX | SPI/I2S2_RX | SPI/I2S2_TX | | |
| USART | | USART3_TX | USART3_RX | USART1_TX | USART1_RX | USART2_RX | USART2_TX |
| I2C | | | | I2C2_TX | I2C2_RX | I2C1_TX | I2C1_RX |
| TIM1 | | TIM1_CH1 | TIM1_CH2 | TIM1_CH4<br>TIM1_TRIG<br>TIM1_COM | TIM1_UP | TIM1_CH3 | |
| TIM2 | TIM2_CH3 | TIM2_UP | | | TIM2_CH1 | | TIM2_CH2<br>TIM2_CH4 |
| TIM3 | | TIM3_CH3 | TIM3_CH3<br>TIM3_UP | | | TIM3_CH1<br>TIM3_TRIG | |
| TIM4 | TIM4_CH1 | | | TIM4_CH2 | TIM4_CH3 | | TIM4_UP |

### 2. DMA 优先权

对于多个 DMA 请求，DMA 控制器有内含的仲裁器进行优先权管理。

来自同一个 DMA 控制器的不同通道可以通过软件（应用程序）编程为 4 个优先权之一：很高（Very high）、高级（High）、中级（Medium）和低级（Low）。高优先权的通道优先获得总线响应。如果同时请求的两条 DMA 通道具有相同的优先权，则由硬件决定低通道号的通道优先获得总线响应（如通道 2 优先于通道 5）。DMA1 控制器的优先权高于 DMA2 控制器的优先权。

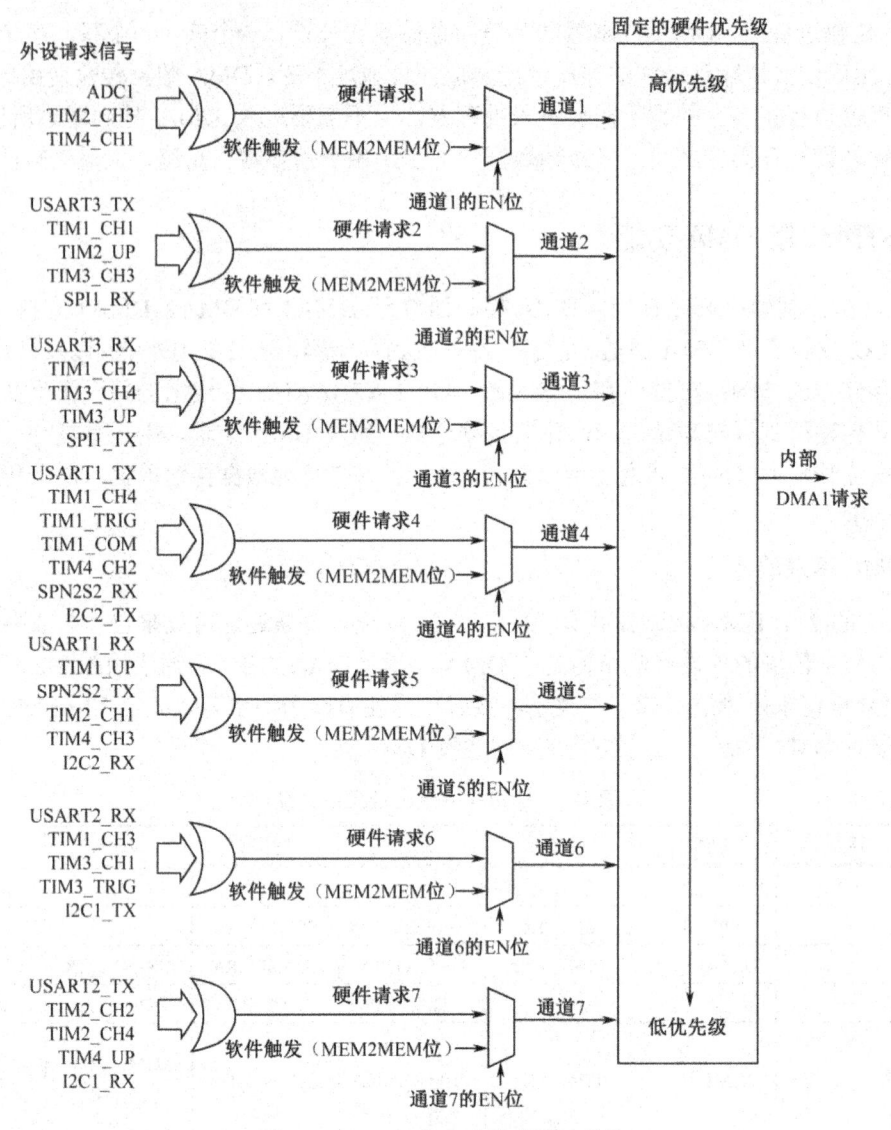

图 8-2　DMA1 各条通道连接的外设

**3. DMA 中断**

DMA 传输过程中有 3 个事件可以触发中断：HT（Half Transfer，传输一半）、TC（Transfer Complete，传输完成）和 TE（Transfer Error，传输错误）；它们对应 3 个中断标志：HTIF、TCIF 和 TEIF，每个中断标志都有允许控制位。

查阅 STM32 的中断（见表 6-4），DMA1 的每条通道都有独立的中断向量，DMA2 前 3 条通道具有独立中断向量。在大容量产品中，DMA2 通道 4 和通道 5 的中断被映射在同一个中断向量上（在互联型产品中，DMA2 通道 4 和通道 5 的中断分别有独立的中断向量）。

## 8.1.3　STM32 的 DMA 应用

初学者可以先通过 STM32 驱动程序库（固件库）熟悉 DMA 应用，然后通过对寄存器直接编程来提高代码效率。

1. DMA 寄存器

每条 DMA 通道分别由 4 个寄存器控制，所有通道的中断操作由 2 个中断寄存器管理，如表 8-2 所示。

表 8-2　DMA 寄存器

| 寄存器缩写 | 寄存器英文名称 | 寄存器中文名称 |
| --- | --- | --- |
| DMA_ISR | Interupt Status Register | 中断状态寄存器 |
| DMA_IFCR | Interrupt Flag Clear Register | 中断标志清除寄存器 |
| DMA_CCRx | Channel x Configuration Register | 通道 x 配置寄存器 |
| DMA_CNDTRx | Channel x Number of Data Register | 通道 x 数据个数寄存器 |
| DMA_CPARx | Channel x Peripheral Address Register | 通道 x 外设地址寄存器 |
| DMA_CMARx | Channel x Memory Address Register | 通道 x 存储器地址寄存器 |

注：表中，x 是 1～7（DMA1）或 1～5（DMA2）。

DMA 通道初始化时将涉及这些寄存器，配置顺序如下所述。

<1> 在外设地址寄存器 DMA_CPARx 设置外设寄存器地址，数据将从这里取出，或被传输到这里。

<2> 在存储器地址寄存器 DMA_CMARx 设置存储器地址，或作为源地址，或作为目的地址。

<3> 在数据个数寄存器 DMA_CNDTRx 设置整个 DMA 传输的数量。完成一个数据的传输，该数值被减量。

<4> 在配置寄存器 DMA_CCRx 设置 DMA 传输的特性，包括通道优先权、数据传输方向、循环模式、地址增量模式、数据单位和中断，最后激活 DMA 通道。

STM32 固件库定义了寄存器结构、寄存器地址等基本类型或常量。用户即使不使用 STM32 库函数，也可以利用这些符号直接对寄存器编程。

2. DMA 函数

STM32 驱动程序库（V3.5.0）提供了 11 个 DMA 相关函数，如表 8-3 所示，函数按照类型排列（不是 STM32 固件库手册的字母顺序），前 6 个主要用于 DMA 初始化配置，后 5 个主要用于中断（事件）。

表 8-3　DMA 函数

| 函 数 名 | 函数功能 |
| --- | --- |
| DMA_Init | 使用 DMA 初始化结构指定的参数初始化 DMA 单元的某条通道 |
| DMA_DeInit | 复位 DMA 单元某个通道所有寄存器为默认值 |
| DMA_StructInit | 使用默认数据填充 DMA 初始化结构成员 |
| DMA_Cmd | 允许或禁止 DMA 单元某个通道 |
| DMA_GetCurrDataCounter | 获得 DMA 单元某个通道进行 DMA 传输的当前剩余数据个数 |
| DMA_SetCurrDataCounter | 设置 DMA 单元某个通道进行 DMA 传输的当前数据个数 |
| DMA_GetFlagStatus | 获取 DMA 单元某个通道的某个标志状态 |
| DMA_ClearFlag | 清除 DMA 单元某个通道的挂起标志 |
| DMA_ITConfig | 允许或禁止 DMA 单元某个通道的中断 |
| DMA_GetITStatus | 获取 DMA 单元某个通道的中断状态 |
| DMA_ClearITPendingBit | 清除的挂起的中断标志 |

例如，DMA 初始化函数如下：

```
void DMA_Init(DMA_Channel_TypeDef * DMAy_Channelx, DMA_InitTypeDef * DMA_InitStruct)
```

它按照 DMA_InitStruct 结构变量初始化 DMAy（y 是 1 或 2）通道 x（x 对 DMA1 是 1~7，对 DMA2 是 1~5），DMA_InitStruct 是指向 DMA_InitTypeDef 结构体的指针，包含对 DMA 通道的配置信息，原型如下：

```
typedef struct
{
    uint32_t DMA_PeripheralBaseAddr;    // 外设基地址
    uint32_t DMA_MemoryBaseAddr;        // 存储器基地址
    uint32_t DMA_DIR;                   // 传输方向：外设是源还是目的
    uint32_t DMA_BufferSize;            // 缓冲区大小
    uint32_t DMA_PeripheralInc;         // 外设地址是否增量
    uint32_t DMA_MemoryInc;             // 存储器地址是否增量
    uint32_t DMA_PeripheralDataSize;    // 外设数据宽度
    uint32_t DMA_MemoryDataSize;        // 存储器数据宽度
    uint32_t DMA_Mode;                  // 操作模式
    uint32_t DMA_Priority;              // 软件优先级
    uint32_t DMA_M2M;                   // 是否存储器到存储器传输
} DMA_InitTypeDef;
```

DMA 初始化结构的成员就是需要配置的数值，如表 8-4 所示。

表 8-4　DMA_InitTypeDef 结构成员及其取值表

| 结构成员名称（含义） | 取值或常量（含义） |
| --- | --- |
| DMA_PeripheralBaseAddr（外设基地址） | （直接给出外设地址） |
| DMA_MemoryBaseAddr（存储器基地址） | （通常是用户程序定义的主存缓冲区首地址） |
| DMA_DIR（传输方向） | DMA_DIR_PeripheralSRC（外设是源）<br>DMA_DIR_PeripheralDST（外设是目的） |
| DMA_BufferSize（缓冲区大小） | 传输的数据量（直接给出数值） |
| DMA_PeripheralInc（外设地址增量） | DMA_PeripheralInc_Enable（允许）<br>DMA_PeripheralInc_Disable（禁止） |
| DMA_MemoryInc（存储器地址增量） | DMA_MemoryInc_Enable（允许）<br>DMA_MemoryInc_Disable（禁止） |
| DMA_PeripheralDataSize（外设数据宽度） | DMA_PeripheralDataSize_Byte（字节）<br>DMA_PeripheralDataSize_HalfWord（半字）<br>DMA_PeripheralDataSize_Word（字） |
| DMA_MemoryDataSize（存储器数据宽度） | DMA_MemoryDataSize_Byte（字节）<br>DMA_MemoryDataSize_HalfWord（半字）<br>DMA_MemoryDataSize_Word（字） |
| DMA_Mode（操作模式） | DMA_Mode_Normal（一次性正常传输）<br>DMA_Mode_Circular（自动重复循环传输） |
| DMA_Priority（软件优先级） | DMA_Priority_VeryHigh（很高）<br>DMA_Priority_High（高级）<br>DMA_Priority_Medium（中级）<br>DMA_Priority_Low（低级） |
| DMA_M2M（存储器到存储器传输） | DMA_M2M_Enable（允许）<br>DMA_M2M_Disable（禁止） |

## 8.2 DMA 应用示例：USART 接口的 DMA 传输

【例 8-1】将主存的一个数据块采用 DMA 方式传输到 USART1 发送接口（TX）。

STM32 的 USART 接口支持与存储器之间的 DMA 传输，每个 USART 接口分别具有接收（RX）和发送（TX）两条独立 DMA 通道。本例使用 DMA 传输一个主存数据块（如数组）给 USART1 的发送接口。根据图 8-2（或表 8-1），USART1 的发送接口属于 DMA1 的通道 4（USART1_TX）。

为了观察到显式的传输效果，将 USART1 接口连接 PC 串口，与第 7 章所述一样，实现重定向，就可以在 PC 远程终端程序中显示传输结果。

进一步,利用第 5 章目标开发板的 LED 灯指示 DMA 传输过程。DMA 传输前,让所有 LED 灯灭；启动 DMA 传输后，在 DMA 传输过程中，处理器继续执行程序，让 LED1 灯点亮；DMA 传输结束，产生中断，让 LED2 灯点亮。

因此,本例参考例 7-1 所述项目,利用例 5-1 中的 LED 驱动程序,涉及 RCC、GPIO（AFIO）、USART、DMA 和中断服务程序等。

### 8.2.1 DMA 初始化配置

DMA 通道初始化包括启动 DMA 时钟、赋值初始化结构成员参数、允许 DMA 通道。由于 DMA 传输涉及存储器和外设（USART1_TX），还应定义主存缓冲区，为外设（USART1_TX）进行初始化配置。使用中断处理传输结束的工作，故需要进行 NVIC 初始化配置，允许中断等。

#### 1. 开启 DMA 时钟

DMA 连接于 AHB，所以应使用 RCC_AHBPeriphClockCmd()函数启动 DMA 控制器时钟：

```
RCC_AHBPeriphClockCmd ( RCC_AHBPeriph_DMAx, ENABLE );
```

其中，x 是 DMA1 或 DMA2。本例中应该是 DMA1。

实际上，这是通过复位与时钟控制单元的 AHB 时钟寄存器 RCC_AHBENR 实现的。最低位（第 0 位）为 "1"，启动 DMA1 时钟。直接寄存器编程如下：

```
RCC->AHBENR |= 0x000000001;                    // 允许 DMA1 时钟
```

#### 2. 中断系统的 NVIC 配置

只要使用中断，就需要进行系统的 NVIC 初始化配置。该配置不只针对 DMA 中断，而是针对系统中的所有中断（参考例 6-1），采用中断优先级组号 2。本例假设只有一个 DMA1 通道 4 的中断，取组优先级和子优先级均为 1，代码如下：

```
void NVIC_Config(void)
{
    NVIC_InitTypeDef NVIC_InitStructure;
    NVIC_PriorityGroupConfig(NVIC_PriorityGroup_2);

    NVIC_InitStructure.NVIC_IRQChannel = DMA1_Channel4_IRQn;
    NVIC_InitStructure.NVIC_IRQChannelPreemptionPriority = 1;
    NVIC_InitStructure.NVIC_IRQChannelSubPriority = 1;
    NVIC_InitStructure.NVIC_IRQChannelCmd = ENABLE;
```

```
    NVIC_Init(&NVIC_InitStructure);
}
```

### 3. DMA 传输的参数配置

使用 DMA_Init()函数，关键是赋值初始化结构变量成员：

```
DMA_InitTypeDef DMA_InitStructure;
/* 设置 DMA 传输的外设地址：本例是 USART1 的数据寄存器地址 */
DMA_InitStructure.DMA_PeripheralBaseAddr = USART1_DR_Base;
/* 设置 DMA 传输的主存地址：本例是发送缓冲区 */
DMA_InitStructure.DMA_MemoryBaseAddr = (uint32_t)SendBuf;
/* 选择 DMA 传输方向：本例外设是目的地 */
DMA_InitStructure.DMA_DIR = DMA_DIR_PeripheralDST;
/* 设置 DMA 传输数据个数：本例是发送缓冲区容量 */
DMA_InitStructure.DMA_BufferSize = SENDBUF_SIZE;
/* 选择外设地址是否增量：本例禁止外设地址增量 */
DMA_InitStructure.DMA_PeripheralInc = DMA_PeripheralInc_Disable;
/* 选择主存地址是否增量：本例允许主存地址增量 */
DMA_InitStructure.DMA_MemoryInc = DMA_MemoryInc_Enable;
/* 选择 DMA 传输的外设数据单位：字节 */
DMA_InitStructure.DMA_PeripheralDataSize = DMA_PeripheralDataSize_Byte;
/* 选择 DMA 传输的主存数据单位：字节 */
DMA_InitStructure.DMA_MemoryDataSize = DMA_MemoryDataSize_Byte;
/* 选择 DMA 模式：正常的一次传输 */
DMA_InitStructure.DMA_Mode = DMA_Mode_Normal;
/* 选择 DMA 优先级：中 */
DMA_InitStructure.DMA_Priority = DMA_Priority_Medium;
/* 选择是否进行主存到主存的传输：禁止 */
DMA_InitStructure.DMA_M2M = DMA_M2M_Disable;
/* 配置 DMA1 的通道 4 */
DMA_Init(DMA1_Channel4, &DMA_InitStructure);
```

DMA 初始化的 3 个参数为 USART1_DR_Base（外设地址）、SendBuf（缓冲区地址）和 SENDBUF_SIZE（数据个数），在对应的头文件中定义。源代码文件只要包含头文件即可（详见 dma.h 文件内容）。

### 4. 允许 DMA 传输

DMA 初始化函数调用之后，还需要允许 DMA 传输。函数原型如下：

```
    void DMA_Cmd ( DMA_Channel_TypeDef *  DMAy_Channelx, FunctionalState NewState )
```

其作用是允许（Enable）或禁止（Disable）DMA 控制器 y 的通道 x 的 DMA 传输。本例中，y 和 x 分别是 1 和 4，如下所示：

```
    DMA_Cmd(DMA1_Channel4, ENABLE);
```

### 5. 允许 DMA 中断

如果使用中断，也要进行 DMA 中断配置。DMA_ITConfig()函数原型如下：

```
    void DMA_ITConfig(DMA_Channel_TypeDef *  DMAy_Channelx, uint32_t  DMA_IT,
                                                   FunctionalState  NewState )
```

其中，DMA_IT 参数指定 DMA 中断的 3 个来源，即 DMA_IT_TC（传输完成中断）、DMA_IT_HT（传输一半中断）和 DMA_IT_TE（传输错误中断）。

本例传输完成，产生中断，因此函数如下：

DMA_ITConfig(DMA1_Channel4, DMA_IT_TC,ENABLE);

## 8.2.2　DMA 传输应用程序编写

本例继续使用例 7-1 中的 usart1.c（与 usart1.h）和例 5-1 中的 led.c（与 led.h）程序，还需要增加 DMA 初始化配置程序 dma.c（与 dma.h），编写中断驱动程序 stm32f10x_it.c（与 stm32f10x_it.h）和主程序 main.c。

### 1. DMA 初始化配置头文件 dma.h

```
#ifndef __DMA_H
#define __DMA_H
#include "stm32f10x.h"
#define    USART1_DR_Base    (USART1_BASE+ 0x04)
#define    SENDBUF_SIZE      0x4000              // 缓冲区容量
void USART1_DMA_Config(void);
#endif /* __DMA_H */
```

DMA 初始化，需要给出外设基地址（DMA_InitStructure.DMA_PeripheralBaseAddr），本例中是 USART1 数据寄存器（USART1_DR）。但是，在 STM32 库的 stm32f10x_usart.h 头文件中并没有定义它的地址。不过，STM32 库的基本头文件 stm32f10x.h 定义了所有外设寄存器的基地址，名称是 PPP_BASE。例如，USART1 的基地址如下：

```
#define    USART1_BASE        (APB2PERIPH_BASE + 0x3800)
```

所以，采用外设寄存器基地址，加上该寄存器的偏移量，就得到该寄存器地址。当然，也可以查阅 STM32 参考手册，获得 USART1 的起始地址（0x40013800），加偏移量，得到数据寄存器地址（0x40013804），在程序中直接定义：

```
#define    USART1_DR_Base     ((uint32_t) 0x40013804)
```

### 2. DMA 初始化配置源文件 dma.c

```
#include "dma.h"
void NVIC_Config(void)
{
    ...                                          // 中断系统的 NVIC 配置，与前一节相同，略
}
/* USART1 进行 DMA 传送的初始化配置函数（含 DMA 中断配置） */
uint8_t SendBuf[SENDBUF_SIZE];                   // 发送缓冲区
void USART1_DMA_Config(void)
{
    DMA_InitTypeDef DMA_InitStructure;
    RCC_AHBPeriphClockCmd(RCC_AHBPeriph_DMA1, ENABLE);     // 开启DMA时钟
    NVIC_Config();                               // NVIC 配置
    ...                                          // DMA 传输的参数配置，与前一节相同，略
    DMA_Init(DMA1_Channel4, &DMA_InitStructure);
```

```
    DMA_Cmd (DMA1_Channel4,ENABLE);                          // 允许 DMA 传输
    DMA_ITConfig(DMA1_Channel4,DMA_IT_TC,ENABLE);            // 允许 DMA 中断
}
```

3. 进行 DMA 传输的主程序 main.c

```
int main(void)
{
    int  i;
    USART1_Config();              // USART1 配置：比特率 115200，字符格式 8-N-1
    USART1_DMA_Config();          // DMA 配置
    LED_Config();                 // LED 配置
    LED_Off_all();                // LED 灯全灭
    for(i=0;i<SENDBUFF_SIZE;i++)
    {
        SendBuf[i] = 'A';          // 填充缓冲区
    }
    printf("\r\n DMA 传输开始 \r\n");
    /*  USART1 接口发出 DMA 请求 */
    USART_DMACmd(USART1, USART_DMAReq_Tx, ENABLE);
    LED_On(1);                    // DMA 传输过程，处理器可以继续执行程序：LED1 灯亮

    while (1)
    {                             // 循环
    }
}
```

DMA 传输需要 DMA 请求，支持 DMA 传输的外设一般都有相应的 DMA 请求函数。例如，USART 接口使用 USART_DMACmd()函数：

```
    void USART_DMACmd(USART_TypeDef * USARTx, uint16_t  USART_DMAReq,
                                              FunctionalState  NewState)
```

该函数允许（ENABLE）或禁止（DISABLE）USARTx 的 DMA 请求，而参数 USART_DMAReq 指明是发送（USART_DMAReq_Tx）或者接收（USART_DMAReq_Rx）请求 DMA 传输。

4. 中断服务程序 stm32f10x_it.c

通过查阅启动代码的中断定义，获得中断服务程序的函数名称。代码如下：

```
void DMA1_Channel4_IRQHandler(void)
{
    if(DMA_GetITStatus(DMA1_IT_TC4) == SET)        // 判断是否为 DMA 发送完成中断
    {
        LED_On(2);                                  // LED2 亮
        DMA_ClearITPendingBit(DMA1_IT_TC4);         // 清除标志
        printf("\r\n DMA 传输结束\r\n");
    }
}
```

由于有多个 DMA 中断源，需要通过检测中断标志，判断具体是哪一个，函数如下：

```
    ITStatus DMA_GetITStatus(uint32_t  DMAy_IT)
```

参数 DMAy_IT 是要检测的标志（y 是 1 或 2，x 是 1～7）。
- DMAy_IT_GLx：DMAy 通道 x 的全局中断。
- DMAy_IT_TCx：DMAy 通道 x 的传输完成中断。
- DMAy_IT_HTx：DMAy 通道 x 的传输一半中断。
- DMAy_IT_Tex：DMAy 通道 x 的传输错误中断。

返回值 ITStatus 是"置位（Set）"或"复位（Reset）"。

中断处理完成，要记得清除标志，函数如下（参数同上）：

```
void DMA_ClearITPendingBit( uint32_t  DMAy_IT )
```

如果是软件模拟运行，将在"（观察 View）"菜单的 USART1 窗口看到 DMA 传输的结果，显示缓冲区容量（0x4000）的字母 A；同时，可以在逻辑分析仪中看到 LED 对应 GPIO 引脚的波形。如果是硬件仿真，程序运行，LED1 灯先亮；然后，PC 远程终端程序的窗口充满字母 A；最后，LED2 灯亮。

## 8.3 DMA、USART 和 GPIO 的综合应用

【例 8-2】综合前几章的外设，实现一个按键控制的应用项目。

在第 5 章给定的 3 个 LED 灯、2 个按键的开发板上，利用中断驱动流程，实现跑马灯和 USART 的 DMA 传输。

主程序初始化外设后，关闭 LED 灯，设置 DMA 传输缓冲区及其内容，然后进入循环等待状态。如果按下 KEY1 按键，触发 KEY1 中断，让 3 个 LED 灯呈现跑马灯效果。按下 KEY2 按键，触发 KEY2 中断，让主存缓冲区内容通过 DMA 方式发送到 USART1 的发送接口。USART1 接口连接 PC 串口，在 PC 中查阅发送结果。要求 KEY2 中断能够打断 KEY1 中断。

在 DMA 传输前应关闭 LED 灯。启动 DMA 传输，LED1 灯亮；数据传输完成，产生中断，让 LED2 灯亮。

### 8.3.1 综合应用的项目分析

本例综合了前几章 I/O 接口的主要教学内容，包括 GPIO（第 5 章）、NVIC 和 EXTI（第 6 章）、USART（第 7 章）、DMA（第 8 章）以及外设：2 个按键 KEY 和 3 个 LED 灯。另外，本例需要 3 个中断，即 KEY1 按键中断、KEY2 按键中断和 DMA 中断。

因此，本例既要编写这些接口的初始化配置程序和外设的驱动程序，还要编写 NVIC 的配置程序和 3 个中断服务程序。前面已经编写了相应的函数，而且形成了独立的源程序文件（含对应的头文件），所以大部分都可以直接复制过来重用。

本例需要的文件（保存于 user 目录）包括：
- led.c 和 led.h——LED 灯初始化和驱动程序文件。
- key.c 和 key.h——按键初始化和驱动程序文件。
- key.ini——软件模拟按键的调试函数文件。
- usart1.c 和 usart1.h——USART1 初始化和驱动程序文件。
- exti.c 和 exti.h——EXTI 初始化和驱动程序文件。

- ❖ dma.c 和 dma.h——DMA 初始化和驱动程序文件。
- ❖ nvic.c 和 nvic.h——NVIC 的中断配置程序文件。
- ❖ stm32f10x_it.c 和 stm32f10x_it.h——中断服务程序文件。
- ❖ main.c——主程序文件。

这些文件可以分别从例 8-1 和例 6-1 复制。追根溯源，led.c 和 led.h 源于例 5-1，key.c、key.h 和 key.ini 源于例 5-2，usart1.c 和 usart1.h 源于例 7-1，可以直接重用，不必修改。

exti.c 和 exti.h 源于例 6-1，dma.c 和 dma.h 源于例 8-1，但它们涉及 NVIC 初始化配置，故需要修改。在分别编写例 6-1 和例 8-1 程序的时候，因为中断源简单，于是把 NVIC 的初始化配置与外设初始化配置安排在一个文件中，这给本例的重用带来一定麻烦。所以，更便于重用的方法应该是将 NVIC 的初始化配置单独写成一个文件。于是，本例增加了 NVIC 的中断配置程序文件（nvic.c 和 nvic.h）。

对于中断服务程序文件 stm32f10x_it.c 和 stm32f10x_it.h 以及主程序文件 main.c，由于项目要求不同，自然需要修改。

通过以上分析，应该认识到，对于复杂的软件项目，编程实现中一定要有代码重用等软件工程的思想。重新使用已有的代码可以降低成本，增加代码的可靠性，并提高它们的一致性。对于一个新项目的开发，如果能将已有的各种组件重新利用，可以有效降低实现难度。因此在本书的示例程序中，我们将特定接口或外设的有关函数编辑成单独的文件，以便今后重用。

### 8.3.2 综合应用的编程

通过以上分析，我们奉行"拿来主义"，重用代码，简化编程。下面分别说明如何修改有关程序或编写新程序。

**1. NVIC 配置程序文件（nvic.c 和 nvic.h）**

对于多个中断源的情况，系统应该根据事件的轻重缓急合理安排优先级，以便及时响应每个中断请求。具体来说，一要为中断系统选择中断优先级组号，二要为每个中断源确定相应的组优先级和子优先级。

<1> 选择中断优先级组号：本例中有 3 个中断源，即 KEY1、KEY2 和 DMA，要求能发生中断抢占，可以选择中断优先级组号 2，有 4 个组优先级。

<2> 对每条中断通道确定组优先级和子优先级。PA0（KEY1）的中断通道是 EXTI0_IRQn（见 6.3 节），选择组优先级为 2，子优先级为 0。PC13（KEY2）的中断通道是 EXTI15_10_IRQn，选择组优先级和子优先级都为 0；DMA1 对应的中断通道是 DMA1_Channel4_IRQ（见 8.2 节），选择组优先级为 1，子优先级为 0。KEY2 组优先级最高，故能中断 KEY1 和 DMA 中断，实现中断嵌套。

nvic.c 源程序文件如下：

```
#include "nvic.h"
void NVIC_Config(void)
{
    NVIC_InitTypeDef NVIC_InitStructure;
    /* 配置优先级，使用优先级组 2 */
    NVIC_PriorityGroupConfig(NVIC_PriorityGroup_2);
```

```c
/* 配置 KEY1 (PA0) 中断通道 */
NVIC_InitStructure.NVIC_IRQChannel = EXTI0_IRQn;
NVIC_InitStructure.NVIC_IRQChannelPreemptionPriority = 2;    //组优先级为 2
NVIC_InitStructure.NVIC_IRQChannelSubPriority = 0;
NVIC_InitStructure.NVIC_IRQChannelCmd = ENABLE;
NVIC_Init(&NVIC_InitStructure);
/* 配置 KEY2 (PC13) 中断通道 */
NVIC_InitStructure.NVIC_IRQChannel = EXTI15_10_IRQn;
NVIC_InitStructure.NVIC_IRQChannelPreemptionPriority = 0;    // 组优先级为 0
NVIC_Init(&NVIC_InitStructure);
/* 配置 DMA1 通道 4 中断通道 */
NVIC_InitStructure.NVIC_IRQChannel = DMA1_Channel4_IRQn;
NVIC_InitStructure.NVIC_IRQChannelPreemptionPriority = 1;    // 组优先级为 1
NVIC_Init(&NVIC_InitStructure);
}
```

对应的 nvic.h 头文件内容如下：

```c
#ifndef __NVIC_H
#define __NVIC_H
#include "stm32f10x.h"
void NVIC_Config(void);
#endif                                                       // __NVIC_H
```

NVIC 配置已经独立出来，源于例 6-1 的 exti.c 文件应删除与 NVIC 有关的语句，exti.h 头文件不需修改。同样，源于例 8-1 的 dma.c 文件也应该删除与 NVIC 有关的语句，dma.h 头文件不需修改。

### 2. 中断服务程序文件（stm32f10x_it.c 和 stm32f10x_it.h）

在 stm32f10x_it.c 文件中，需要编写 KEY1、KEY2 和 DMA1 的中断服务程序。

```c
/* KEY1 中断服务程序 */
void EXTI0_IRQHandler(void)
{
    if(EXTI_GetITStatus(EXTI_Line0) !=RESET)                 // 确保产生了 EXTI_Line0 中断
    {
        EXTI_ClearITPendingBit(EXTI_Line0);                  // 清除中断标志位
        { /* 逐个亮，像跑马灯 */
            LED_Off_all();
            LED_On(1);
            Delay(1000000);
            LED_Off_all();
            LED_On(2);
            Delay(1000000);
            LED_Off_all();
            LED_On(3);
            Delay(1000000);
        }
    }
}
```

```c
        }
    /* KEY2 中断服务程序 */
    void EXTI15_10_IRQHandler(void)
    {
        if(EXTI_GetITStatus(EXTI_Line13) !=RESET)              // 确保产生了 EXTI_Line13 中断
        {
            EXTI_ClearITPendingBit(EXTI_Line13);               // 清除中断标志位
            LED_Off_all();
            /* USART1 向 DMA 发出 TX 请求 */
            USART_DMACmd(USART1, USART_DMAReq_Tx, ENABLE);
            LED_On(1);                                         // LED1 灯亮
        }
    }
    /*DMA1 中断服务程序 */
    void DMA1_Channel4_IRQHandler(void)
    {
        if(DMA_GetITStatus(DMA1_IT_TC4) == SET)                // 确保产生了 DMA1 通道 4 中断
        {
            DMA_ClearITPendingBit(DMA1_IT_TC4);                // 清除中断标志位
            printf("\n\n DMA 传送结束\n");
            LED_Off_all();                                     // DMA 传输结束、关闭 LED 灯
            LED_On(2);
            DMA1_Config();                                     // 如果再次进行 DMA 传输,需要重新初始化
            USART_DMACmd(USART1, USART_DMAReq_Tx, DISABLE);
        }
    }
```

不要忘记将中断服务程序中调用的函数对应的头文件包含进 stm32f10x_it.h 头文件,即添加下列语句:

```c
    #include "usart1.h"
    #include "led.h"
    #include "key.h"
    #include "dma.h"
    #include "exti.h"
    #include "nvic.h"
```

### 3. 主程序文件(main.c)

主程序进行外设初始化,关闭 LED 灯,设置 DMA 传输缓冲区及其内容。最后,循环等待中断发生。详细代码如下:

```c
    #include "stm32f10x.h"
    #include "led.h"
    #include "exti.h"
    #include "key.h"
    #include "dma.h"
    #include "usart1.h"
    #include "nvic.h"
    extern   uint8_t SendBuffer[SENDBUFFER_SIZE];
```

```c
int main(void)
{
    uint32_t  i;
    LED_Config();                       // 初始化 LED 灯
    KEY_Config();                       // 初始化按键 KEY
    EXTI_KEY_Config();                  // 按键 KEY1 和 KEY2 的 EXTI 中断配置
    USART1_Config();                    // USART1 初始化配置
    NVIC_Config();                      // NVIC 初始化配置
    DMA1_Config();                      // DMA1 初始化配置化
    LED_Off_all();                      // 关闭 LED 灯
    for (i=0;i< SENDBUFFER_SIZE;i++)
    {
        SendBuffer[i]='M';              // 主存缓冲区全部赋值为字符"M"，作为 DMA 传送的数据源
    }
    while(1)
    {
                                        // 等待中断发生，转中断服务程序执行
    }
}
```

项目构建没有错误，就可以进行软件模拟和硬件仿真（参考例 6-1 和例 8-1），观察应用程序的运行结果是否与设计的一致。

# 习题 8

8-1  单项或多项选择题（选择一个或多个符合要求的选项）

（1）STM32 微控制器的 DMA 通道支持以 8 位、16 位、32 位为数据传输单位，最大传输的数据个数是（     ）。

　　A．8K　　　　　　B．16K　　　　　　C．32K　　　　　　D．64K

（2）STM32 微控制器的 DMA 通道可以编程为（     ）个 DMA 响应优先级，DMA 传输过程中会出现（     ）种中断。

　　A．2　　　　　　　B．3　　　　　　　C．4　　　　　　　D．5

（3）STM32 的 DMA 控制器支持（     ）的 DMA 传输形式。

　　A．外设到存储器　　　　　　　　　　B．存储器到外设

　　C．外设到外设　　　　　　　　　　　D．存储器到存储器

（4）启动 DMA 控制器时钟的 STM32 库函数是（     ）。

　　A．RCC_AHBPeriphClockCmd　　　　 B．RCC_APB1PeriphClockCmd

　　C．RCC_APB2PeriphClockCmd　　　　D．DMA_Cmd

（5）DMA 传输需要 DMA 请求，USART 接口使用（     ）函数实现。

　　A．USART_Init　　　　　　　　　　 B．USART_ITConfig

　　C．USART_Cmd　　　　　　　　　　 D．USART_DMACmd

8-2  查阅 STM32 参考手册的 DMA 章节，画出 DMA2 各通道连接的外设（类似图 8-2），列出 DMA2 的各通道请求表（类似表 8-1）。

8-3 每个 DMA 通道有 4 个 DMA 寄存器（不包括中断操作的 2 个寄存器）。请简述这些寄存器的作用。

8-4 结合 DMA 初始化函数 DMA_Init()，说明需要配置的参数及其含义。

8-5 在例 8-1 所述主函数循环体内，控制 LED3 灯的亮、灭（体会 DMA 传输过程中，处理器在继续执行程序，即 DMA 和处理器在并行工作），添加相应的程序代码。

8-6 将主存的连续 10000 个单元写入字符 "A"，用 DMA 方式传输到 USART1，并利用 USART1 传输到 PC 显示。DMA 在数据传送过程中，处理器执行程序，控制 LED 灯轮流亮、灭（跑马灯），通过 DMA 中断服务程序显示 DMA 数据传送情况：

(1) 数据传输过半，串口输出 "数据已经传输过半。"

(2) 数据传输出错，串口输出 "数据传输发生错误！"

(3) 数据传输完成，串口输出 "DMA 传输完成！"

8-7 利用 USART1 串口输入大量字符，然后用 DMA 方式将这些字符信息传输到主存。统计这些字符中字母字符的个数，并由 UASRT1 串口显示统计结果。

8-8 编写一个 USART1 和 USART2 之间使用 DMA 传输的程序。

# 第 9 章　STM32 的定时器接口

计数器（Counter）是记录脉冲个数的数字电路。如果计数器记录的是周期性脉冲，通过个数乘以每个脉冲周期，可以获知经过的时间，这就是定时器（Timer）。STM32 微控制器具备多种计数器电路，实现系统时钟、通用定时器、实时时钟（RTC）和看门狗（WatchDog）等功能。

前面通过一些简单的示例介绍了 STM32 接口的编程应用，随着应用需求的深入，通过简单示例可能无法全面掌握接口技术，需要开发人员认真阅读 STM32 参考手册、固件库手册以及其他资料，并进行总结。

## 9.1　系统时钟（SysTick）

操作系统常需要一个硬件定时器产生周期性中断，以此作为整个系统的时间基准（时基）。例如，多任务操作系统需要为每个任务分配时间片（Slot），用于任务切换。

### 9.1.1　系统嘀嗒定时器

Cortex-M3 在内核包含了一个简单的定时器，即系统嘀嗒（SysTick）定时器。所有基于 Cortex-M3 的微控制器芯片都带有这个定时器。该定时器的时钟源可以来自内部时钟（FCLK，自由运行时钟），也可以来自外部时钟（STCLK）。不过，STCLK 的具体来源由微控制器芯片设计者决定，因此不同产品的时钟频率可能不同。

在 STM32 微控制器芯片中，系统时钟 SysTick 的时钟源可以是 AHB 时钟或者 AHB 时钟/8（AHB 时钟的 8 分频）。AHB 总线时钟也就是 HCLK 时钟（见图 4-7）。

SysTick 定时器是一个 24 位递减计数器，设置初值，并允许计数后，每经过一个系统时钟周期，计数值减 1。当计数值减为 0 时，计数器自动载入初值，继续计数；同时，内部标志 COUNTFLAG 被置位，并触发中断。SysTick 中断连接到 CM3 的中断控制器 NVIC，异常号为 15。

#### 1. SysTick 寄存器

SysTick 定时器由 4 个寄存器控制，如表 9-1 所示。由于是 CM3 内核的定时单元，因此有关寄存器的说明需要参阅 "Cortex-M3 一般用户手册"（参考文献 5，Cortex-M3 Devices Generic User Guide）或者 "STM32 Cortex-M3 编程手册"，而不是 "STM32 参考手册"（参考文献 10）。

在 ARM 公司的 CM3 手册中，系统时钟寄存器的前缀使用 "SYST"，STM 公司的 CM3 手册采用前缀 "STK"。这里使用 ARM 公司 CMSIS 标准提供的 core_cm3.h 文件中的寄存器结构类型名 "SysTick"，以免编程应用时出错。

（1）控制和状态寄存器（SysTick_CTRL）

系统时钟的控制和状态寄存器用于控制 SysTick 工作（定时和中断的允许或禁止，时钟源选择）和获取计数是否归 0 的状态，如图 9-1 所示。当 ENABLE 置位为 "1" 时，计数器从重

表 9-1  SysTick 寄存器

| 寄存器缩写 | 寄存器英文名称 | 寄存器中文名称 |
| --- | --- | --- |
| SysTick_CTRL | Control and Status Register | 控制和状态寄存器 |
| SysTick_LOAD | Reload Value Register | 重载值寄存器 |
| SysTick_VAL | Current Value Register | 当前值寄存器 |
| SysTick_CALIB | Calibration Register | 校准值寄存器 |

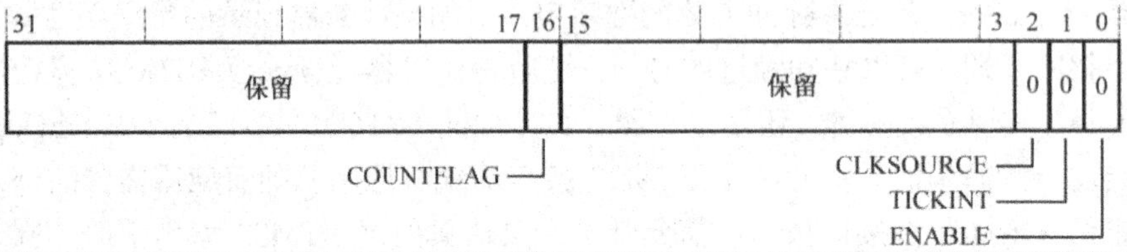

| 位 | 名 称 | 功 能 |
| --- | --- | --- |
| 0 | ENABLE | 计数器使能：0 = 禁止 SysTick 定时器，1 = 允许 SysTick 定时器 |
| 1 | TICKINT | SysTick 异常请求使能：0 = 不触发异常请求，1 = 触发异常请求 |
| 2 | CLKSOURCE | 选择时钟源：0 = 外部时钟，1 = 处理器时钟 |
| 16 | COUNTFLAG | 计数状态：上次读取后，定时器计数到 0，则返回 1 |

图 9-1  控制和状态寄存器

载值寄存器装入计数值，开始减量计数。当计数值减到 0 时，设置 COUNTFLAG 位为 "1"；如果 TICKINT 为 "1"，触发 SysTick 中断。然后，计数器重新从重载值开始计数。

（2）重载值寄存器（SysTick_LOAD）

重载值寄存器用于写入计数器的起始计数值，只使用其低 24 位（范围是 0x00000001～0x00FFFFFF）。可以写入 "0"，但没有意义，因为 SysTick 异常和 COUNTFLAG 需要从 1 减到 0 才置位。

如果希望每 N 个时钟产生一个 SysTick 中断，需要设置重载值为 N-1。

（3）当前值寄存器（SysTick_VAL）

当前值寄存器保持 SysTick 计数器的当前值，随着计数过程随时改变，只使用其低 24 位。向当前值寄存器写入任意值，可以清除当前值为 "0"，并清除控制和状态寄存器 COUNTFLAG 位为 "0"。

（4）校准值寄存器（SysTick_CALIB）

校准值寄存器用于说明微控制器是否支持参考时钟、定时是否精确校准，如图 9-2 所示。如果没有参考时钟，则控制和状态寄存器 CLKSOURCE 位读取为 "1"，并且忽略写入。如果定时不精确，会影响 SysTick 作为软件实时时钟的适用性。如果校准信息不可知，需要从处理器时钟或外部时钟频率计算校准值。

## 2. SysTick 寄存器编程

SysTick 寄存器只能在特权状态访问。在调试时，SysTick 定时器停止计数。在有些微控制器中，在睡眠状态，SysTick 定时器也可能是停止的。有些微控制器不一定有参考时钟。在使用嵌入式操作系统时，SysTick 定时器可能被操作系统使用，应用程序就不应该使用了。

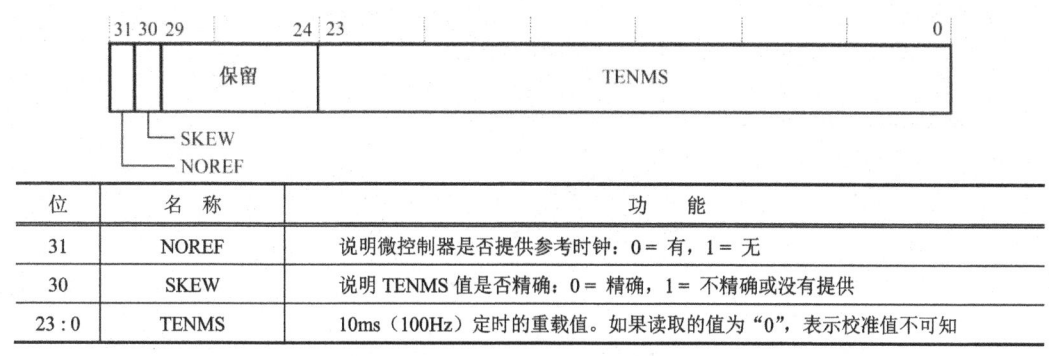

```
 31 30 29      24 23                                           0
┌──┬──┬────────┬────────────────────────────────────────────────┐
│  │  │  保留  │                    TENMS                       │
└──┴──┴────────┴────────────────────────────────────────────────┘
    │  └─ SKEW
    └──── NOREF
```

| 位 | 名 称 | 功 能 |
|---|---|---|
| 31 | NOREF | 说明微控制器是否提供参考时钟：0 = 有，1 = 无 |
| 30 | SKEW | 说明 TENMS 值是否精确：0 = 精确，1 = 不精确或没有提供 |
| 23：0 | TENMS | 10ms（100Hz）定时的重载值。如果读取的值为 "0"，表示校准值不可知 |

图 9-2　校准值寄存器

硬件没有初始化 SysTick 定时器的重载值和当前值，所以 SysTick 定时器的正确初始化顺序是编程重载值寄存器、清除当前值，然后编程控制和状态寄存器。由于 SysTick 定时器可能已经被允许工作了，这时有必要先禁止 SysTick 定时器。因此，直接针对系统时钟寄存器进行编程，步骤如下：

<1> 禁止 SysTick 定时器：向控制和状态寄存器 SysTick_CTRL 写入 "0"，因为 SysTick 可能已经被允许了。

  SysTick->CTRL = 0;     // 禁止 SysTick

<2> 向重载值寄存器 SysTick_LOAD 写入重载值。

  SysTick->LOAD = 0xFF;    // 实现 255～0 的计数（256 个时钟周期）

<3> 向当前值寄存器 SysTick_VAL 写入任何值，用于清除当前值为 "0"。

  SysTick->VAL = 0;     // 清除当前值，以及计数标志

<4> 允许 SysTick 定时器：向控制和状态寄存器 SysTick_CTRL 写入。

  SysTick->CTRL = 5;     // 使用处理器时钟、允许 SysTick

有时因为不希望允许 SysTick 中断，或者使用参考时钟，所以可能不用系统提供的系统时钟配置 SysTick_Config()函数。这时可以直接针对系统时钟寄存器进行编程。

### 3．SysTick 函数

系统时钟 SysTick 属于 Cortex 内核部件，其驱动程序定义在 core_cm3.h 文件（不是在 core_cm3.c 文件）中。

阅读 core_cm3.h 文件（MDK v5），可以看到 SysTick 寄存器的结构类型如下：

```
typedef struct
{
    __IO uint32_t CTRL;
    __IO uint32_t LOAD;
    __IO uint32_t VAL;
    __I  uint32_t CALIB;
} SysTick_Type;
```

有关地址定义的语句如下：

```
#define  SCS_BASE       (0xE000E000UL)           // !< System Control Space Base Address
#define  SysTick_BASE   (SCS_BASE +  0x0010UL)   // !< SysTick Base Address
#define  SysTick        ((SysTick_Type *) SysTick_BASE)
```

SysTick_Config()函数是系统时钟（SysTick）的配置函数，删除了注释的代码如下：

```
#if (!defined (__Vendor_SysTickConfig)) || (__Vendor_SysTickConfig == 0)
static __INLINE uint32_t SysTick_Config(uint32_t ticks)
{
    if (ticks > SysTick_LOAD_RELOAD_Msk)
        return (1);
    SysTick->LOAD  = (ticks & SysTick_LOAD_RELOAD_Msk) - 1;
    NVIC_SetPriority (SysTick_IRQn, (1<<__NVIC_PRIO_BITS) - 1);
    SysTick->VAL   = 0;
    SysTick->CTRL  = SysTick_CTRL_CLKSOURCE_Msk |
                     SysTick_CTRL_TICKINT_Msk   |
                     SysTick_CTRL_ENABLE_Msk;
    return (0);
}
#endif
```

SysTick_Config()的功能是初始化并启动 SysTick 计数器和中断，设置每隔 ticks 脉冲引起一次中断。如果配置成功，返回"0"，否则返回"1"。这段代码的具体操作过程如下所述。

<1> 将传入的 ticks 参数作为重载值赋给 SysTick_LOAD（重载值寄存器）。由于系统时钟定时器只有 24 位，所以程序首先检查参数是否符合要求。不符合要求，返回"1"，退出。

定时时间 $T = ticks \times (1/f)$ 秒，其中 $f$ 是时钟源的时钟频率。

<2> 使用 NVIC_SetPriority()函数配置（SysTick IRQ 系统时钟中断）为最小值（0x0F = 15）。如果要改变 SysTick 中断的优先级，调用这个函数后，使用 NVIC_SetPriority(SysTick_IRQn,…) 进行配置。NVIC_SetPriority()函数也定义在 core_cm3.h 文件中。

<3> 复位 SysTick 计数器（清零）。

<4> 对 SysTick_CTRL（控制和状态寄存器）进行设置，允许计数和中断；选择时钟源是处理器时钟，对 STM32 来说就是 AHB 时钟。如果使用 STM32 的 AHB 时钟/8，可以在这个函数调用之后，直接编程 SysTick_CTRL（控制和状态寄存器），设置 CLKSOURCE（D2 位）为"0"，或者使用 STM32 库的 SysTick_CLKSourceConfig()函数（在 misc.c 文件中）配置。

## 9.1.2 SysTick 应用示例：精确定时

系统时钟（SysTick）定时器可服务于操作系统，也可用于精确定时、时间测量等工作。例如，若系统时钟是 72MHz，则其最小的计时单位（时钟周期）是 $(1/72) \times 10^{-6}$s，即 $1/72\mu s$，对于绝大多数应用来说，这个精度足够用了。

【例 9-1】使用 SysTick 时钟实现精确的硬件定时。

例 5-1 使用 GPIO 引脚控制 LED 灯，本例使用 SysTick 时钟，将其中的软件延时更换为精确的硬件定时。

**1. 系统时钟初始化**

程序需要对系统时钟（SysTick）初始化，如配置 1 ms 产生一次中断。使用 SysTick_Config() 函数的代码如下：

```
void SysTick_Init(void)
{
```

```
    if (SysTick_Config(SystemCoreClock / 1000))
    {
        while (1);                          // 获取错误：如果没有初始化成功，死循环
    }
    SysTick->CTRL &= ~1;                    // 关闭 SysTick 定时器
}
```

SystemCoreClock 常量表示系统主时钟频率（STM32V3.5.0。在 STM32V3.3.0 早期版本中，该参数是 SystemFrequency）。在目标开发板上，该时钟频率是最高 72 MHz。而 SysTick_Config() 函数配置 SysTick 定时器也使用这个 72 MHz 的时钟源，所以定时时间如下：

$$T = (SystemCoreClock/1000) \times (1/f) \text{ s}$$

SystemCoreClock 与 $f$ 相同，所以定时时间如下：

$$T = 10^{-3} \text{ s} = 1\text{ms}$$

### 2．硬件延时函数的实现

硬件定时的延时函数如下：

```
void Delay_ms(__IO uint32_t nTime)
{
    TimingDelay = nTime;
    SysTick->CTRL |= 1;// 启动 SysTick 定时器
    while(TimingDelay != 0);
}
```

参数 nTime 表示要延时的时间，单位是 ms。例如，延时 500 ms 的延时函数调用如下：

```
    Delay_ms(500);
```

TimingDelay 是一个静态的全局变量，定义如下：

```
    static __IO uint32_t TimingDelay = 0;
```

定义 TimingDelay 为静态变量的目的是每次进入函数时，让 TimingDelay 保持上次退出的数值，这样才能实现计数；否则，每次进入函数，变量 TimingDelay 都被设置为"0"，达不到延时目的。该变量的改变是在中断服务程序（stm32f10x_it.c 文件）中：

```
void SysTick_Handler(void)
{
    if (TimingDelay != 0)
    {
        TimingDelay--;                      // 每次中断，TimingDelay 减 1
    }
}
```

### 3．主程序构建

将系统时钟初始化函数、硬件延时函数（含变量 TimingDelay 声明）保存于一个文件（如 systick.c）中，并配合一个头文件（systick.h）。将中断服务程序编辑进 stm32f10x_it.c 文件。主程序文件 main.c 可以采用例 5-1 的主程序文件，不过要加入系统时钟初始化语句"SysTick_Init();"，并将原来的软件延时函数 Delay()替换为这里的硬件延时函数 Delay_ms()。为了保持原 LED 启动程序文件（led.c）不变，这里的硬件延时函数采用不同的函数名。

构建完成，然后运行，在逻辑分析仪观察 PB0、PF7 和 PF8 引脚的波形变化时间是否符合定时要求。

## 9.2 STM32 看门狗

看门狗（Watch Dog）是嵌入式应用系统的一个安全机制，常用于防止程序失去控制，避免系统产生严重后果。很多嵌入式应用系统处于比较恶劣的环境中，现场的各种干扰有可能影响程序的正常执行流程，导致程序"跑飞"。如果系统在规定的时间内没有执行特定的"喂狗"程序，看门狗就会报警，系统可以及时纠正错误。

看门狗机制的实质是定时器。当计数器达到给定的超时值时，触发一个中断或产生系统复位。

STM32 微控制器设计有两个看门狗：独立看门狗和窗口看门狗，提供了更高的安全性、时间的精确性和使用的灵活性。独立看门狗（Independent Watch Dog, IWDG）由专门的低速时钟（LSI）驱动，即使系统主时钟发生故障，也仍然有效，最适合需要看门狗作为一个独立于主程序之外的处理进程，而对时间精度要求不高的应用场合。窗口看门狗（Window Watch Dog, WWDG）的时钟由 APB1 时钟分频后得到，并具有可配置的时间窗口，用于检测应用程序过迟或过早的非正常操作，最适合那些要求看门狗在精确计时窗口起作用的应用程序。

### 9.2.1 独立看门狗

独立看门狗（IWDG）是一个独立运行的 12 位减量计数器，其时钟来自独立的 RC 振荡器驱动，在备用（Standby）和停止（Stop）模式下也可以工作。如果启动了独立看门狗，则当计数值减量为 0 时，将产生系统复位。

**1. 独立看门狗结构**

独立看门狗的结构如图 9-3 所示。当向关键寄存器（IWDG_KR）写入数值 0xCCCC 后，启动独立看门狗，计数器从复位值 0xFFF 开始减量计数。当计数值减至结束值 0x000 时，触发独立看门狗 IWDG 复位信号（IWDG reset）。这是没有及时"喂狗"导致的结果，系统复位，进入初始状态。

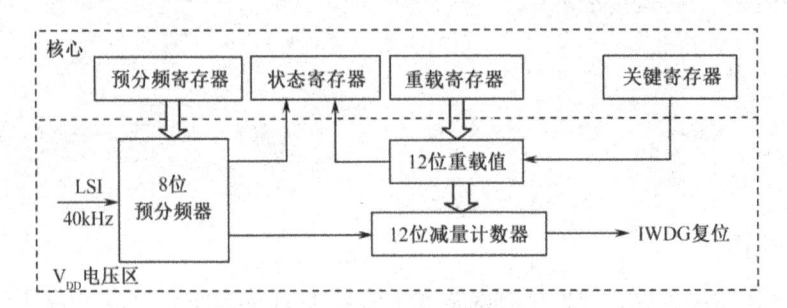

图 9-3 独立看门狗结构

不论何时，当向关键寄存器写入关键值 0xAAAA 时，重载寄存器（IWDG_RLR）内的数值被重新加载到计数器，防止看门狗复位。写入关键值就是"喂狗"，系统因为及时"喂狗"，所以可以正常运行。

如果通过设备选项位设置允许"硬件看门狗"特性，则当系统上电后，自动启动看门狗。

除非通过软件在计数值未减至结束前写入关键值，否则将触发复位。

独立看门狗的预分频寄存器（IWDG_PR）和重载寄存器具有防止随意写入的保护功能。只有首先向关键寄存器写入代码 0x5555，才可以进行这两个寄存器的写入操作。状态寄存器 IWDG_SR 指示预分频值和计数值的更新过程。如果向关键寄存器写入其他值，这两个寄存器重新被保护起来，同时暗含处于重载操作状态（等待写入 0xAAAA）。

当微控制器进入调试模式（CM3 核心暂停）后，根据调试支持（DBG）模块的设置，独立看门狗的计数器或者继续正常工作，或者停止。具体来说，调试配置寄存器 DBGMCU_CR 的 D8 位（DBG_IWDG_STOP）为"0"（默认值），表示即使 CM3 核心暂停工作，独立看门狗仍然继续计数；D8 位为"1"，则随着 CM3 暂停工作，计数器也停止计数。

**2．IWDG 寄存器**

独立看门狗有 4 个寄存器，如表 9-2 所示。

表 9-2　IWDG 寄存器

| 寄存器缩写 | 寄存器英文名称 | 寄存器中文名称 |
|---|---|---|
| IWDG_KR | Key Register | 关键寄存器 |
| IWDG_PR | Prescaler Register | 预分频寄存器 |
| IWDG_RLR | Reload Register | 重载寄存器 |
| IWDG_SR | Status Register | 状态寄存器 |

① 关键寄存器。关键寄存器在备用模式被复位为"0"，只能被写入 0xAAAA（重载计数值）、0x5555（允许访问预分频和重载寄存器）和 0xCCCC（启动看门狗）。

② 预分频寄存器。预分频寄存器只使用低 3 位（PR[2:0]）表示 8 种分频系数，结合计数初值，确定定时时间，如表 9-3 所示。

表 9-3　独立看门狗最小/最大定时时间（LSI 的频率为 40 kHz）

| 分频系数 | PR[2:0]位 | 重载值为 0 的最小定时/ms | 重载值为 0xFFF 的最大定时/ms |
|---|---|---|---|
| 4 | 0 | 0.1 | 409.6 |
| 8 | 1 | 0.2 | 819.2 |
| 16 | 2 | 0.4 | 1638.4 |
| 32 | 3 | 0.8 | 3276.8 |
| 64 | 4 | 1.6 | 6553.6 |
| 128 | 5 | 3.2 | 13107.2 |
| 256 | 6（或 7） | 6.4 | 26214.4 |

注：独立看门狗使用低速内部振荡器（LSI）作为时钟源，但这个内部时钟源的频率并不准确，会在 30～60 kHz 之间变化（LSI 可以校准，以便获得相对精确的定时）。表中使用的是 40 kHz。

③ 重载寄存器。重载寄存器用于写入重载的计数初值，因为是 12 位计数器，所以可以写入编码 0x000～0xFFF，依次表示 0～$2^{12}-1$(4095)计数值。备用模式会将其复位为最大值 0xFFF。定时时间长度 $t$ 可以通过如下公式计算：

$$t = \frac{\text{计数值} \times \text{分频系数}}{\text{LSI时钟频率}} \times 10^3 (\text{ms}) \tag{9-1}$$

各种分频系数情况下的最短、最长定时时间见表 9-3，最长定时约 26 s。

④ 状态寄存器。状态寄存器只有最低 2 位有用，只读。D1 位（RVU）为"0"，表示可以进行重载计数值更新；D0 位（PVU）为"0"，表示可以进行预分频值更新。状态寄存器复位值是"0"，但不会被备用模式复位。

### 3. IWDG 函数

独立看门狗作用单一，功能简单，所以 STM32 库函数比较少，如表 9-4 所示，详见 STM32 固件库手册。

表 9-4  IWDG 函数

| 函数原型 | 函数功能 |
| --- | --- |
| void IWDG_SetReload ( uint16_t Reload ) | 设置重载寄存器值 |
| void IWDG_SetPrescaler ( uint8_t IWDG_Prescaler ) | 设置预分频系数 |
| void IWDG_ReloadCounter ( void ) | 将重载寄存器的值重新装载给 IWDG 计数器 |
| void IWDG_WriteAccessCmd ( uint16_t IWDG_WriteAccess ) | 允许或禁止对重载寄存器和重载寄存器写入 |
| void IWDG_Enable ( void ) | 允许 IWDG（写入重载寄存器和重载寄存器被禁止） |
| FlagStatus IWDG_GetFlagStatus ( uint16_t  IWDG_FLAG ) | 检测 IWDG 标志置位与否 |

IWDG 初始化时，首先需要使用 IWDG_WriteAccessCmd()函数允许写入计数值和分频系数。其中，参数 IWDG_WriteAccess 是 IWDG_WriteAccess_Enable（允许）和 IWDG_WriteAccess_Disable（禁止）。

然后使用 IWDG_SetPrescaler()设置预分频系数。其中，参数 IWDG_Prescaler 是 IWDG_Prescaler_N（N 是 4/8/16/32/64/128/256，依次表示相应的分配系数）。再使用 IWDG_SetReload()设置重载寄存器值。其中，参数 Reload 只能是 0～0xFFF 之间的数值。

接着使用 IWDG_ReloadCounter()函数，将重载寄存器值写入独立看门狗计数器，然后使用 IWDG_Enable()函数启动独立看门狗开始减量计数。

系统正常工作时，需要在独立看门狗定时结束（计数值减为 0）之前，进行"喂狗"，即重新写入计数值，这仍然使用 IWDG_ReloadCounter()函数。

有时，需要了解独立看门狗的更新状态，可以使用 IWDG_GetFlagStatus()函数，IWDG_FLAG_PVU 参数检测预分频系数，IWDG_FLAG_RVU 参数检测重载值是否在更新。返回值"RESET"表示正在更新，"SET"表示不在更新。

如果因为没有及时"喂狗"导致系统复位，可以使用复位与时钟控制单元（RCC）的函数 RCC_GetFlagStatus()获得是否有独立看门狗导致的复位，函数原型如下：

FlagStatus RCC_GetFlagStatus(uint8_t RCC_FLAG)

其中，参数 RCC_FLAG 表示要检测的标志。例如，复位标志包括：

- ❖ RCC_FLAG_PINRST——引脚复位。
- ❖ RCC_FLAG_PORRST——POR/PDR（电源开/电源关）复位。
- ❖ RCC_FLAG_SFTRST——软件复位。
- ❖ RCC_FLAG_IWDGRST——IWDG（独立看门狗）复位。
- ❖ RCC_FLAG_WWDGRST——WWDG（窗口看门狗）复位。
- ❖ RCC_FLAG_LPWRRST——低电源电压复位。

返回值 FlagStatus 如果是"SET（置位）"，表示发生了检测的复位；如果是"RESET（复位）"，表示没有发生检测的复位情况。

RCC 复位标志清除（复位）使用 RCC_ClearFlag()函数，某原型如下：

void RCC_ClearFlag ( void )

该函数清除了上述所有的复位标志。

## 9.2.2 IWDG 应用示例：IWDG 复位

【例 9-2】独立看门狗引发复位。

启用独立看门狗，设置约 10 s 的喂狗时间间隔；要求用户在 10 s 内按下 KEY1 键（需要每隔 10 s，连续按下），让系统进行喂狗。如果用户在 10 s 内按下 KEY1 键，点亮 LED3 灯，表示喂狗成功；如果超过了 10 s，因为没有及时"喂狗"，系统将复位。复位后，系统重新执行程序，检测到是由于独立看门狗导致的复位，点亮 LED2 灯。如果是其他原因引起的复位，则点亮 LED1 灯。

本项目要为独立看门狗 IWDG 编写初始化函数，需编辑生成 iwdg.c 和 iwdg.h 文件。由于涉及 LED 灯和 KEY 按键，需要这些外设的初始化驱动程序，但可以直接使用第 5 章示例文件。最后，当然要编写主程序文件（main.c）。

### 1. IWDG 初始化配置（iwdg.c 文件）

```
void IWDG_Config(void)
{
    IWDG_WriteAccessCmd(IWDG_WriteAccess_Enable);   // 允许看门狗寄存器写入
    IWDG_SetPrescaler(IWDG_Prescaler_256);          // 时钟分频系数 256
    IWDG_SetReload(1563);                           // 喂狗时间 10s，设置计数值 1562.5≈1563
    IWDG_ReloadCounter();                           // 写入计数值（喂狗）
    IWDG_Enable();                                  // 允许 IWDG 看门狗
}
```

计数值的计算可以使用前面的定时时间公式。本例中，定时时间 $t$=10 s、分频系数 256，使用 40 kHz 的 LSI 时钟频率，计数值为 400000/256=1562.5，取整为 1563。

### 2. IWDG 主程序（main.c 文件）

```
#include "stm32f10x.h"
#include "led.h"
#include "key.h"
#include "iwdg.h"
int main(void)
{   /* 外设初始化 */
    KEY_Config();                   // 配置按键（KEY1）
    LED_Config();                   // 配置 LED 灯
    IWDG_Config();                  // 配置 IWDG
    LED_On_all();                   // 所有的 LED 灯亮，指示重启
    Delay(0x990000);
    LED_Off_all();                  // LED 灯全灭

    /* 如果上次复位是 IWDG 复位，LED2 亮 */
    if(RCC_GetFlagStatus(RCC_FLAG_IWDGRST)==SET)    //判断是否是 IWDG 复位
    {
```

```
            LED_On(2);
            Delay(0x990000);                    // 延时一段时间,让用户可以观察到
            LED_Off(2);
            RCC_ClearFlag();
        }
        /* 如果上次复位不是 IWDG 复位,LED1 亮 */
        else
        {
            LED_On(1);
            Delay(0x990000);                    // 延时一段时间,让用户可以观察到
            LED_Off(1);
        }
        /* 检测按键,适时喂狗 */
        while(1)
        {
            if(KEY_scan(1) ==0)                 // KEY1 按下为低电位,释放后恢复为高电位
            {
                while(KEY_scan(1)==0) ;         // 等待按键结束
                IWDG_ReloadCounter();           // 有按键,就是进行喂狗
                LED_On(3);                      // 仅 LED3 亮,指示"喂狗"成功
                Delay(0x990000);
                LED_Off(3);
            }
        }
    }
    ……                                          // 延时函数,略
```

将程序下载到开发板后,按复位键启动运行。如果每隔 10 s 都有 KEY1 按键,则 LED3 灯亮。如果没有及时"喂狗"导致复位,LED2 灯亮。如果是其他原因的复位,LED1 灯亮。

注意,该示例进行软件模拟时,如果 10 s 内没有按键及时喂狗,系统会重启,但是软件模拟不能仿真独立看门狗引起的重启。不过,硬件仿真完全正确。

### 9.2.3 窗口看门狗

外部干扰或不可预知的逻辑原因会导致应用程序脱离正常的执行流程。窗口看门狗(WWDG)用于监测这种软件故障。

**1. 窗口看门狗结构**

窗口看门狗 WWDG 是一个独立运行的可编程减量计数器,其功能结构如图 9-4 所示。

在窗口看门狗启动(WDGA 置位)的情况下,当 7 位减量计数器(T6~T0 位)从 0x40 翻转为 0x3F(即 T6 位清除为"0")时,触发微控制器复位。也就是说,计数值的下限是 0x3F,超过这个时间还没有"喂狗",将触发复位。另外,T6 位可用于产生软件复位。

配置寄存器 WWDG_CFR 中(W6~W0)保存着窗口(上限)值。当计数值逐渐减少,但仍然大于这个窗口计数值时,如果软件重新赋值计数器,也触发复位。也就是说,计数值还没有减至这个窗口上限值,就进行"喂狗",则因为时间太短,"喂狗"过于频繁,也将触发复位。

总之,WWDG 设置了一个刷新时间间隔(窗口),只有在这个时间窗口中写入计数值,才保证系统不复位。换句话说,"喂狗"时间既不能太早,也不能太晚(或不"喂")。

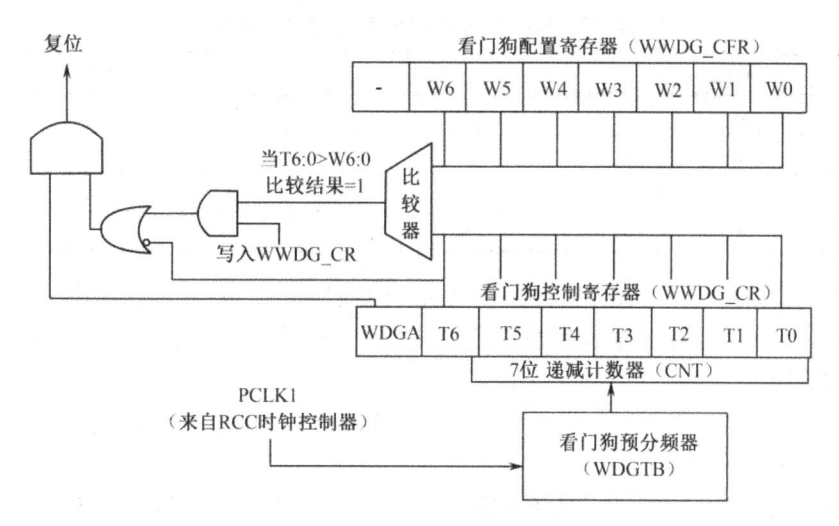

图 9-4 窗口看门狗结构

所以，为防止微控制器复位，正常工作的应用程序必须周期性地写入 WWDG_CR，而且写入操作需要在当前计数值小于窗口计数值且大于 0x3F 的情况下进行；写入 WWDG_CR 的值只能是在 0xFF 与 0xC0 之间。

复位后，窗口看门狗总是被禁止。设置控制寄存器（WWDG_CR）中的 WDGA 位为"1"，窗口看门狗启动。之后，WWDG 不能被禁止，除非微处理器复位。

当微控制器进入调试模式（CM3 核心暂停）时，根据调试支持（DBG）模块的设置，窗口看门狗的计数器或者继续正常工作，或者停止。具体来说，调试配置寄存器 DBGMCU_CR 的 D9 位（DBG_WWDG_STOP）为"0"（默认值），表示即使 CM3 核心暂停工作，窗口看门狗仍然继续计数；D9 位为"1"，则随着 CM3 暂停工作，计数器也停止计数。

### 2. 窗口看门狗的定时时间

WWDG 的输入时钟来自 APB1 总线时钟（PCLK1），其时钟频率是 36 MHz（对 STM32F100 产品系列是 24 MHz）。PCLK1 时钟频率仍然太高，所以 WWDG 将其 4096 分频之后才进行计数。配置寄存器 WWDG_CFR 的 D8 和 D7（WDGTB）位对 PCLK1 时钟 4096 分频后再进行分频，系数依次是 1、2、4 和 8。

WWDG 的减量计数器是独立运行的，即使看门狗被禁止。所以，当看门狗被允许时，T6 位必须被置位，以免立即产生复位。控制寄存器（WWDG_CR）的 T5～T0 保存减量计数值，可以是 0～63（0x3F）。

定时时间的计算公式如下：

$$t = \frac{(计数值+1) \times 分频系数 \times 4096}{PCLK1时钟频率} \times 10^3 (ms) \tag{9-2}$$

将最小计数值 0 和最大计数值 63 带入，得到最小/最大定时时间，如表 9-5 所示。

### 3. WWDG 的提前唤醒中断

窗口看门狗支持一种先进的看门狗中断特性，称为提前唤醒中断（Early Wakeup Interrupt，EWI）。设置配置寄存器 WWDG_CFR 中 EWI 位（D9）为"1"，EWI 中断被允许。EWI 中断

表 9-5 窗口看门狗最小/最大定时时间（PCLK1 频率 36 MHz）

| 分频系数 | WDGTB | 最小定时/μs | 最大定时/ms |
| --- | --- | --- | --- |
| 1 | 00 | 113 | 7.28 |
| 2 | 01 | 227 | 14.56 |
| 4 | 10 | 455 | 29.12 |
| 8 | 11 | 910 | 58.25 |

允许的情况下，当减量计数器减至 0x40 时，EWI 中断被触发，转去执行相应的 EWI 中断服务程序。EWI 机制可用于微控制器真正进入复位前，让 EWI 中断服务程序进行特定的安全操作，或保存重要数据等。

应用程序可以利用 EWI 机制进行软件系统的检测，或者进行系统的故障恢复等操作，以避免产生复位。在这种情况下，中断服务程序应重新写入 WWDG 计数器。

向状态寄存器（WWDG_SR）的 EWIF 位（D0）写入 "0"，则清除 EWI 中断。

如果 EWI 不可用，如有更高优先级任务的系统锁定，WWDG 导致的复位最终还会被触发。

### 4. WWDG 寄存器

WWDG 有 3 个寄存器，如表 9-6 所示。控制寄存器 WWDG_CR 仅使用低 7 位，D7 位是窗口看门狗的启动位（WDGA），D6~D0 是 7 位计数值（T6~T0）。

表 9-6 WWDG 寄存器

| 寄存器缩写 | 寄存器英文名称 | 寄存器中文名称 |
| --- | --- | --- |
| WWDG_CR | Control Register | 控制寄存器 |
| WWDG_CFR | Configuration Register | 配置寄存器 |
| WWDG_SR | Status Register | 状态寄存器 |

配置寄存器 WWDG_CFR 的 D9 位是 EWI 提前唤醒中断控制位；D8 和 D7 位表示对 WWDG 输入时钟 PCLK1 进行分频的系数（WDGTB），依次是 1、2、4 和 8；D6~D0 是 7 位窗口计数值（W6~W0），用于与减量计数器进行比较。

状态寄存器仅使用最低 D0 位，用于清除 EWI 中断标志（EWIF）。

### 5. WWDG 函数

窗口看门狗的 STM32 库函数如表 9-7 所示，详见 STM32 固件库手册。

表 9-7 WWDG 函数

| 函数原型 | 函数功能 |
| --- | --- |
| void WWDG_DeInit ( void ) | 恢复 WWDG 寄存器为默认复位值 |
| void WWDG_SetCounter ( uint8_t Counter ) | 设置 WWDG 计数值（0x40~0x7F） |
| void WWDG_SetWindowValue(uint8_t WindowValue) | 设置 WWDG 窗口值（小于 0x80） |
| void WWDG_SetPrescaler(uint32_t WWDG_Prescaler) | 设置 WWDG 预分频系数 |
| void WWDG_Enable(uint8_t Counter) | 允许 WWDG，并写入计数值 |
| void WWDG_EnableIT(void) | 允许 WWDG 的 EWI 中断 |
| void WWDG_ClearFlag(void) | 清除 WWDG 的 EWI 中断 |
| FlagStatus WWDG_GetFlagStatus(void) | 检测 EWI 标志置位与否 |

对 WWDG 初始化编程需要启动 WWDG 时钟（调用 RCC_APB1PeriphClockCmd()函数），然后根据"喂狗"窗口时间设置分配系数（调用 WWDG_SetPrescaler()函数）、窗口值（调用 WWDG_SetWindowValue() 函数），在设置计数值的同时，启动窗口看门狗（调用 WWDG_Enable()函数）。

正常工作中，应用程序应该在窗口时间内写入计数值（调用 WWDG_SetCounter()函数）。如果使用 EWI 中断，应进行中断配置，并编写中断服务程序 WWDG_IRQHandler。

### 9.2.4 WWDG 应用示例：适时"喂狗"

**【例 9-3】** 窗口看门狗的适时"喂狗"。

启用窗口看门狗，设置 43~58ms 的"喂狗"时间窗口。系统如果在刷新时间窗口内"喂狗"，LED2 灯闪烁。使用按键 KEY1 按下模拟"喂狗"时间。"喂狗"时间太早或太晚，系统复位，LED1 灯闪烁。启用提前唤醒中断 EWI，当"喂狗"时间太晚时，进入 EWI 中断服务程序，让 LED3 灯闪烁。

除窗口看门狗 WWDG 外，本项目还涉及 LED 灯和 KEY 按键。需要编写这些外设的初始化驱动程序，进行中断配置，并编写中断服务程序。因此，对于本项目，用户需要编写的文件（user 目录）如下：

❖ wwdg.c 和 wwdg.h：WWDG 初始化和驱动程序文件。
❖ led.c 和 led.h：LED 初始化和驱动程序文件。
❖ key.c 和 key.h：按键配置程序文件。
❖ stm32f10x_it.c 和 stm32f10x_it.h：中断服务程序文件。
❖ main.c：主程序文件。

**1. WWDG 初始化函数的编写**

项目要求设置 43~58 ms 的"喂狗"时间窗口。根据式（9-2）（及表 9-5），58 ms 是窗口看门狗的最大定时时间（见表 9-5），需要设置分频系数 8，计数值 63（0x3F）。允许窗口看门狗时，还要求控制寄存器（WWDG_CR）T6 置位（为"1"），因此需要设置 WWDG 的计数值为 0x7F。

"喂狗"时间不能早于 43 ms，否则会产生复位，即上限值的时间是 43 ms。按照式（9-2）计算（分频系数为 8）：

$$计数值 = \frac{43 \times 36}{8 \times 4096} \times 10^3 - 1 \approx 47(即 0x2F) \tag{9-3}$$

也就是说，WWDG 从 0x7F 开始减量，需要减掉 0x2F 个脉冲才是不小于 43 ms。这样，配置寄存器 WWDG_CFR 的窗口计数值应为 0x50（0x7F–0x2F）。

初始化 WWDG 的函数代码（在 wwdg.c 文件中）如下：

```
void WWDG_Config(void)
{
    RCC_APB1PeriphClockCmd(RCC_APB1Periph_WWDG, ENABLE); //窗口看门狗时钟允许
    WWDG_SetPrescaler(WWDG_Prescaler_8);                  // 设置分频系数为 8
    /* 窗口值用 0x50，就是说，计数器从 0x7F 减到 0x50 之前"喂狗"了，就算喂早了，会产生复位 */
    WWDG_SetWindowValue(0x50);
    /* 看门狗使能并初始化定时器为 0x7f，计数器减到 0x3F（T6 位清零）时，产生复位 */
    WWDG_Enable(0x7F);
```

```
        WWDG_ClearFlag();                               // 清除 EWI 中断标记，以免马上触发中断
        WWDG_EnableIT();                                // 允许 EWI 中断
    }
```

### 2. NVIC 初始化函数

这里仅对 WWDG 进行中断配置，所以初始化函数也可以编辑在 wwdg.c 文件中。

```
    void NVIC_Config(void)
    {
        NVIC_InitTypeDef NVIC_InitStructure;
        NVIC_PriorityGroupConfig(NVIC_PriorityGroup_2);                         // 设置优先级组
        /* 在 NVIC 中配置 WWDG 中断，主优先级为 0，从优先级为 1，并使能中断 */
        NVIC_InitStructure.NVIC_IRQChannel = WWDG_IRQn;                         // 中断来源 WWDG
        NVIC_InitStructure.NVIC_IRQChannelPreemptionPriority = 0;               // 组优先级
        NVIC_InitStructure.NVIC_IRQChannelSubPriority = 1;                      // 子优先级
        NVIC_InitStructure.NVIC_IRQChannelCmd = ENABLE;                         // 允许中断
        NVIC_Init(&NVIC_InitStructure);                                         // 写入 NVIC 配置
    }
```

### 3. WWDG 中断程序

中断程序代码（写在 stm32f10x_it.c 文件中）如下：

```
    void WWDG_IRQHandler(void)
    {
        LED_On(3);                                      // LED3 灯闪烁 1 次
        Delay(0xffff);
        LED_Off(3);
        WWDG_ClearFlag();                               // 清除 WWDG 的中断标志位
    }
```

如果避免过晚"喂狗"，可以将计数初值恢复为 0x7F，进行手工"喂狗"，只需将如下语句添加在上述清除 WWDG 中断标志的语句之前：

```
        WWDG_SetCounter(0x7F);
```

系统就不再出现 WWDG 复位了。

### 4. 主程序

main.c 文件代码如下：

```
    int main(void)
    {
        KEY_Config();                                   // 配置按键 KEY
        LED_Config();                                   // 配置 LED 灯
        NVIC_Config();
        LED_Off_all();
        /* LED1 灯闪烁 1 次。只在初始化的时候闪烁 1 次 */
        /* 因此，可以作为发生复位的标志。复位会重新执行程序 */
        LED_On(1);
        Delay(0xffffffff);
        LED_Off(1);
        WWDG_Config();                                  // 配置 WWDG
```

```
        while (1)
        {
            if(KEY_scan(1) ==0)              // KEY1 按下，为低电位；释放，恢复为高电位
            {
                while(KEY_scan(1)==0) ;      // 等待按键结束
                WWDG_SetCounter(0x7F);
                LED_On (2);                  // "喂狗"时间合适时，LED2 灯闪烁 1 次
                Delay(0xffff);
                LED_Off(2);
            }
        }
    }
```

LED 灯和按键等其他程序文件可以复制前面章节的同名文件，在此不再叙述。

## 9.3 STM32 定时器

STM32 微控制器提供强大的定时器接口，大容量 STM32F103 增强型系列产品具有 8 个 16 位定时器（TIMx）：2 个基本定时器（TIM6 和 TIM7）、4 个通用定时器（TIM2、TIM3、TIM4 和 TIM5）和 2 个高级控制定时器（TIM1 和 TIM8）。

由于 STM32 的 TIM 定时器功能复杂，本章仅介绍基本定时器（TIM6 和 TIM7）。其他定时器在基本定时功能基础上还有更强的功能，适用于多种场合。4 个通用定时器（TIM2～TIM5）能够测量输入信号的脉冲长度（输入捕获功能），产生需要的输出波形（输出比较、脉冲宽度调制 PWM 脉冲和单脉冲输出等）。2 个高级控制定时器（TIM1 和 TIM8）具有基本、通用定时器的所有功能，还具有 3 对 PWM 互补输出等功能，非常适合三相电机驱动。

### 9.3.1 基本定时器

STM32 的 2 个基本定时器（TIM6 和 TIM7）主要用于产生数字/模拟转换器（DAC）的触发信号，也可用于普通的 16 位时基计数器。2 个基本定时器相互独立，不共享任何资源。

#### 1. 基本定时器的结构

每个基本定时器主要由计数器寄存器（TIMx_CNT）、预分频寄存器（TIMx_PSC）和自动重载寄存器（TIMx_ARR）组成，均为 16 位寄存器，如图 9-5 所示。基本定时器只具有基本的计数器功能，即记录脉冲个数，而且只能增量计数。当计数值超过预设值时，输出信号可以触发 DAC、中断请求或 DMA 请求。

基本定时器的时钟源均来自内部时钟（CK_INT），由 RCC 单元的 TIMxCLK 提供。该时钟信号经过预分频寄存器（TIMx_PSC）分频后，作为计数器的计数脉冲信号（CK_CNT）。预分频寄存器是 16 位寄存器，分频系数可以是 1～65536 之间的任何数值。假设分频系数是 $N$，则 $N$ 个内部时钟（CK_INT）形成一个计数脉冲（CK_CNT），16 位计数器寄存器（TIMx_CNT）计数值增加 1。16 位自动重载寄存器保存事先设定的计数溢出值。

定时器工作时，每来一个计数脉冲（CK_CNT），计数器增量 1；当计数值达到自动重载寄存器（TIMx_ARR）预设的数值时，硬件发出更新事件，可以触发中断或 DMA 请求。然后，

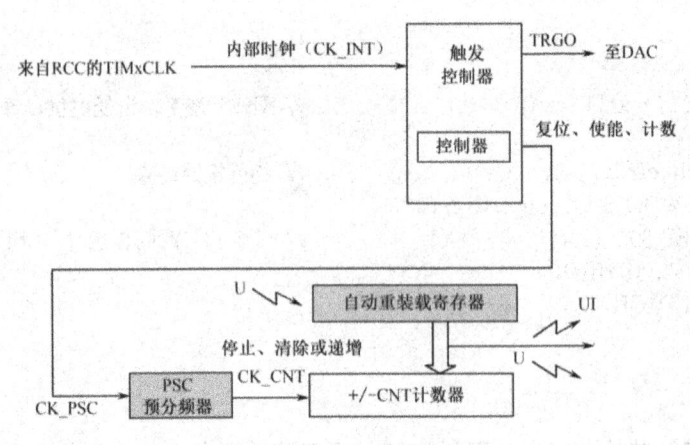

图 9-5 基本定时器结构

计数器被设置为"0"，重新开始向上增量计数。因为芯片内部将触发输出信号（TRGO）与 DAC 外设连接，所以基本定时器可用于触发 DAC。

基本定时器的计数时序如图 9-6 所示。当计数器允许（CNT_EN，即 CEN 为高电平，逻辑"1"）时，内部时钟（CK_INT）经分频（图中假设为 2）产生定时器时钟（CK_CNT）。每个定时器时钟使得计数器增量 1，直到自动重载寄存器的计数值（图中假设为 36），产生计数器溢出，触发更新事件（Update Event，UEV），产生更新中断标志（Update Interrupt Flag，UIF）。同时，计数器继续从头开始下一次计数过程。

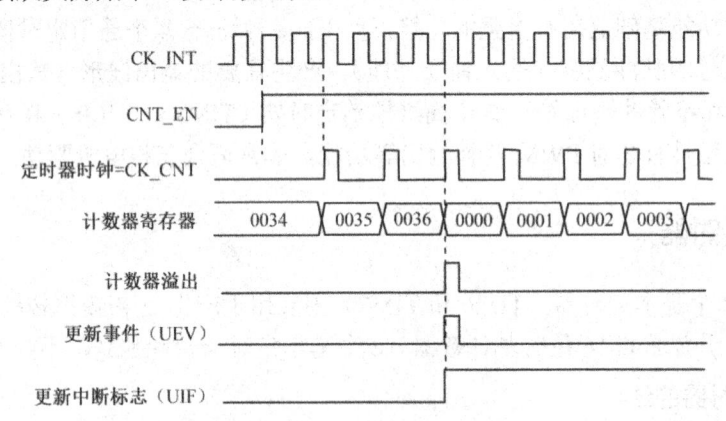

图 9-6 计数器时序图（分频系数为 2，计数值 36）

图 9-6 描绘了基本定时器的重复模式：计数器溢出后自动从头开始计数。基本定时器也支持一次模式（One-Pulse Mode，OPM）：在下一个更新事件发生后，计数器停止工作（清除 CEN 位）。

在图 9-5 中，自动重载寄存器和预分频寄存器的矩形框画有阴影，用于表示该寄存器在物理上设计有两个寄存器：一个是程序员可读写访问的预装载寄存器（Preload Register）；另一个是程序员不可见，但真正起作用的影子寄存器（Shadow Register）。这样，软件可以读写计数器、自动重载寄存器和预分频寄存器，即使在计数器运行过程中也可以随时访问，不影响计数（定时）过程。例如，写入新的预分频系数之后，下一个更新事件会让新的预分频系数起作用。

当微控制器进入调试模式（CM3 核心暂停）时，根据调试支持（DBG）模块的设置，TIMx 计数器或者继续正常工作，或者停止。具体来说，调试配置寄存器（DBGMCU_CR）的

DBG_TIMx_STOP（如 TIM6 和 TIM7 是 D19 和 D20 位）为"0"（默认值），表示即使 CM3 核心暂停工作，TIMx 仍然继续计数；D 位为"1"，则随着 CM3 暂停工作，计数器也停止计数。

### 2．基本定时器的寄存器

基本定时器有 8 个寄存器（如表 9-8 所示），但是每个寄存器的内容相对简单，前面已有简单介绍，详见 STM32 参考手册的基本定时器（TIM6/TIM7）。

表 9-8　基本定时器（TIM6 和 TIM7）寄存器

| 寄存器缩写 | 寄存器英文名称 | 寄存器中文名称 |
| --- | --- | --- |
| TIMx_CR1 | Control Register 1 | 控制寄存器 1 |
| TIMx_CR2 | Control Register 2 | 控制寄存器 2 |
| TIMx_DIER | DMA/Interrupt Enable Register | DMA/中断允许寄存器 |
| TIMx_SR | Status Register | 状态寄存器 |
| TIMx_EGR | Event Generation Register | 事件生成寄存器 |
| TIMx_CNT | Counter | 计数器 |
| TIMx_PSC | Prescaler | 预分频寄存器 |
| TIMx_ARR | Auto-Reload Register | 自动重载寄存器 |

### 3．基本定时器的库函数

查阅 STM32 固件库手册（V3.5.0），其中定时器（TIM）的函数很多，但是由于基本定时器（TIM6 和 TIM7）的功能比较简单，许多函数并不可用。与基本定时器有关的函数分类列于表 9-9，这些函数的主要参数如表 9-10 所示。其中，时基初始化结构 TIM_TimeBaseInitStruct 保存定时器的计数参数，详见下节介绍。

表 9-9　基本定时器函数

| 函数原型 | 函数功能 |
| --- | --- |
| void TIM_TimeBaseInit ( TIM_TypeDef * TIMx, TIM_TimeBaseInitTypeDef * TIM_TimeBaseInitStruct ) | 初始化计数器定时的基本参数 |
| void TIM_TimeBaseStructInit ( TIM_TimeBaseInitTypeDef * TIM_TimeBaseInitStruct ) | 定时基本参数恢复默认值 |
| void TIM_ARRPreloadConfig ( TIM_TypeDef * TIMx, FunctionalState NewState ) | 允许或禁止加载自动重载寄存器 |
| void TIM_DeInit ( TIM_TypeDef * TIMx ) | 定时器寄存器恢复为默认的复位值 |
| void TIM_SetAutoreload ( TIM_TypeDef * TIMx, uint16_t Autoreload ) | 设置自动重载寄存器值 |
| uint16_t TIM_GetCounter ( TIM_TypeDef * TIMx ) | 获得定时器计数器值 |
| void TIM_SetCounter ( TIM_TypeDef * TIMx, uint16_t Counter ) | 设置定时器计数器值 |
| uint16_t GetPrescaler ( TIM_TypeDef * TIMx ) | 获得定时器预分频值 |
| void TIM_PrescalerConfig ( TIM_TypeDef * TIMx, uint16_t Prescaler, uint16_t ) | 配置定时器预分频值及其重载模式 |
| void TIM_SelectOnePulseMode ( TIM_TypeDef * TIMx, uint16_t TIM_OPMode ) | 选择定时器脉冲模式（一次或重复） |
| void TIM_SelectOutputTrigger ( TIM_TypeDef * TIMx, uint16_t TIM_TRGOSource ) | 选择定时器的触发输出源 |
| void TIM_Cmd ( TIM_TypeDef * TIMx, FunctionalState NewState ) | 允许或禁止 TIMx（x=1～17） |
| FlagStatus TIM_GetFlagStatus ( TIM_TypeDef * TIMx, uint16_t TIM_FLAG ) | 检测定时器的事件标志是否置位 |
| void TIM_ClearFlag ( TIM_TypeDef * TIMx, uint16_t TIM_FLAG ) | 清除定时的事件标志 |
| void TIM_ITConfig ( TIM_TypeDef * TIMx, uint16_t TIM_IT, FunctionalState NewState ) | 允许或禁止定时器的某个中断 |
| ITStatus TIM_GetITStatus ( TIM_TypeDef * TIMx, uint16_t TIM_IT ) | 获取定时器的某个中断状态 |
| void TIM_ClearITPendingBit ( TIM_TypeDef * TIMx, uint16_t TIM_IT ) | 清除定时器的某个挂起中断位 |
| void TIM_UpdateDisableConfig ( TIM_TypeDef * TIMx, FunctionalState NewState ) | 允许或禁止定时器的更新事件 |
| void TIM_UpdateRequestConfig ( TIM_TypeDef * TIMx, uint16_t TIM_UpdateSource ) | 配置定时器的更新请求中断源 |
| void TIM_GenerateEvent ( TIM_TypeDef * TIMx, uint16_t TIM_EventSource ) | 软件配置生成定时器事件 |

| 函数原型 | 函数功能 |
| --- | --- |
| void TIM_DMACmd (TIM_TypeDef * TIMx, uint16_t TIM_DMASource, FunctionalState NewState ) | 允许或禁止定时器的 DMA 请求 |

表 9-10 基本定时器函数的参数取值

| 参数名称（含义） | 取值或常量（含义） |
| --- | --- |
| TIMx（定时器 x） | x=1～17 |
| TIM_PSCReloadMode（预分频值重载模式） | TIM_PSCReloadMode_Update（更新事件时加载）<br>TIM_PSCReloadMode_Immediate（立即加载） |
| TIM_OPMode（脉冲模式） | TIM_OPMode_Single（一次模式）<br>TIM_OPMode_Repetitive（重复模式） |
| TIM_TRGOSource（触发输出源） | TIM_TRGOSource_Reset（TIM_EGR 的 UG 位）<br>TIM_TRGOSource_Enable（计数器允许 CEN 位）<br>TIM_TRGOSource_Update（更新事件） |
| TIM_FLAG（定时器事件标志） | TIM_FLAG_Update（TIM 事件更新） |
| TIM_IT（定时器中断标志） | TIM_IT_Update（TIM 中断更新） |
| TIM_EventSource（事件源） | TIM_EventSource_Update（TIM 更新事件） |
| TIM_UpdateSource（更新请求中断源） | TIM_UpdateSource_Regular（常规）<br>TIM_UpdateSource_Global（全局） |
| TIM_DMASource（DMA 请求源） | TIM_DMA_Update（TIM 更新 DMA 源）<br>TIM_DMA_Trigger（TIM 触发 DMA 源）等 |

表 9-9 中，前 12 个是有关计数值等设置的定时器函数。其中，参数 Autoreload、Counter 和 Prescaler 依次是自动重载寄存器值、计数器值和预分频值，均填入无符号 16 位数值。双线之下是有关事件、中断和 DMA 的定时器函数。表 9-10 中的参数 TIM_FLAG、TIM_IT 和 TIM_EventSource 只给出了基本定时器的取值（不是全部取值）。

## 9.3.2 基本定时器应用示例：周期性定时中断

【例 9-4】周期性定时中断，控制 LED 灯闪烁。

本例利用定时器的基本定时功能，产生周期性定时中断，控制 LED 灯每隔 1s 闪烁 1 次。假设采用基本定时器（TIM6）。

### 1. 基本定时器的初始化配置

与 STM32 微控制器其他设备类似，定时器的启用也需要先进行初始化配置，步骤如下。

<1> 启动定时器的时钟。调用 RCC_APB1PeriphClockCmd()或 RCC_APB2PeriphClockCmd()函数开启定时器时钟。

注意，定时器 TIM2～TIM7 挂接在 APB1 总线，应使用 RCC_APB1PeriphClockCmd()函数；TIM1 和 TIM8 挂接在 APB2 总线，应使用 RCC_APB2PeriphClockCmd()函数。

<2> 定时器初始化。需要调用 TIM_TimeBaseInit()函数初始化定时器的定时参数，函数原型如下：

```
void TIM_TimeBaseInit(TIM_TypeDef*  TIMx,
                     TIM_TimeBaseInitTypeDef*  TIM_TimeBaseInitStruct)
```

其中，参数 TIMTimeBase_InitStruct 是指向 TIM_TimeBaseInitTypeDef 结构的指针，TIM_TimeBaseInitTypeDef 定义于文件 stm32f10x_tim.h 中，如下所示：

```
typedef struct
{
    uint16_t TIM_Prescaler;              // 预分频值
    uint16_t TIM_CounterMode;            // 计数模式
    uint16_t TIM_Period;                 // 计数值
    uint16_t TIM_ClockDivision;          // 时钟分频系数
    uint16_t TIM_RepetitionCounter;      // 重复计数值（仅 TIM1 和 TIM8 有效）
} TIM_TimeBaseInitTypeDef;
```

TIM_TimeBaseInitTypeDef 成员定义了计数器的定时参数，其取值如表 9-11 所示。

表 9-11　TIM_TimeBaseInitTypeDef 结构成员及其取值表

| 结构成员名称（含义） | 取值或常量（含义） |
| --- | --- |
| TIM_Prescaler（预分频值） | 0x0000～0xFFFF（TIMxCLK 的预分频值） |
| TIM_CounterMode<br>（TIMx_CNT 的计数模式）<br>注：基本定时器只支持增量模式 | TIM_CounterMode_Up（增量计数）<br>TIM_CounterMode_Down（减量计数）<br>TIM_CounterMode_CenterAligned1（先增量后减量 1）<br>TIM_CounterMode_CenterAligned2（先增量后减量 2）<br>TIM_CounterMode_CenterAligned3（先增量后减量 3） |
| TIM_Period（计数值） | 0x0000 ～ 0xFFFF（写入自动重装载寄存器） |
| TIM_ClockDivision<br>（时钟分频系数） | TIM_CKD_DIV1（不分频）<br>TIM_CKD_DIV2（2 分频）<br>TIM_CKD_DIV4（4 分频） |
| IM_RepetitionCounter（重复计数值） | 0x00 ～ 0xFF（仅 TIM1、TIM8 有效） |

基本定时器（TIM6 和 TIM7），只支持增量计数模式（TIM_CounterMode_Up），不进行时钟分频（TIM_CKD_DIV1）。实际上，只是通过预分频值（TIM_Prescaler）和计数值（TIM_Period）设置定时周期。根据基本定时器结构（见图 9-5）的工作原理，定时时间的计算公式为：

$$T=(TIM\_Period+1)\times(TIM\_Prescaler+1)\div TIMxCLK$$

之所以要加 1，是因为计数器是从 0 开始计数的。

设系统主频为 72 MHz，经复位与时钟控制 RCC 输出的定时器时钟 TIMxCLK 也是 72 MHz。例如，要使定时器定时时间为 1 s，可以设置：

```
TIM_TimeBaseStructure.TIM_Prescaler= 36000-1;        // 预分频系数
TIM_TimeBaseStructure.TIM_Period=2000-1;             // 计数值
```

于是，定时时间为

$$T=2000\times36000\div72M=1(s)$$

<3> 定时器中断配置。本例中，定时器的定时时间到，要产生中断请求，故需要设置有关中断参数。

首先需要设置定时器更新请求源。调用 TIM_UpdateRequestConfig() 函数，通常使用常规参数 TIM_UpdateSource_Regular，表示计数器上溢、下溢等都产生中断事件。然后，调用函数 TIM_ITConfig()，允许更新中断事件（TIM_IT_Update）。

<4> 允许定时器开始计数。调用 TIM_Cmd() 函数，允许定时器开始计数。

### 2. 项目编程实现

对于该项目，用户需要编写的 user 目录下的文件包括如下。

❖ time6.c 和 time6.h：TIM6 初始化和驱动程序文件。

- led.c 和 led.h：LED 初始化和驱动程序文件。
- nvic.c 和 nvic.h：NVIC 配置程序文件。
- stm32f10x_it.c 和 stm32f10x_it.h：中断服务程序文件。
- main.c：主程序文件。

① TIM6 初始化和驱动程序文件（time6.c 和 time6.h）如下：

```c
#include "time6.h"
void TIM6_Config(void)
{
    TIM_TimeBaseInitTypeDef  TIM_TimeBaseStructure;
    RCC_APB1PeriphClockCmd(RCC_APB1Periph_TIM6, ENABLE);    // 开启 TIM6 时钟
    TIM_TimeBaseStructure.TIM_Prescaler= 36000-1;            // 预分频系数
    TIM_TimeBaseStructure.TIM_Period=2000-1;                 // 计数值
    TIM_TimeBaseStructure.TIM_ClockDivision= TIM_CKD_DIV1;   // 时钟不分频
    TIM_TimeBaseStructure.TIM_CounterMode=TIM_CounterMode_Up; // 向上计数模式
    TIM_TimeBaseStructure.TIM_RepetitionCounter=0;           // 重复计数值
    TIM_TimeBaseInit(TIM6, &TIM_TimeBaseStructure);          // 初始化 TIM6
    TIM_UpdateRequestConfig(TIM6, TIM_UpdateSource_Regular);
    TIM_ITConfig(TIM6,TIM_IT_Update,ENABLE);                 // 使能更新事件中断
    TIM_Cmd(TIM6, ENABLE);                                   // 使能 TIM6
}
```

time6.h 文件内容如下：

```c
#ifndef TIME6_H
#define TIME6_H
#include "stm32f10x.h"
void TIM6_Config(void);
#endif/* TIME6_H */
```

② NVIC 配置程序文件（nvic.c 和 nvic.h）如下：

```c
void NVIC_Config(void)
{
    NVIC_InitTypeDef NVIC_InitStructure;
    NVIC_PriorityGroupConfig(NVIC_PriorityGroup_1);             // 设置优先级组
    NVIC_InitStructure.NVIC_IRQChannel = TIM6_IRQn;
    NVIC_InitStructure.NVIC_IRQChannelPreemptionPriority = 1;   // 组优先级
    NVIC_InitStructure.NVIC_IRQChannelSubPriority = 0;          // 子优先级
    NVIC_InitStructure.NVIC_IRQChannelCmd = ENABLE;             // 允许中断
    NVIC_Init(&NVIC_InitStructure);
}
```

③ 中断服务程序文件（stm32f10x_it.c 和 stm32f10x_it.h）。在 stm32f10x_it.c 文件中添加 TIM6 的中断服务程序：

```c
void TIM6_IRQHandler(void)
{
    if(TIM_GetITStatus(TIM6,TIM_IT_Update)==SET)                // 判断是否为更新事件
    {
        TIM_ClearITPendingBit(TIM6,TIM_FLAG_Update);            // 清除更新事件标志
```

```
            GPIOB->ODR^ =GPIO_Pin_0;                       // LED1 灯反转
            GPIOF->ODR^ =GPIO_Pin_7;                       // LED2 灯反转
            GPIOF->ODR^ =GPIO_Pin_8;                       // LED3 灯反转
        }
    }
```

在中断服务程序中实现 3 个 LED 灯反转，使用了直接寄存器编程的方法（见第 5 章）。如果使用 STM32 驱动程序库函数，需要先使用 GPIO_ReadOutputDataBit()函数获取原状态，求反后，再使用 GPIO_WriteBit()函数输出。

④ 主程序文件（main.c）。其功能是：TIM6 实现 1 s 延迟，3 个 LED 灯每隔 1 s 闪烁 1 次。

```c
#include "stm32f10x.h"
#include "led.h"
#include "Time6.h"
/* 主函数 */
int main(void)
{
    LED_Config();            // LED 初始化
    NVIC_Config();           // 中断初始化
    TIM6_Config();           // TIM6 初始化
    while (1)
    {
    }                        // 等待定时时间到产生中断，转中断服务程序
}
```

对于其他程序文件，可以使用前面章节的同名文件，在此不再叙述。

本示例程序在开发板上可以进行硬件仿真运行，但不能进行软件模拟。这是因为目前的 MDK-ARM 开发环境不支持 TIM6 的软件模拟。如果将上述示例程序中与 TIM6 相关的代码改为 TIM2，就可以用软件模拟了。

## 9.4  STM32 实时时钟

实时时钟（Real Time Counter，RTC）是一个可以依靠后备电池供电，维持运行的定时器，通常提供日历、时钟以及数据存储等功能。在一个嵌入式系统中，通常采用 RTC 来提供可靠的系统时间，而且要求在系统处于关机状态下，它也能正常工作。

STM32 微控制器的实时时钟 RTC 是一个独立的定时器。在相应软件配置下，利用它的秒中断，可提供时钟日历的功能，并支持重新设置系统当前的时间和日期。RTC 的核心和时钟配置处于微控制器芯片的备份区域，系统复位或从备用（待机，Standby）状态退出后，RTC 的配置和时间保持不变。复位后，禁止对 RTC 和备份寄存器的访问。需要设置复位与时钟控制 RCC 和电源控制 PWR 的有关寄存器位，才被允许读写。

### 9.4.1  RTC 结构及特性

STM32 的实时时钟 RTC 简化结构如图 9-7 所示（虚线框内属于备份区域，包括 RTC 核心单元），由两个单元组成。

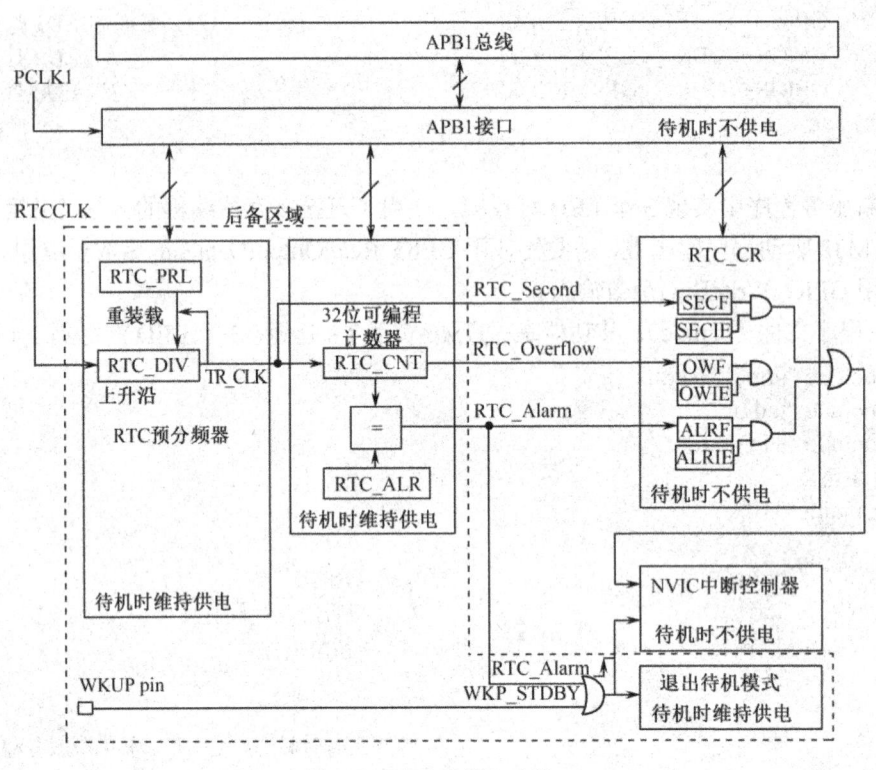

图 9-7 RTC 的简化结构

一个单元是外设总线 1（APB1）接口，用来与 APB1 总线相连，使用 APB1 总线时钟（PCLK1）。这部分还包含一组可以通过 APB1 总线访问的寄存器。

另一个单元是 RTC 核心，包括预分频寄存器和 32 位可编程计数器，使用独立的 RTC 时钟（RTCCLK）。RTC 时钟频率至少比 APB1 总线时钟频率慢 1/4。RTC 预分频寄存器包括一个 20 位的可编程分频器，用于生成 RTC 的时基 TR_CLK。该时基可以编程为 1s。每个 TR_CLK 周期在允许的情况下可以产生一个秒中断。32 位可编程计数器 RTC_CNT 可以初始化为当前系统时间。系统时间以 TR_CLK（时基）为单位增量，并与保存在闹钟寄存器 RTC_ALR 的可编程日期相比较，用来产生闹钟中断。

RTC 有 3 个可屏蔽中断线：RTC_Second（秒中断）、RTC_Alarm（闹钟中断）和 RTC_Overflow（溢出事件）。溢出是指内部可编程计数器增量到最大值后溢出为 0。从图 9-7 看，溢出只是事件，没有连接为中断（因为 32 位计数值溢出需要 100 多年）。复位后，所有中断都是被禁止的。

对应 RTC 的两个单元，分别具有两个独立的复位类型：APB1 接口由系统复位，而 RTC 核心（预分频器、闹钟和计数器）只能由后备域复位。

### 1. RTC 寄存器

RTC 寄存器的名称如表 9-12 所示。其中，预分频装载寄存器（RTC_PRL）、闹钟寄存器（RTC_ALR）、计数器寄存器（RTC_CNT）和预分频系数寄存器（RTC_DIV）只有在备份区域被复位时才被复位，系统复位或者电源复位不会将这些寄存器复位。但是，所有其他系统寄存器都会在系统复位或者电源复位时被复位。

表 9-12 RTC 寄存器

| 寄存器缩写 | 寄存器英文名称 | 寄存器中文名称 |
| --- | --- | --- |
| RTC_CRH | Control Register High | 控制寄存器高位 |
| RTC_CRL | Control Register Low | 控制寄存器低位 |
| RTC_PRLH | Prescaler Load Register High | 预分频装载寄存器高位 |
| RTC_PRLL | Prescaler Load Register Low | 预分频装载寄存器低位 |
| RTC_DIVH | Prescaler Divider Register High | 预分频余数寄存器高位 |
| RTC_DIVL | Prescaler Divider Register Low | 预分频余数寄存器低位 |
| RTC_CNTH | Counter Register High | 计数器寄存器高位 |
| RTC_CNTL | Counter Register Low | 计数器寄存器低位 |
| RTC_ALRH | Alarm Register High | 闹钟寄存器高位 |
| RTC_ALRL | Alarm Register Low | 闹钟寄存器低位 |

RTC 核心独立于 RTC 的 APB1 接口，但对 RTC 的预分频值、计数值和闹钟值的软件访问需要通过 APB1 接口。这可能导致冲突。所以，当需要读取 RTC 寄存器时，在关闭 APB1 接口后，软件必须首先等待控制寄存器（RTC_CRL）的寄存器同步标志位（RSF）被硬件置位。

对任何 RTC 寄存器的写操作，必须确保前一次写操作已经完成后进行。这个"确保"需要通过查询控制寄存器 RTC_CR 中的 RTC 操作关闭（RTOFF）状态位，判断 RTC 寄存器是否处于更新中。只有 RTOFF 状态位是"1"，才可以写 RTC 寄存器。

对于写入预分频装载寄存器 RTC_PRL、闹钟寄存器（RTC_ALR）、计数器寄存器（RTC_CNT），RTC 必须进入配置模式。这是通过设置控制寄存器 RTC_CR 的配置标志 CNF 的位置位实现。

对 RTC 寄存器的写入操作，尤其是配置操作，有比较严格的流程（详见 STM32 用户手册）。好在可以使用 STM32 库函数实现这些操作（参见示例），读者不必深究。

### 2. RTC 时钟来源

RTC 时钟（RTCCLK）的时钟源可以三选一：HSE/128、LSE 或 LSI，由复位与时钟控制单元 RCC 中的备份控制寄存器（RCC_BDCR）编程设置。不复位备份区域，这个选择不能修改。

① 高速外部时钟 HSE 时钟除以 128：频率范围是 4～16 MHz。这个时钟源不在备份区域 BKP 中，计数值不受系统复位影响，但掉电后不保持。

② 低速内部时钟 LSI 时钟：频率为 40 kHz，可以作为自动唤醒单元（Auto-Wakeup Unit, AWU）时钟。这个时钟源也不在备份区域（BKP）中。AWU 属于外部中断（EXTI）模块，不属于 RTC。

③ 低速外部时钟 LSE：频率为 32.768 kHz。这个时钟源在备份区域 BKP 中，计数值不受系统复位影响，即使在掉电时，只要有电池供电，RTC 继续工作。

由于分频系数通常都是 $2^n$（预分频系数可设的范围为 $1\sim2^{20}$），HSE 和 LSI 无法产生 1 Hz 的秒时钟；而 LSE 的 32.768 kHz 频率经 $2^{15}$ 分频（32768）就是 1 Hz，可以方便地作为 1 s 的计时时钟，因此是主要的 RTC 时钟源。

RTC 设定的计数初值不是计数上限，而是计数的起始值。RTC 设定闹钟值要比计数初值大，这样在加计数时，如果计数值达到闹钟值，将产生闹钟中断。例如，如果初值是 10，计数器时钟频率 $f$=2 Hz，要求 5 s 后产生闹铃，则闹钟值为 10+5×$f$=10+5×2=20。

### 3. STM32 的 RTC 函数

STM32 驱动程序库的 RTC 函数如表 9-13 所示，读者可阅读 STM32 固件库手册深入学习，具体应用将结合示例说明。

表 9-13 RTC 函数

| 函 数 名 | 函数功能 |
| --- | --- |
| RTC_EnterConfigMode | 进入 RTC 配置模式 |
| RTC_ExitConfigMode | 退出 RTC 配置模式 |
| RTC_GetCounter | 获取 RTC 计数器的值 |
| RTC_SetCounter | 设置 RTC 计数器的值 |
| RTC_SetPrescaler | 设置 RTC 预分频的值 |
| RTC_SetAlarm | 设置 RTC 闹钟的值 |
| RTC_GetDivider | 获取 RTC 预分频的当前分频余数值 |
| RTC_WaitForLastTask | 等待最近一次对 RTC 寄存器的写操作完成 |
| RTC_WaitForSynchro | 等待 RTC 寄存器（RTC_CNT、RTC_ALR 和 RTC_PRL）与 APB 时钟同步 |
| RTC_GetFlagStatus | 检查指定的 RTC 标志状态（复位或置位） |
| RTC_ClearFlag | 清除 RTC 挂起的标志 |
| RTC_ITConfig | 允许或禁止指定的 RTC 中断 |
| RTC_GetITStatus | 检查指定的 RTC 中断发生与否 |
| RTC_ClearITPendingBit | 清除 RTC 挂起的中断位 |

## 9.4.2 RTC 应用示例：闹钟

【例 9-5】 RTC 秒中断控制 LED1 灯闪烁，闹钟中断，点亮 LED2 灯。

在开发板上，利用 RTC 的秒中断，让 LED1 灯每 0.5 s 闪烁；设置计数起始值为 10，3 s 后产生闹钟中断，用闹钟中断点亮 LED2 灯。

对于该项目，用户需要编写的文件（user 目录）包括：

❖ rtc.c 和 rtc.h——RTC 初始化和驱动程序文件。
❖ led.c 和 led.h——LED 初始化和驱动程序文件。
❖ stm32f10x_it.c 和 stm32f10x_it.h：中断服务程序文件。
❖ main.c——主程序文件。

完成本项目的主要难点是编写 RTC 初始化函数（rtc.c 文件）、RTC 中断配置和中断服务函数（stm32f10x_it.c 文件）。LED 驱动（led.c 文件）可以重用，主程序 main.c 文件执行初始化函数后进入循环。对于这两个文件的编写，读者可以参考前面章节的内容完成。

也许读者已经发现，有大量有关 STM32 等微控制器的资料，包括各种项目示例（MDK 开发环境、开发板厂商、有关嵌入式技术的网站等）。因此，应善于利用这些资料，研读其中的文档代码，结合自己的应用需求加以利用。本例的程序代码主要给出了功能注释，希望读者结合 STM32 固件库手册，掌握有关的外设函数及其应用。

### 1. RTC 初始化

写入 RTC 寄存器，需要启动电源控制（PWR）和后备区域（BKP）时钟，并允许后备区域的访问。这是因为 RTC 核心处于备份区域，复位后默认是关闭的，以防止可能的意外写操作。

如果有后备电池（$V_{BAT}$）供电，RTC 在开发板断电的情况下也一直运行。因此，在一次配置 RTC 完成后，RTC 可能一直处在持续运行中。所以，对 RTC 配置前需要判断 RTC 是否还在运行中。为了表明 RTC 是否曾经运行，可以给备份区域的某个数据备份寄存器 BKP_DR 写入特殊数值（自行定义，本例是在 BKP_DR1 中写入 0x5555）。在程序中通过读取该数据备份寄存器，可以判断是否是这个特殊数值。

如果曾经配置过 RTC，可能不需要做什么了；但本例需允许秒中断和闹钟中断，因为复位后中断是被禁止的。如果还没有配置过，则需要对 RTC 初始化配置，并在备份域做上标记（即在上述数据备份寄存器中写入特殊数值），也需要允许秒中断和闹钟中断。

第一次配置 RTC 的初始化过程，首先需要选择 RTC 时钟（本例使用外部低速时钟 LSE），并启用。本步骤需要使用 RCC（复位与时钟控制单元）的有关函数。然后，进入 RTC 配置模式，写入 RTC 预分频系数、RTC 计数初始值。如果使用闹钟，还要写入闹钟值。完成 RTC 计数值写入，退出配置模式，并在备份寄存器留一个特殊标记。

RTC 初始化配置函数的代码如下：

```
void RTC_Config(void)
{   /* 启动电源控制（PWR）和后备区域（BKP）时钟，允许 RTC 和后备寄存器访问 */
    RCC_APB1PeriphClockCmd(RCC_APB1Periph_PWR | RCC_APB1Periph_BKP, ENABLE);
    PWR_BackupAccessCmd(ENABLE);
    /* 从数据后备寄存器读出数据，判断是否为第一次配置 */
    if(BKP_ReadBackupRegister(BKP_DR1)!=0x5555)   //0x5555是写入BKP_DR1的特殊数值
    { /* RTC 初始化配置 */
        BKP_DeInit();                         // 将备份寄存器恢复为默认值（避免不确定性）
        RCC_LSEConfig(RCC_LSE_ON);            // 允许外部低速时钟 LSE (32.768KHz)
        /* 检查 RCC 标志，等待 LSE 就绪 */
        while(RCC_GetFlagStatus(RCC_FLAG_LSERDY) == RESET);
        /* 选择 LSE 作为 RTC 时钟(RTCCLK) */
        RCC_RTCCLKConfig(RCC_RTCCLKSource_LSE);
        RCC_RTCCLKCmd(ENABLE);                // 允许 RTC 时钟
        RTC_WaitForSynchro();                 // 等待 RTC 寄存器与 APB 时钟同步
        RTC_WaitForLastTask();                // 等待最近一次对 RTC 寄存器的写操作完成
        RTC_ITConfig(RTC_IT_SEC, ENABLE);     // 允许 RTC 秒中断
        RTC_WaitForLastTask();                // 等待最近一次对 RTC 寄存器的写操作完成
        RTC_ITConfig(RTC_IT_ALR, ENABLE);     // 允许 RTC 闹钟中断
        RTC_WaitForLastTask();                // 等待最近一次对 RTC 寄存器的写操作完成
        RTC_EnterConfigMode();                // 进入 RTC 配置模式
        RTC_SetPrescaler(16383);              // 设置 RTC 预分频值，使得 RTCCLK=2Hz
        RTC_WaitForLastTask();                // 等待最近一次对 RTC 寄存器的写操作完成
        RTC_SetCounter(10);                   // 设置 RTC 计数器的起始值：10
        RTC_WaitForLastTask();                // 等待最近一次对 RTC 寄存器的写操作完成
        RTC_SetAlarm(16);                     // 设置 RTC 计数器的闹钟值 16，3s 后闹钟中断
        RTC_ExitConfigMode();                 // 退出 RTC 配置模式
        BKP_WriteBackupRegister(BKP_DR1, 0x5555); // 向 BBP_DR1 写入特殊数值 0X5555
    }
    else
    { /* RTC 已配置，但需要允许 RTC 秒中断和闹钟中断 */
```

```
            RTC_WaitForSynchro();                    // 等待 RTC 寄存器与 APB 时钟同步
            RTC_WaitForLastTask();                   // 等待最近一次对 RTC 寄存器的写操作完成
            RTC_ITConfig(RTC_IT_SEC, ENABLE);        // 允许 RTC 秒中断
            RTC_WaitForLastTask();                   // 等待最近一次对 RTC 寄存器的写操作完成
            RTC_ITConfig(RTC_IT_ALR, ENABLE);        // 允许 RTC 闹钟中断
            RTC_ClearFlag();                         // 清除 RTC 标志，避免立即中断
        }
    }
```

本例要求 0.5 s 改变一次 LED1 灯亮灭状态，因此需要设置秒中断时间 0.5 s，即 TR_CLK 为 2 Hz（时钟周期就是 0.5 s）。RTC 时钟 RTCCLK 使用外部低速时钟 LSE，为 32.768 kHz，需要进行 16384（32768/2）分频。根据预分频寄存器 RTC_PRL 的计算公式如下：

$$TR\_CLK\ 时钟频率 = RTC\_CLK\ 时钟频率 \div (分频系数+1)$$

因此，写入预分频寄存器（RTC_PRL）的分频系数为 16383。

本例的计数器初值关系不大，假设为 10 个时钟周期，要求 3 s 后产生闹钟中断，在 0.5 s 时钟周期下，3 s 就是 6 个时钟周期，所以闹钟计数值设置为 16（10+6）。

### 2. RTC 中断配置和中断服务程序

由于用到 RTC 中断，需要配置中断控制器 NVIC。配置函数 NVIC_Config()可以单独编辑成一个文件；本例比较简单，也可以与 RTC 初始化函数编辑在同一个文件（rtc.c）中。参考第 6 章示例，代码如下：

```
    void NVIC_Config(void)
    {
        NVIC_InitTypeDef NVIC_InitStructure;
        NVIC_PriorityGroupConfig(NVIC_PriorityGroup_1);               // 设置优先级组
        NVIC_InitStructure.NVIC_IRQChannel = RTC_IRQn;                // RTC 中断
        NVIC_InitStructure.NVIC_IRQChannelPreemptionPriority = 0;     // 设置组优先级
        NVIC_InitStructure.NVIC_IRQChannelSubPriority = 1;            // 设置子优先级
        NVIC_InitStructure.NVIC_IRQChannelCmd = ENABLE;               // 允许中断
        NVIC_Init(&NVIC_InitStructure);                               // 配置 NVIC
    }
```

### 3. RTC 中断函数

为 RTC 服务的中断函数编辑在特定的中断服务程序文件 stm32f10x_it.c 中，分别处理秒中断（RTC_IT_SEC）和闹钟中断（RTC_IT_ALR），代码如下：

```
    void RTC_IRQHandler(void)
    {
        if(RTC_GetITStatus(RTC_IT_SEC))                      // 判断是不是秒中断
        {
            GPIOB->ODR^ =GPIO_Pin_0;                         // LED1（PB0）灯状态反转（灭变亮，亮变灭）
            RTC_WaitForLastTask();                           // 等待 RTC 寄存器操作完成
            RTC_ClearITPendingBit(RTC_IT_SEC);               // 清除秒中断标志
        }
        if(RTC_GetITStatus(RTC_IT_ALR))                      // 判断是不是闹钟中断
        {
```

```
                LED_On(2);                              // LED2（PF7）常亮
                RTC_WaitForLastTask();                  // 等待 RTC 寄存器操作完成
                RTC_ClearITPendingBit(RTC_IT_ALR);      // 清除闹钟中断标志
        }
    }
```

项目构建完成，可以进行软件模拟或者硬件仿真。图 9-8 是模拟运行时，逻辑分析仪展示的 LED1（PB0）和 LED2（PF7）波形图。

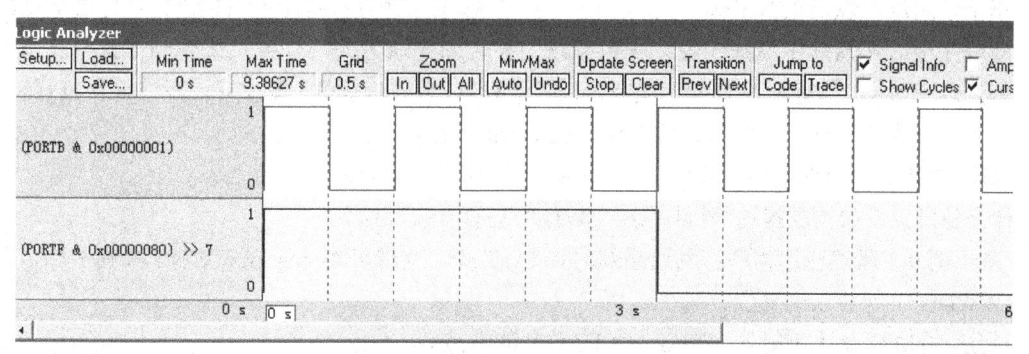

图 9-8 例 9-5 的逻辑分析器截图

# 习 题 9

9-1 单项或多项选择题（选择一个或多个符合要求的选项）

（1）Cortex-M3 处理器的系统时钟 SysTick 是一个（　　）位的减量计数器，STM32 微控制器的独立看门狗（IWDG）是一个独立运行的（　　）位减量计数器。

  A. 12      B. 16      C. 24      D. 32

（2）独立看门狗（IWDG）的关键寄存器 IWDG_KR 有几个关键作用，就是写入特定值引起特定操作。例如，写入（　　）数值就是启用独立看门狗。

  A. 0x5555    B. 0xAAAA    C. 0xBBBB    D. 0xCCCC

（3）启动窗口看门狗 WWDG 后，当其递减计数器的值小于（　　）时产生复位。

  A. 0x40     B. 0x4F      C. 0x70      D. 0x7F

（4）RTC 寄存器有些处于备份区域 BKP，但（　　）不在备份区域。

  A. 预分频装载寄存器（RTC_PRL）     B. 闹钟寄存器（RTC_ALR）

  C. 计数器寄存器（RTC_CNT）       D. 控制寄存器（RTC_CR）

（5）RTC 时钟（RTCCLK）可以选择三个时钟源之一。其中，（　　）方便产生 1 s 的计时时钟，是主要的 RTC 时钟源。

  A. 高速外部时钟 HSE        B. 低速外部时钟 LSE

  C. 高速内部时钟 HSI         D. 低速内部时钟 HSE

9-2 实现例 9-1 所述项目，重点说明各文件包含的代码。

9-3 使用直接对 SysTick 寄存器编程的方法对 SysTick 定时器初始化，仍然使得系统时钟每隔 1 ms 产生中断。

9-4 设置 SysTick 定时器每隔 1 s 产生中断，在中断服务程序中实现实时时钟的计时。主程序将实时时钟通过串口 USRAT1 输出。

9-5 简述 STM32 独立看门狗（IWDG）的工作过程。何时应该"喂狗"？何时会导致复位？

9-6 第 4 章学习 RCC 单元时介绍有 3 种类型、多个复位原因。STM32 固件库的函数 RCC_GetFlagStatus()可以获得具体的复位原因。查阅该函数，列出复位标志。

9-7 启用独立看门狗（IWDG），设置约 1s 的喂狗时间间隔。设置系统时钟 SysTick 定时不超过 1 s，在系统时钟中断服务程序中对独立看门狗计数值进行重载（即在 1s 内实现"喂狗"），LED1 指示灯闪烁，表示正常工作。使用按键 KEY2 按下，触发按键中断（EXTI）；在键盘中断服务程序中，不清除中断挂起位，导致系统时钟中断无法进入，模拟系统受到干扰；让 LED2 闪烁若干时间，表示程序出错，没有及时"喂狗"，系统将复位。复位后，系统重新执行程序，检测到是由于独立看门狗导致的复位，LED2 指示灯常亮。

9-8 简述 STM32 窗口看门狗（WWDG）和独立看门狗（IWWDG）的特色。

9-9 什么是窗口看门狗的提前唤醒中断（EWI）？它有什么用途？

9-10 基于例 9-3 所述应用程序，利用系统时钟 SysTick，实现每 50 ms 给 WWDG 喂狗 1 次，避免 WWDG 引起的系统复位。

9-11 简述 STM32 基本定时器（TIM6 和 TIM7）的特点。

9-12 基于例 9-4 所述应用程序，如果要求每隔 1 s，依次点亮 3 个 LED 灯，实现例 5-1 中的跑马灯效果。可以通过修改哪个程序实现？如何修改？（提示：类似例 9-1，定义一个静态变量，每次中断加 1；然后取除以 3 的余数作为点亮 LED 灯的编号，于是 1、2、3、1、2、3、…依次点亮。）

9-13 利用通用定时器 TIM2、TIM3 和 TIM4 的基本定时功能，编写一个通过中断来控制 LED 闪烁次数的应用程序。例如，TIM2 中断控制 LED 灯闪烁 2 次，TIM3 中断 LED 灯闪烁 3 次，TIM4 中断 LED 灯闪烁 4 次。

9-14 实时时钟 RTC 与系统的备份区域 BKP 有关，为充分理解 RTC 的应用，请查阅 STM32 参考手册，总结备份区域的主要功能，主要是数据备份寄存器 BKP_DR 的作用。同时，查阅 STM32 固件库手册，给出读取和写入数据备份寄存器函数的原型。

9-15 利用实时时钟 RTC 的秒中断，通过 USART1 接口显示实时时钟。自行设计具体的功能并尝试编程实现。

# 第 10 章  STM32 的模拟接口

在控制系统中，被测控的对象（如温度、压力、流量、速度、电压等）都是连续变化的物理量。这种连续变化的物理量通常被转换为模拟电压或电流，称为模拟量。当计算机参与测控时，计算机适合处理的信号是数字量，是离散的数据量。能将模拟量转换为数字量的器件称为模拟/数字转换器（Analog-Digital Converter，ADC）。计算机的处理结果是数字量，不能直接控制执行部件，需要转换为模拟量。能将数字量转换为模拟量的器件称为数字/模拟转换器（Digital-Analog Converter，DAC）。

把模拟信号转换为数字信号（A/D）和把数字信号转换成模拟信号（D/A）是控制领域经常用到的功能，所以嵌入式系统常集成有 ADC 和 DAC。

## 10.1  STM32 的 ADC 接口

STM32F10x 系列微控制器拥有 1～3 个 12 位 ADC。每个 ADC 具有 16 个模拟输入通道，可以测量 16 个外部信号源；主 ADC1 还可以测量 2 个内部信号源。各通道可以采用单次、连续、扫描或间断模式将模拟量转换为数字量，12 位转换结果保存于 16 位数据寄存器中，并可以选择左对齐或右对齐方式存储。

### 10.1.1  ADC 结构及特性

在 STM32 中，单个 ADC 模块的结构如图 10-1 所示（图中注入组和规则组的触发信号表达的是 ADC1 和 ADC2 的；ADC3 的触发信号与之不同，图中没有表达）。

#### 1．ADC 相关引脚

ADC 结构框图的左端表示了 ADC 模块的引脚，主要有参考电压 $V_{REF+}$、$V_{REF-}$、$V_{DDA}$ 和 $V_{SSA}$ 和模拟输入信号 ADCx_IN0～ADCx_IN15，如表 10-1 所示。

表 10-1  ADC 引脚

| 引脚名称 | 信号类型 | 说 明 |
| --- | --- | --- |
| $V_{REF+}$ | 输入，模拟参考正极 | 使用的高端/正极参考电压，2.4 V≤$V_{REF+}$≤$V_{DDA}$ |
| $V_{DDA}$ | 输入，模拟电源 | 等效于 $V_{DD}$ 的模拟电源，2.4 V≤$V_{DDA}$≤$V_{DD}$ (3.6 V) |
| $V_{REF-}$ | 输入，模拟参考负极 | ADC 使用的低端/负极参考电压，$V_{REF-}$ = $V_{SSA}$ |
| $V_{SSA}$ | 输入，模拟电源地 | 等效于 $V_{SS}$ 的模拟电源地 |
| ADCx_IN[15:0] | 模拟输入信号 | 16 条模拟输入通道 |

ADC 模拟电源 $V_{DDA}$ 和 $V_{SSA}$ 应该分别连接微控制器电源 $V_{DD}$ 和 $V_{SS}$，其中 $V_{DD}$=3.6 V。

进行 A/D 转换需要稳定的参考电压，STM32 的 ADC 设计有正参考电压 $V_{REF+}$ 和负参考电压 $V_{REF}$ 引脚。$V_{REF+}$ 的范围为 2.4 V～$V_{DDA}$，$V_{REF-}$ 接地，即 0 V。所以，STM32 的 ADC 不能直

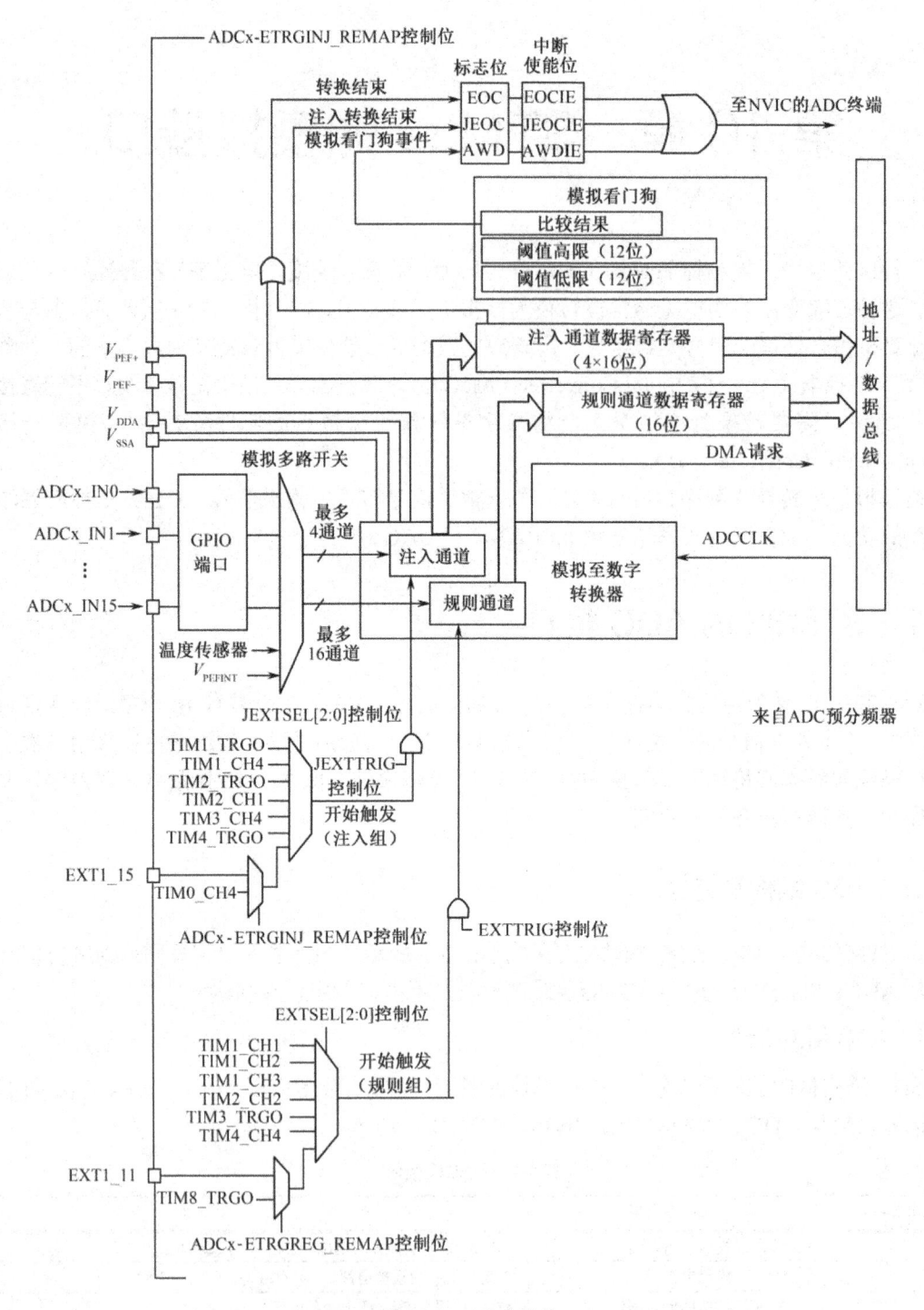

图 10-1 ADC 结构

接测量负电压，其输入的电压信号 $V_{IN}$ 范围为 $V_{REF-} \sim V_{REF+}$。当需要测量负电压或者测量的电压信号超出范围时，需要使用外接电路进行调压。STM32 的 ADC 模块还设计有模拟看门狗，如果采样的电压不在设置的阈值范围内，会触发模拟看门狗中断。

ADC 模拟输入通道与 GPIO 引脚复用，详见 STM32 数据手册的引脚定义表。相应的 GPIO

引脚设置为模拟输入模式后，可用于采样模拟电压。例如，在高密度 STM32F103xC/D/E 的引脚定义中，GPIO 引脚 PC0～PC3 默认的复用功能依次为 ADC123_IN10～ADC123_IN13，这里的 ADC123 表示 ADC1、ADC2 和 ADC3，即这 3 个 ADC 均使用同一个模拟通道。例如，3 个 ADC 模拟通道 11（ADC123_IN11）均对应 PC1。

只有 ADC1 支持 2 个内部信号源，用于测量设备的环境温度。温度传感器 $V_{SENSE}$ 连接 ADCx_IN16 通道，内部参考电压 $V_{REFINT}$ 连接 ADCx_IN17 通道。

### 2. ADC 通道选择

STM32 的 ADC 有 16 个多路复用通道，可以将转换组织成两组（Group）：规则组（Regular）和注入组（Injected）。一个组由一系列转换组成，这个系列转换可以是在任何通道上，并以任何顺序进行。例如，以如下顺序转换：通道 3、通道 8、通道 2、通道 2、通道 0、通道 2、通道 2、通道 15。

① 规则组：由最多 16 个转换组成，规则通道及其转换顺序必须在规则序列寄存器 ADC_SQRx 中选择。规则组中转换的总数必须写入规则序列寄存器 1ADC_SQR1 的 L[3:0] 位中。

② 注入组：由最多 4 个转换组成，注入通道及其转换顺序必须在注入序列寄存器 ADC_JSQR 中选择。注入组中的转换总数目必须写入注入序列寄存器的 L[1:0] 位中。

存放 ADC 转换出来的数据分为规则通道数据寄存器（1 个）和注入通道数据寄存器（4 个）。如果在转换过程中改变了规则序列寄存器或注入序列寄存器，则当前转换复位并给 ADC 发送一个新的启动脉冲时，ADC 按照新选的组进行转换。

另外，注入通道的转换可以打断规则通道的转换，在注入通道被转换完成之后，规则通道才得以继续转换，与中断类似。因此，实际应用中，规则组转换好像一个常规序列（如循环检测室内若干位置的温度），注入组则是偶尔插入的特殊序列（如手动切换为检测室外温度）。

### 3. ADC 触发选择

ADC 部件需要收到触发信号才开始转换。对 ADC1 和 ADC2 来说，触发信号可以来自外部（规则通道是 EXTI11，注入通道是 EXTI15），也可以来自内部定时器（TIM1～TIM4 的有关事件），还可以使用软件触发转换。使用外部触发信号时，只有上升沿可以启动转换。软件源触发事件则通过设置 ADC_CR2 寄存器的软件控制位（规则通道是 SWSTART，注入通道是 JSWSTART）产生。ADC1 和 ADC2 的内部定时器触发事件见图 10-1，详见 STM32 参考手册。

对于 ADC3，触发信号来自内部定时器（TIM1～TIM4、TIM5 和 TIM8 的有关事件），也可以是软件触发，图 10-1 中没有表示，详见 STM32 参考手册。

### 4. ADC 转换时间

ADC 时钟（ADCCLK）来自高速外设 APB2 时钟（PCLK2），经复位和时钟控制器 RCC 的时钟配置寄存器（RCC_CFGR）预分频，对 PCLK2 进行 2、4、6 和 8 分频产生，但最大不得超过 14 MHz，如图 10-2 所示。

A/D 转换需要采样模拟信号，并保持一段时间，然后将其量化，用数字编码表达信号量值大小。ADC 部件接收到触发信号之后，在 ADCCLK 时钟的驱动下对输入通道的信号采样，并进行模/数转换。ADC 在开始转换前，需要一段稳定时间。转换启动后，需要经过（最少）14 个时钟周期才能结束。此时，16 位数据寄存器保存转换结果。

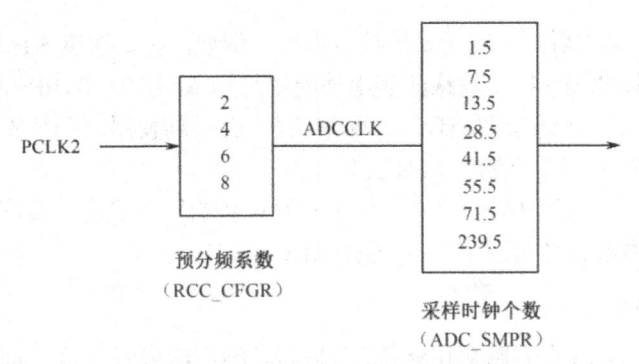

图 10-2  ADC 时钟分频和采样时间

ADC 每条通道的采样时间都可以分别控制,最少 1.5 个时钟周期,最多 239.5 个时钟周期,由 ADC_SMPR 编程控制,见图 10-2。整个 ADC 的转换时间用如下公式计算:

ADC 转换时间=采样时间(可变时间)+12.5 个时钟周期(固定时间)

假设 ADC 使用最大时钟频率,即 ADCCLK=14 MHz(可以是 56 MHz 外设时钟 PCLK2 经过 4 分频得到),并使用最少采样时间,1.5 个时钟周期,则 ADC 的最小转换时间为 14 个时钟周期(1.5+12.5),即

$$\frac{14时钟周期}{14MHz} = 10^{-6}s = 1\mu s$$

### 5. 数据对齐

A/D 转换有多种实现技术,STM32F10x 的 ADC 采用逐次逼近式转换技术。ADC 转换结果是一个 12 位的二进制数,即分辨率是 12 位。因为不支持直接测量负电压,所以没有符号位,即其最小量化单位是 $V_{REF+}/2^{12}$。

但是,存放 ADC 转换结果的数据寄存器是 16 位的,保存 12 位结果就会多余 4 位,于是 STM32 设计了数据左对齐和右对齐两种情况,如图 10-3 所示。

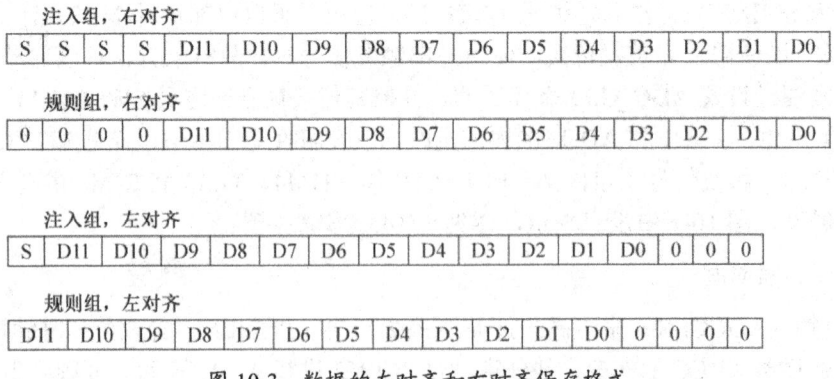

图 10-3  数据的左对齐和右对齐保存格式

根据通道所在的组,转换的数据分别存放于规则通道数据寄存器和注入通道数据寄存器。对于注入组的通道,转换结果由用户定义的偏移量(写入注入通道数据偏移寄存器 ADC_JOFR)相减得到,所以可以是负值。图 10-3 中,"S" 位表示符号扩展。也就是说,结果是正数,符号位是 0;如果结果是负数,符号位为 1。

## 6. ADC 中断

规则通道和注入通道转换完成均可触发 ADC 的转换结束事件,产生 ADC 中断请求;如果配置了模拟看门狗,并且采集得到的电压超出阈值,会触发看门狗中断,如表 10-2 所示。

表 10-2 ADC 中断表

| 中断事件 | 事件标志 | 允许控制位 |
| --- | --- | --- |
| 规则组转换结束 | EOC | EOCIE |
| 注入组转换结束 | JEOC | JEOCIE |
| 模拟看门狗状态位置位 | AWD | AWDIE |

注意,ADC1 和 ADC2 中断映射为同一个中断向量,ADC3 映射为另一个中断向量。另外,在 ADC 状态寄存器 ADC_SR 中还有两个事件标志:规则组通道转换开始(STRT)和注入组通道转换开始(JSTRT),但它们没有对应的中断。

## 7. DMA 请求

因为规则组通道的转换结果只有一个数据寄存器,对于多个规则通道的转换,有必要使用 DMA 方式处理数据,以免数据溢出。当一个规则通道转换结束,就可以产生 DMA 请求,即将规则组数据寄存器 ADC_DR 的数据利用 DMA 方式传送到用户事先选定的目的位置。

只有 ADC1(和 ADC3)能够产生 DMA 请求。ADC2 转换数据可以在双 ADC 模式中使用 ADC1 的 DMA 请求。

## 8. ADC 校准

ADC 具有内置的自校准模式。校准可以显著减少内部电容组的变化导致的精度误差。在校准过程中,会为每个电容器计算出一个误差修正码(数字值),用于消除在后续的所有 A/D 转换中每个电容器上产生的误差。

开始校准前,ADC 必须经过上电状态至少 2 个 ADC 时钟周期。建议每次上电后都执行一次 ADC 校准。

## 9. ADC 寄存器

深入理解 ADC 的工作原理,对 ADC 接口进行寄存器编程,需要读者熟悉 ADC 寄存器。有关 ADC 寄存器的详细内容,请参考 STM32 参考手册。表 10-3 列出了 ADC 寄存器名称。

表 10-3 ADC 寄存器

| 寄存器缩写 | 寄存器英文名称 | 寄存器中文名称 |
| --- | --- | --- |
| ADC_SR | Status Register | 状态寄存器 |
| ADC_CRx | Control Register | 控制寄存器 x,x=1~2 |
| ADC_SMPRx | Sample Time Register | 采样时间寄存器 x,x=1~2 |
| ADC_JOFRx | Injected Channel Data Offset Register | 注入通道数据偏移寄存器 x,x=1~4 |
| ADC_HTR | Watchdog High Threshold Register | 看门狗高阈值寄存器 |
| ADC_LTR | Watchdog Low Threshold Register | 看门狗低阈值寄存器 |
| ADC_SQRx | Regular Sequence Register | 规则序列寄存器 x,x=1~3 |
| ADC_JSQR | Injected Sequence Register | 注入序列寄存器 |
| ADC_JDRx | Injected Data Register | 注入数据寄存器 x,x=1~4 |
| ADC_DR | Regular Data Register | 规则数据寄存器 |

## 10.1.2 ADC 的转换模式

STM32 的 ADC 单元可以通过内部的多路模拟开关切换不同的模拟输入通道进行转换，而且支持多条通道构成规则组或注入组，以灵活地顺序进行一系列转换，主要有下述 4 种转换模式。

**1．单次模式**

在单次模式中，ADC 只进行一次 A/D 转换，每次转换结束后，有：

① 对于一条规则通道，转换的结果数据存储在 16 位规则数据寄存器 ADC_DR 中；转换结束 EOC 标志置位。如果置位了转换结束中断允许位 EOCIE，产生中断。

② 对于一条注入通道，转换的结果数据存储在 16 位注入数据寄存器 1（ADC_DRJ1）中；注入转换结束标志 JEOC 置位。如果置位了注入转换结束中断允许位 JEOCIE，产生中断。

然后，ADC 停止。

**2．连续模式**

在连续模式中，ADC 完成一次 A/D 转换后接着开始下一次转换。在每次转换结束后，有：

① 对于一条规则通道，转换的结果数据存储在 16 位规则数据寄存器 ADC_DR 中；转换结束标志 EOC 置位。如果置位了转换结束中断允许位（EOCIE），产生中断。

② 对于一条注入通道，转换的结果数据存储在 16 位注入数据寄存器 1（ADC_DRJ1）中；注入转换结束标志 JEOC 置位。如果置位了注入转换结束中断允许位 JEOCIE，产生中断。

**3．扫描模式**

在扫描模式中，ADC 对通过规则序列寄存器 ADC_SQR 或注入序列寄存器 ADC_JSQR 选择的一组通道逐个转换。一条通道转换结束，自动进行下一条通道的转换。如果设置为连续模式，组中最后一条通道转换结束，继续从组中第一条通道开始转换。

对规则组，因为只有一个规则组数据寄存器 ADC_DR，所以使用扫描模式，必须设置 DMA 传输方式，这样才能及时将每次更新的数据寄存器 ADC_DR 中的转换结果存入静态存储器 SRAM 中。

注入组通道的转换结果总是保存于多个注入数据寄存器 ADC_JDR。注入数据寄存器共 4 个，而注入组最多支持 4 条通道。

**4．断续模式**

规则组与注入组的断续模式略有不同。但断续模式只能允许一组转换，用户必须避免对规则组和注入组均设置为断续模式。

（1）规则组

在由规则序列寄存器 ADC_SQR 选定的一系列通道中（最多 16 个），再设置 $n$ 条通道（最多 8 个）。当外部触发信号发生时，它将启动 $n$ 条通道进行转换，直到这一系列通道都转换结束。

例如，$n$=3，转换的一系列通道为 0、1、2、3、6、7、9、10。

第 1 次触发：转换的序列是 0、1、2，每次转换产生转换结束 EOC 事件。

第 2 次触发：转换的序列是 3、6、7，每次转换产生转换结束 EOC 事件。

第 3 次触发：转换的序列是 9、10，每次转换产生转换结束 EOC 事件。

第 4 次触发：转换的序列是 0、1、2，每次转换产生转换结束 EOC 事件。

规则组的断续模式中，不会滚动到下一个序列。当所有子序列转换结束，下一次触发将从第一个子序列开始，如上例的第 4 次触发。

（2）注入组

在由注入序列寄存器 ADC_JSQR 选定的一系列通道中（最多 4 个），每次外部触发事件后逐个通道进行转换，直到这一系列通道转换结束。

例如，$n=1$，转换的一系列通道为 1、2、3。

第 1 次触发：通道 1 转换。

第 2 次触发：通道 2 转换。

第 3 次触发：通道 3 转换，并产生转换结束 EOC 事件和注入转换结束 JEOC 事件。

第 4 次触发：通道 1 转换。

当所有注入通道都转换结束，下一个触发将启动第一条注入通道的转换。

STM32 还支持复杂的双 ADC 模式，转换模式的更多细节可查阅 STM32 参考手册。

### 10.1.3　STM32 的 ADC 函数

ADC 单元的寄存器数量较多，而且较复杂，利用寄存器直接编程较困难，因此应用程序员可以利用 STM32 驱动程序库进行项目开发。因为 ADC 功能较强，其函数也很多，表 10-4 只罗列了 STM32 固件库中主要的 ADC 函数。

表 10-4　STM32 库的主要 ADC 函数

| 函 数 名 | 函数功能 |
| --- | --- |
| ADC_Init | ADC 初始化：根据 ADC_InitStruct 指定的参数初始化 ADCx 外设 |
| ADC_DeInit | 将 ADCx 的寄存器重设为默认的复位值 |
| ADC_StructInit | 将 ADC_InitStruct 中的每一个参数按默认值填入 |
| ADC_Cmd | 允许或禁止 ADC |
| ADC_ITConfig | 允许或禁止 ADC 中断 |
| ADC_GetITStatus | 获取 ADC 中断状态 |
| ADC_ClearITPendingBit | 清除 ADC 中断的挂起位 |
| ADC_GetFlagStatus | 获取 ADC 标志状态 |
| ADC_ClearFlag | 清除 ADC 挂起的标志状态 |
| ADC_DMACmd | 允许或禁止 ADC 的 DMA 请求 |
| ADC_SoftwareStartConvCmd | 允许或禁止 ADC 的软件转换启动 |
| ADC_ExternalTrigConvCmd | 允许或禁止 ADC 的外部触发启动 |
| ADC_RegularChannelConfig | 设置指定 ADC 的规则组通道，及其转换顺序和采样时间 |
| ADC_InjectedChannelConfig | 设置指定 ADC 的注入组通道，及其转换顺序和采样时间 |
| ADC_ResetCalibration | 复位指定 ADC 的校准寄存器 |
| ADC_StartCalibration | 启动指定 ADC 的校准过程 |
| ADC_GetCalibrationStatus | 获取指定 ADC 的校准状态 |
| ADC_GetResetCalibrationStatus | 获取指定 ADC 的复位校准寄存器状态 |
| ADC_GetConversionValue | 返回规则通道的最新一个 ADC 转换结果 |
| ADC_GetInjectedConversionValue | 返回注入通道的 ADC 转换结果 |

初始化函数是每个外设必需和基本的函数,本节只重点介绍 ADC_Init()函数,其他函数请查阅 STM32 固件库手册。ADC_Init()函数的原型如下:

> void ADC_Init(ADC_TypeDef* ADCx, ADC_InitTypeDef* ADC_InitStruct)

ADC_Init()函数的功能是根据 ADC_InitStruct 中指定的参数初始化外设 ADCx 的寄存器,有 2 个参数,没有返回值。

参数 1:ADCx,其中 x 为 1、2 或 3,用于选择 ADC1、ADC2 或 ADC3。

参数 2:ADC_InitStruct,指向 ADC 初始化结构的指针,包含 ADC 的配置信息。ADC 初始化结构类型 ADC_InitTypeDef 定义于文件 stm32f10x_adc.h,代码如下:

```
typedef struct
{
    uint32_t ADC_Mode;                              // 采用的 ADC 转换模式
    FunctionalState ADC_ScanConvMode;               // 是否采用扫描模式
    FunctionalState ADC_ContinuousConvMode;         // 是否采用连续模式
    uint32_t ADC_ExternalTrigConv;                  // 指定启动规则通道的外部触发信号
    uint32_t ADC_DataAlign;                         // 指定 ADC 数据的对齐方式
    uint8_t ADC_NbrOfChannel;                       // 指定规则组转换的 ADC 通道的数目
} ADC_InitTypeDef
```

ADC_InitTypeDef 的各结构成员及取值如表 10-5 所示。

表 10-5　ADC_InitTypeDef 各结构成员及取值表

| 结构成员名称(含义) | 取值或常量(含义) |
|---|---|
| ADC_Mode<br>(ADC 转换模式) | ADC_Mode_Independent(独立模式)<br>ADC_Mode_RegInjecSimult(同步规则和同步注入模式)<br>ADC_Mode_RegSimult_AlterTrig(同步规则模式和交替触发模式) |
| ADC_Mode<br>(ADC 转换模式) | ADC_Mode_InjecSimult_SlowInterl(同步注入模式和慢速交替模式)<br>ADC_Mode_InjecSimult(同步注入模式)<br>ADC_Mode_RegSimult(同步规则模式)<br>ADC_Mode_FastInterl(快速交替模式)<br>ADC_Mode_SlowInterl(慢速交替模式)<br>ADC_Mode_AlterTrig(交替触发模式) |
| ADC_ScanConvMode<br>(是否采用扫描模式) | ENABLE(多通道扫描模式)<br>DISABLE(单通道单次转换模式) |
| ADC_ContinuousConvMode<br>(是否采用连续模式) | ENABLE(连续模式)<br>DISABLE(单次模式) |
| ExternalTrigConv<br>(外部触发信号) | ADC_ExternalTrigConv_T1_CC1(定时器 1 的捕获比较 1)<br>ADC_ExternalTrigConv_T1_CC2(定时器 1 的捕获比较 2)<br>ADC_ExternalTrigConv_T1_CC3(定时器 1 的捕获比较 3)<br>ADC_ExternalTrigConv_T2_CC2(定时器 2 的捕获比较 2)<br>ADC_ExternalTrigConv_T3_TRGO(定时器 3 的 TRGO)<br>ADC_ExternalTrigConv_T4_CC4(定时器 4 的捕获比较 4)<br>ADC_ExternalTrigConv_Ext_IT11(外部中断线 11 事件)<br>ADC_ExternalTrigConv_None(转换由软件而不是外部触发启动) |
| ADC_DataAlign<br>(数据的对齐方式) | ADC_DataAlign_Right(ADC 数据右对齐)<br>ADC_DataAlign_Left(ADC 数据左对齐) |
| ADC_NbrOfChannel<br>(ADC 的通道数目) | 1~16(数目的取值范围是 1~16) |

## 10.1.4 ADC 应用示例：数据采集

【例 10-1】 ADC1 数据采集。

本例假设某 STM32 开发板上有一个 20 kΩ 滑动变阻器接在 PC1 上，如图 10-4 所示。通过滑动变阻器提供的模拟输入电压，经 A/D 转换获得电压的数字量，然后采用 DMA 方式传输到主存，再由主存传送到串口显示。

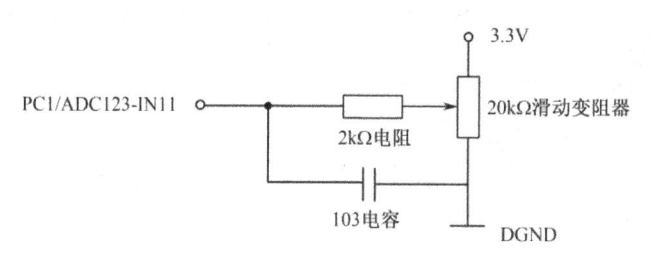

图 10-4 ADC 通道 11 的连接

本项目用到 GPIOC、DMA1、ADC1 和 USART1 外设，需要编写这 4 个外设的初始化函数，以及控制它们工作、获取转换数据并显示的程序。

### 1. 配置 GPIOC（编写 GPIOC_Config() 函数）

查阅 STM32 数据手册的引脚定义，可知 ADC 通道与 GPIO 引脚的关系：PC1 引脚默认复用到 ADC 的通道 11（ADC123_IN11）。因此，需要首先开启 GPIOC 的时钟，调用 GPIO_Init() 函数，设置 PC1 引脚为模拟输入功能。代码如下：

```
void GPIOC_Config(void)               // 配置 GPIOC.01 引脚功能的函数
{
    GPIO_InitTypeDef GPIO_InitStructure;
    /* 开启 GPIOC 时钟 */
    RCC_APB2PeriphClockCmd( RCC_APB2Periph_GPIOC, ENABLE);
    /* 配置 PC1 引脚为模拟输入模式 */
    GPIO_InitStructure.GPIO_Pin = GPIO_Pin_1;
    GPIO_InitStructure.GPIO_Mode = GPIO_Mode_AIN;
    GPIO_Init(GPIOC, &GPIO_InitStructure);
}
```

### 2. 配置 DMA1（编写 DMA1_Config() 函数）

A/D 转换结果使用 DMA 方式传输到主存中。查阅表 8-1 可知，ADC1 外设的 DMA 请求是连接到 DMA1 单元的通道 1。

DMA 接于 AHB，需先调用 RCC_AHBPeriphClockCmd() 函数开启 DMA1 的时钟，然后调用 DMA_Init() 函数初始化 DMA1_Channel1，再调用 DMA_Cmd() 函数使能 DMA1_Channel1。

```
void DMA1_Config(void)  //配置 DMA1
{
    DMA_InitTypeDef DMA_InitStructure;
    /* 开启 DMA1 时钟 */
    RCC_AHBPeriphClockCmd(RCC_AHBPeriph_DMA1, ENABLE);
    /* 配置 DMA1 通道 1 */
```

```
    DMA_InitStructure.DMA_PeripheralBaseAddr = ADC1_DR_Address;    // 外设 ADC1 地址
/* 保存转换结果的主存地址 */
    DMA_InitStructure.DMA_MemoryBaseAddr = (uint32_t)&ADC_out;
    DMA_InitStructure.DMA_DIR = DMA_DIR_PeripheralSRC;             // 外设是源
    DMA_InitStructure.DMA_BufferSize = 1;                          // DMA 传输 1 个数据
    DMA_InitStructure.DMA_PeripheralInc = DMA_PeripheralInc_Disable;   // 外设地址固定
    DMA_InitStructure.DMA_MemoryInc = DMA_MemoryInc_Disable;       // 主存地址固定
    DMA_InitStructure.DMA_PeripheralDataSize = DMA_PeripheralDataSize_HalfWord;
/* 传输单位为半字 */
    DMA_InitStructure.DMA_MemoryDataSize = DMA_MemoryDataSize_HalfWord;
    DMA_InitStructure.DMA_Mode = DMA_Mode_Circular;                // 循环传输的 DMA 模式
    DMA_InitStructure.DMA_Priority = DMA_Priority_High;
    DMA_InitStructure.DMA_M2M = DMA_M2M_Disable;
    DMA_Init(DMA1_Channel1, &DMA_InitStructure);                   // 配置 DMA1 通道 1
    DMA_Cmd(DMA1_Channel1, ENABLE);                                // 允许 DMA1 通道 1
}
```

DMA 配置有两个地址需要明确。一个是外设基地址，这里是 ADC1 的数据寄存器 ADC1_DR 地址，查阅 STM32 参考手册计算出地址，然后进行常量定义如下：

```
#define    ADC1_DR_Address    ((uint32_t)0x40012400+ 0x4c)
```

另一个地址是保存 A/D 转换的主存地址，可以在程序中声明一个变量，如下所示：

```
__IO uint16_t ADC_out;                                             // 存放 ADC1 转换结果的变量
```

注意，A/D 转换的结果是 12 位，但以左对齐或右对齐形式保存于 16 位数据寄存器。

### 3. 配置 USART1（重用 usart1.c 文件）

经 DMA 方式保存于主存的 A/D 转换结果，再使用串口传送给 PC 显示，需要将 printf()函数的输出重定向为 USART1。可以直接使用（重用）例 7-1 中所述代码，即将 usart1.c 文件（usart1.h）添加到本示例项目中。

### 4. 初始化 ADC1（编写 ADC1_Config()函数）

前 3 个外设的初始化配置函数，读者可以复习前面章节的有关内容。下面重点讲解 ADC1 初始化函数的编写，步骤如下。

<1> 配置与 ADC1 相关的外设。与 ADC1 有关系的是 GPIOC 和 DMA，ADC1 工作前也需要配置 GPIOC 和 DMA1。参见前面的内容，调用 GPIOC_Config()和 DMA1_Config()函数即可实现配置。

<2> 开启 ADC1 的时钟。ADC1 挂接在 APB2 总线上，需调用 RCC_APB2PeriphClockCmd() 函数开启其时钟。

<3> 配置 ADC1 工作模式。调用 ADC_Init()函数，选择 ADC1 的转换模式、触发方式、数据对齐方式以及通道个数等。本例应用问题比较简单，只对一条通道连续转换，不用硬件触发。

<4> 设置转换时间。调用 RCC_ADCCLKConfig()函数设置 ADC1 的分频因子，要确保 ADC1 的时钟 ADCCLK 不超过 14MHz。然后，调用 ADC_RegularChannelConfig()设置通道 11 的采样周期，确定 A/D 转换时间。

&lt;5&gt; 允许 ADC1 的 DMA。调用 ADC_DMACmd(ADC1, ENABLE)函数实现。

&lt;6&gt; 开启 A/D 转换。调用 ADC_Cmd(ADC1, ENABLE)函数实现。

&lt;7&gt; ADC 校准。为减少误差，ADC 自校准是必需的过程。这需要先复位校准（调用函数 ADC_ResetCalibration()），等待复位结束（调用函数 ADC_GetResetCalibrationStatus()）；然后，进行 ADC 校准（调用函数 ADC_StartCalibration()），等待校准结束（调用函数 ADC_GetCalibrationStatus()）。

&lt;8&gt; 软件触发 A/D 转换。本例不采用外部触发，所以需要使用软件触发 A/D 转换。调用 ADC_SoftwareStartConvCmd(ADC1, ENABLE)函数实现。

ADC1 初始化代码保存在 adc1.c 文件中，请对照上述说明进行阅读。

```c
#include "adc1.h"
#define ADC1_DR_Address    ((uint32_t)0x40012400+ 0x4c)  // 定义 ADC1 数据寄存器地址常量
__IO uint16_t ADC_out;                                    // 声明存放 ADC1 转换结果的变量
void GPIOC_Config(void) { … }                             // GPIOC.01 初始化，代码略
void DMA1_Config(void) { … }                              // DMA1 通道 1 初始化，代码略
void ADC1_Config(void)
{
    ADC_InitTypeDef ADC_InitStructure;
    /* 〈1〉配置 ADC1 相关的外设 */
    GPIOC_Config();
    DMA1_Config();
    /* 〈2〉开启 ADC1 时钟 */
    RCC_APB2PeriphClockCmd(RCC_APB2Periph_ADC1, ENABLE);
    /* 〈3〉配置 ADC1 工作模式 */
    ADC_InitStructure.ADC_Mode = ADC_Mode_Independent;          // 独立 ADC 模式
    ADC_InitStructure.ADC_ScanConvMode = DISABLE ;              // 禁止扫描模式
    ADC_InitStructure.ADC_ContinuousConvMode = ENABLE;          // 开启连续转换模式
    /* 不使用外部触发 */
    ADC_InitStructure.ADC_ExternalTrigConv = ADC_ExternalTrigConv_None;
    ADC_InitStructure.ADC_DataAlign = ADC_DataAlign_Right;      // 采集的数据右对齐
    ADC_InitStructure.ADC_NbrOfChannel = 1;                     // 要转换的通道个数
    ADC_Init(ADC1, &ADC_InitStructure);
    /* 〈4〉配置 ADC 时钟 */
    RCC_ADCCLKConfig(RCC_PCLK2_Div8); // 设置 PCLK2 分频系数为 8，即 ADCCLK=72MHz/8
    /* 选择 ADC1 的通道 11 为 55.5 个采样周期，序列为 1 */
    ADC_RegularChannelConfig(ADC1, ADC_Channel_11, 1, ADC_SampleTime_55Cycles5);
    /* 〈5〉允许 ADC1 的 DMA */
    ADC_DMACmd(ADC1, ENABLE);
    /* 〈6〉允许 ADC1，开启 A/D 转换 */
    ADC_Cmd(ADC1, ENABLE);
    /* 〈7〉ADC 校准 */
    ADC_ResetCalibration(ADC1);                                 // 复位校准寄存器
    while(ADC_GetResetCalibrationStatus(ADC1));                 // 等待校准寄存器复位完成
```

```
        ADC_StartCalibration(ADC1);                        // 启动 ADC 校准
        while(ADC_GetCalibrationStatus(ADC1));             // 等待校准完成
        /* 〈8〉软件触发 A/D 转换 */
        ADC_SoftwareStartConvCmd(ADC1, ENABLE);
    }
```

对应 adc1.c 文件，应该配合一个头文件 adc1.h，代码如下：

```
#ifndef  __ADC_H
#define  __ADC_H
#include "stm32f10x.h"
void ADC1_Config(void);
#endif                                                     // __ADC_H
```

### 5. 主程序（main.c 文件）

本例中，GPIOC、DMA1 和 ADC1 初始化函数都可以写在一个文件中，如 adc1.c（adc1.h）。在项目中再加上 USART1 初始化文件 usart1.c（usart1.h）。当然，用户需要编写主程序。主程序 main.c 的代码如下：

```
#include "stm32f10x.h"
#include "usart1.h"
#include "adc1.h"
extern __IO uint16_t ADC_out;          // 保存 A/D 转换的数字电压值，adc1.c 文件中声明
void Delay(__IO uint32_t nCount);
int main(void)
{
    USART1_Config();                   // 串口 1 初始化
    ADC1_Config();                     // ADC1 初始化
    printf("ADC1 转换结果：\r\n");
    while (1)
    {
        printf("\n 当前电压数字量：0x%04X \r\n",ADC_out );
        printf("\n 当前电压模拟值：%f V \n", (float) ADC_out/4096*3.3);
        Delay(0xfffff);
    }
}
……                                    // 简单延时函数（略）
```

ADC 输出的数字量直接显示为 4 位十六进制数（对应 16 位二进制数），模拟电压值则转换为浮点数显示。由于 ADC 的分辨率是 12 位（4096），开发板的参考电压 $V_{REF+}$ 是 3.3 V，因此模拟电压值的计算公式如下：

$$模拟电压值=数字量\div 4096\times 3.3 \text{ V}$$

软件仿真运行程序时，打开 Analog/Digital Converter 1（ADC1）窗口，在 ADC1_IN11 框中输入不同的模拟电压值，就会在 UART#1 窗口中看到转换结果。在 ADC1_IN11 中分别输入 1.67、1.8 和 2.45，效果如图 10-5 所示。

硬件仿真运行程序时，不停地输出 A/D 转换的数字量和对应的模拟电压值，旋转开发板上的滑动变阻器，输出量值也随之改变。

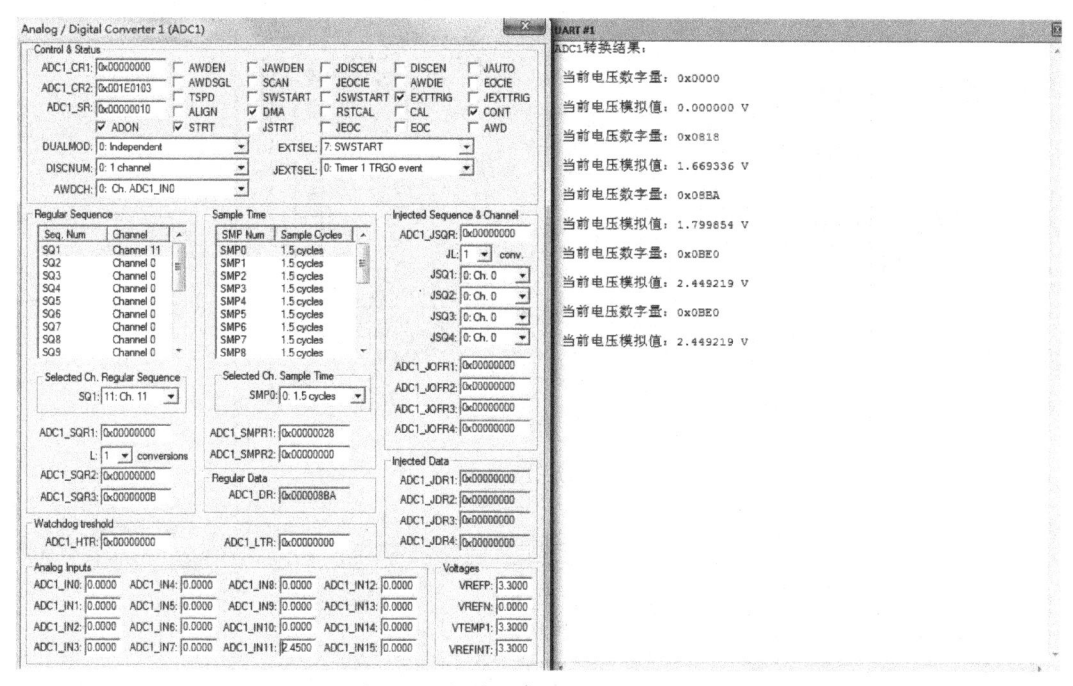

图 10-5　软件仿真的 ADC1 转换结果

## 10.2　STM32 的 DAC 接口

大容量的 STM32F103 具有内部数字/模拟转换器 DAC。DAC 是一个 12 位电压输出的 D/A 转换器，可配置为 8 位或 12 位的数字输入，由内部软件或外部信号触发转换。DAC 有 2 条输出通道，每条通道具有各自的转换器，都支持 DMA 传输。DAC 还支持双 DAC 通道模式，可以同时或者分别转换。DAC 可输出直流电压或规则波形电压信号，如三角波、噪声波、锯齿波等。

### 10.2.1　DAC 结构及特性

STM32 微控制器的 DAC 结构如图 10-6 所示，上部是数字输入及控制部分，下部是 DAC 部分。

#### 1. DAC 相关引脚

在图 10-6 中，$V_{DDA}$（输入信号，模拟电源）和 $V_{SSA}$（输入信号，模拟电源地）为 DAC 模拟部分供电。$V_{REF+}$ 是 DAC 模块的输入正模拟参考电压（与 ADC 共用），以获得更精确的转换结果，其电压范围是 2.4～3.3 V，如表 10-6 所示。

DAC_OUTx 是 DAC 的电压输出信号，对应 GPIO 的 PA4 和 PA5 引脚。当 DAC 通道被允许，PA4 或 PA5 自动作为模拟电压输出引脚，但需要首先配置为模拟输入（AIN）功能，以防寄生损耗。

DAC 通道由控制寄存器 DAC_CR 的允许位 ENx 控制（置位为允许），但只能控制通道的模拟部分；通道的数字部分即使在 ENx 位复位时，也可以工作。

图 10-6 DAC 结构

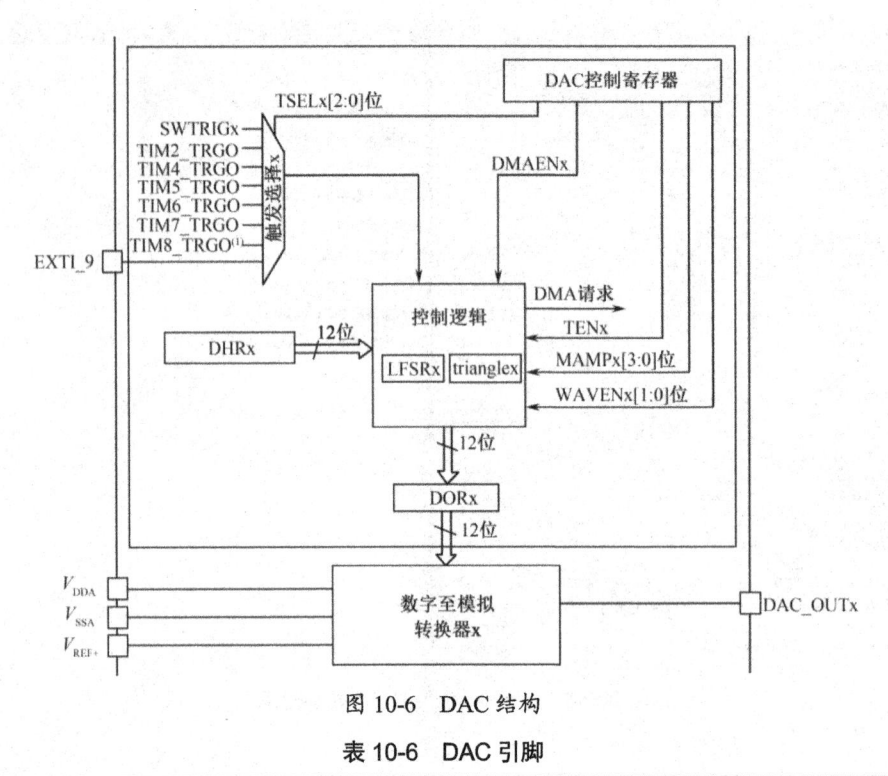

表 10-6 DAC 引脚

| 引脚名称 | 信号类型 | 说　　明 |
| --- | --- | --- |
| $V_{REF+}$ | 输入，模拟参考正极 | 使用的高端/正极参考电压，2.4 V≤$V_{REF+}$≤$V_{DDA}$（3.3 V） |
| $V_{DDA}$ | 输入，模拟电源 | 模拟电源 |
| $V_{SSA}$ | 输入，模拟电源地 | 模拟电源地 |
| DAC_OUTx | 模拟输出信号 | DAC 通道 x 的模拟输出 |

DAC 集成了 2 个输出缓冲器电路，用来减少输出阻抗，以便直接驱动外部负载，不需连接外部运算放大器。每条 DAC 通道的输出缓冲器可以通过设置控制寄存器 DAC_CR 的缓冲器位 BOFFx 位来开启或关闭。

### 2. DAC 触发和 DAC 转换

D/A 转换的触发源可以是微控制器的内部定时器事件（TIM2～TIM8，TIM8 TRGO 信号是在高密度型和超密度型产品上，在互联型产品上是 TIM3 TRGO 信号），也可以是外部引脚（EXTI_9），还可以采用软件控制触发（SWTRIG）。触发信号的选择由控制寄存器 DAC_CR 的触发选择位 TSELx[2:0]确定。

提供给 DAC 通道进行转换的数字量必须写入数据保持寄存器 ADC_DHRx，不能直接写入数据输出寄存器 ADC_DORx。在转换触发后，数据保持寄存器的数据自动传送到数据输出寄存器。

每次 DAC 接口侦测到选中的定时器 TRGO 输出信号上升沿，或者外部中断线 9 的上升沿，数据保持寄存器 DAC_DHRx 最近存放的数据将被传输到数据输出寄存器 DAC_DORx 中。3 个 APB1 时钟周期后，数据输出寄存器 DAC_DORx 更新为新值。

如果选择软件触发，一旦软件触发控制位 SWTRIG 置位（为 1），1 个 APB1 时钟周期后，转换开始。当数据从数据保持寄存器 DAC_DHRx 传送到数据输出寄存器 DAC_DORx 后，软件触发控制位 SWTRIG 由硬件自动复位（清零）。

当数据输出寄存器载入数据保持寄存器的数字量后，经过一个建立时间（与电源电压和模拟输出的负载有关），输出引脚呈现相应的模拟输出电压。数字输入量经过 DAC 被线性地转换为模拟电压输出，其范围为 $0\sim V_{REF+}$。12 位数字量模式下，模拟输出电压值与数字输入量的计算公式如下：

$$输出电压 = V_{REF} \times \frac{数字量}{4095}$$

### 3. DAC 数据格式

STM32 的 12 位 DAC 支持 12 位数字量写入，也支持 8 位数字量写入。8 位数字模式采用右对齐，12 位数字模式又可以选择左对齐或右对齐，并设计有相应的数据保持寄存器。也就是说，单个 DAC 通道 x（x=1～2）工作时有 3 种情况。

① 8 位数据右对齐：数据写入 8 位右对齐数据保持寄存器 DAC_DHR8Rx 的 7～0 位。
② 12 位数据左对齐：数据写入 12 位左对齐数据保持寄存器 DAC_DHR12Lx 的 15～4 位。
③ 12 位数据右对齐：数据写入 12 位右对齐数据保持寄存器 DAC_DHR12Rx 的 11～0 位。

写入 8 或 12 位数据保持寄存器 DAC_DHRyyyx 的数据经移位后转存于数据保持寄存器 DAC_DHRx，进而在触发信号控制下进入数据输出寄存器 DAC_DORx 进行数字/模拟转换。

STM32 的两条 12 位 DAC 通道还可以组合成多种双 DAC 通道工作方式（详见 STM32 参考手册），同样支持 8 位和 12 位数字量模式，并分别设计有相应的寄存器：双通道的 8 位数据右对齐数据保持寄存器 DAC_DHR8RD、双通道的 12 位数据左对齐数据保持寄存器 DAC_DHR12LD 和双通道的 12 位数据右对齐数据保持寄存器 DAC_DHR12RD。

### 4. DAC 的 DMA 请求

DAC 模块的两条通道都具备 DMA 功能，并各有一个 DMA 通道为其服务。

在 DMA 允许位 DMAENx 置位的情况下，一旦有外部触发（而不是软件触发）发生，将产生 DMA 请求，使得数据保持寄存器 DAC_DHRx 的数据传输到数据输出寄存器 DAC_DORx 中。

在双 DAC 通道工作方式中，可以只使用一个 DMA 请求，也可以使用两个 DMA 请求。

DAC 的 DMA 请求不排队。也就是说，如果在上一个请求还没有响应的时候，又有一个外部触发信号到来，则无法为新的请求服务，且不报告错误。

### 5. 噪声波生成

STM32 的 DAC 通道可以生成幅值可变的伪噪声波，为此设计有一个线性反馈移位寄存器（Linear Feedback Shift Register，LFSR）。DAC 噪声的生成由控制寄存器 DAC_CR 的波形位 WAVEx[1:0]控制，LFSR 寄存器的预设值为 0xAAA，并在每次触发事件 3 个 APB1 时钟周期后，按照特定算法更新该寄存器的数值。

设置控制寄存器 DAC_CR 的屏蔽位 MAMPx[3:0]，可以屏蔽部分或者全部 LFSR 的数值，这样得到的 LSFR 数值与数据保持寄存器 DAC_DHRx 的数值无溢出相加，随后被写入数据输出寄存器 DAC_DORx。

### 6. 三角波生成

STM32 的 DAC 通道还可以生成三角波，以便在直流电压或慢速变化的信号上叠加一个小幅变化的三角波。通过设置控制寄存器的 WAVEx[1:0]选择 DAC 生成三角波,设置 MAMPx[3:0]选择三角波的幅度。

DAC 内部有一个三角波计数器,每次触发事件之后 3 个 APB1 时钟周期,进行增量。这个三角波计数器逐步增量,达到设置的最大幅度后,开始递减,达到 0 后,再开始增量,周而复始。

计数器的值与数据保持寄存器的数值进行无溢出相加后,写入数据输出寄存器。

### 7. DAC 寄存器

深入学习 DAC 模块,需要掌握每个 DAC 寄存器,表 10-7 仅给出寄存器名称,详细内容请参阅 STM32 参考手册。

表 10-7　DAC 寄存器

| 寄存器缩写 | 寄存器英文名称 | 寄存器中文名称 |
| --- | --- | --- |
| DAC_CR | Control Register | 控制寄存器 |
| DAC_SWTRIGR | Software Trigger Register | 软件触发寄存器 |
| DAC_DHR12Rx | Channelx 12-bit Right-aligned Data Holdinge Register | 通道 x 的 12 位右对齐数据保持寄存器,x=1~2 |
| DAC_DHR12Lx | Channelx 12-bit Left-aligned Data Holdinge Register | 通道 x 的 12 位左对齐数据保持寄存器,x=1~2 |
| DAC_DHR8Rx | Channelx 8-bit Right-aligned Data Holdinge Register | 通道 x 的 8 位右对齐数据保持寄存器,x=1~2 |
| DAC_DHR12RD | Dual DAC 12-bit Right-aligned Data Holdinge Register | 双通道的 12 位右对齐数据保持寄存器 |
| DAC_DHR12LD | Dual DAC 12-bit Left-aligned Data Holdinge Register | 双通道的 12 位左对齐数据保持寄存器 |
| DAC_DHR8RD | Dual DAC 8-bit Right-aligned Data Holdinge Register | 双通道的 8 位右对齐数据保持寄存器 |
| DAC_DORx | Channelx Data Output Register | 通道 x 数据输出寄存器,x=1~2 |

## 10.2.2　STM32 的 DAC 函数

通过调用 STM32 驱动程序库的 DAC 函数,可以避开对寄存器直接编程的烦琐过程,提高应用项目的编程效率。表 10-8 给出了 DAC 函数说明,详见 STM32 固件库手册。

表 10-8　STM32 库的 DAC 函数

| 函　数　名 | 函数功能 |
| --- | --- |
| DAC_Init | DAC 初始化:根据 DAC_InitStruct 指定的参数初始化 DACx 外设 |
| DAC_DeInit | 将 DACx 的寄存器重设为默认的复位值 |
| DAC_StructInit | 将 DAC_InitStruct 结构中的每一个成员按默认值填入 |
| DAC_Cmd | 允许或禁止 DAC 通道 |
| DAC_DMACmd | 允许或禁止 DAC 通道的 DMA 请求 |
| DAC_SoftwareTriggerCmd | 允许或禁止 DAC 通道的软件触发 |
| DAC_DualSoftwareTriggerCmd | 允许或禁止两个 DAC 通道的同步软件触发 |
| DAC_WaveGenerationCmd | 允许或禁止 DAC 通道生成噪声波或三角波 |
| DAC_SetChannel1Data | 设置 DAC 通道 1 的数据保持寄存器值 |
| DAC_SetChannel2Data | 设置 DAC 通道 2 的数据保持寄存器值 |
| DAC_SetDualChannelData | 设置双通道 DAC 的数据保持寄存器值 |
| DAC_GetDataOutputValue | 获取 DAC 通道最新的数据输出值 |

本节主要介绍 DAC 初始化函数 DAC_Init()，其函数原型如下：

  void DAC_Init(uint32_t DAC_Channel, DAC_InitTypeDef* DAC_InitStruct)

依照 DAC_InitStruct 指定的参数初始化 DAC 外部设备，有两个输入参数。

 ① 参数 1：DAC_Channel，选择 DAC 通道，DAC_Channel_1（DAC 通道 1）或者 DAC_Channel_2（DAC 通道 2）。

 ② 参数 2：DAC_InitStruct，指向 DAC 通道配置信息的 DAC_InitTypeDef 结构指针。

结构类型 DAC_InitTypeDef 定义于文件 stm32f10x_dac.h，代码如下：

```
typedef struct
{
    uint32_t DAC_Trigger;                          // 指定 DAC 通道的外部触发源
    uint32_t DAC_WaveGeneration;                   // 指定 DAC 是否产生噪声波或三角波
    uint32_t DAC_LFSRUnmask_TriangleAmplitude;     // 指定噪声波 LFSR 屏蔽位，或三角波最大幅度
    uint32_t DAC_OutputBuffer;                     // 指定输出是否允许 DAC 缓冲器
}DAC_InitTypeDef
```

DAC_InitTypeDef 的各结构成员含义及取值如表 10-9 所示。

表 10-9　DAC_InitTypeDef 各结构成员及取值表

| 结构成员名称（含义） | 取值或常量（含义） |
| --- | --- |
| DAC_Trigger<br>（DAC 的触发源） | DAC_Trigger_None（关闭 DAC 通道触发） |
| | DAC_Trigger_T6_TRGO（TIM6TRGO 事件） |
| | DAC_Trigger_T8_TRGO（TIM8TRGO 事件，适用于大容量产品） |
| | DAC_Trigger_T3_TRGO（TIM3TRGO 事件，适用于互联型产品） |
| | DAC_Trigger_T7_TRGO（TIM7TRGO 事件） |
| | DAC_Trigger_T5_TRGO（TIM5TRGO 事件） |
| | DAC_Trigger_T15_TRGO（TIM15TRGO 事件，中、小容量产品） |
| | DAC_Trigger_T2_TRGO（TIM2TRGO 事件） |
| DAC_Trigger<br>（DAC 的触发源） | DAC_Trigger_T4_TRGO（TIM4TRGO 事件） |
| | DAC_Trigger_Ext_IT9（外部中断线 9） |
| | DAC_Trigger_Software（允许 DAC 通道软件触发） |
| DAC_WaveGeneration<br>（生成的波形） | DAC_WaveGeneration_None（关闭波形生成） |
| | DAC_WaveGeneration_Noise（允许生成噪声波） |
| | DAC_WaveGeneration_Triangle（允许生成三角波） |
| DAC_LFSRUnmask_TriangleAmplitude<br>（DAC 通道屏蔽/幅值选择） | DAC_LFSRUnmask_Bit0（对噪声波不屏蔽 LFSR 位 0） |
| | DAC_LFSRUnmask_BitsX_0<br>（对噪声波不屏蔽 LFSR 位[X:0]，X=1，2，3，~，11） |
| | DAC_TriangleAmplitude_X<br>（设置三角波振幅为 X，X=1，$2^2-1$，$2^3-1$，~，$2^{12}-1$） |
| DAC_OutputBuffer<br>（DAC 通道的输出缓冲器） | DAC_OutputBuffer_Enable（允许 DAC 通道输出缓冲器） |
| | DAC_OutputBuffer_Disable（禁止 DAC 通道输出缓冲器） |

DAC 函数的应用将结合示例说明，读者在应用前一定要阅读 STM32 固件库手册的函数说明。

### 10.2.3　DAC 应用示例：输出模拟电压

【例 10-2】　利用 DAC 输出模拟电压。

控制 DAC 通道 1（即 PA4 引脚）输出模拟电压，利用开发板上的按键 KEY1（PA0）改变输出电压值。程序根据输出的数字量，按照输出电压公式计算出理论模拟电压值，并通过 USART1 发送给终端显示。同时，用万用表测量其实际输出的模拟电压值并记录。将串口显示的理论值与万用表测量的实际值对比，在同一时刻，两个数值应基本相等。

本例中用到 GPIO、DAC 和 USART 外设。串口 USART1 主要实现 printf()函数的重定向，仍然可以重用例 7-1 的 usart1.c 和 usart1.h 文件。使用 DAC 必然涉及 GPIO，所以可以将 GPIO（含 DAC1 对应的 PA4 与按键 KEY1 的 PA0）和 DAC 初始化函数编辑在一起，保存在 dac.c 文件中。

#### 1. 配置 GPIOA（编写 DAC_GPIO_Config()函数）

DAC 通道 1 复用 PA4 引脚，所以需要先开启 GPIOA 的时钟，然后按照 DAC1 通道要求设置 PA4 为模拟输入。本段代码还配置了 KEY1 对应的 PA0 引脚（见第 5 章）。

```c
void DAC_GPIO_Config(void)
{
    GPIO_InitTypeDef GPIO_InitStructure;
    RCC_APB2PeriphClockCmd(RCC_APB2Periph_GPIOA, ENABLE);    // 开启 GPIOA 时钟
    GPIO_InitStructure.GPIO_Pin = GPIO_Pin_4;                // 配置 DAC 通道 1 的 PA4
    GPIO_InitStructure.GPIO_Mode = GPIO_Mode_AIN;            // 模拟输入模式
    GPIO_Init(GPIOA, &GPIO_InitStructure);

    GPIO_InitStructure.GPIO_Pin = GPIO_Pin_0;                // 初始化 KEY1 (PA0)
    GPIO_InitStructure.GPIO_Mode = GPIO_Mode_IPU;            // 上拉输入模式
    GPIO_Init(GPIOA, &GPIO_InitStructure);
}
```

#### 2. DAC1 初始化（编写 DAC_Config()函数）

利用 STM32 驱动程序库的 DAC 等函数编写，主要步骤如下。

<1> 配置与 DAC1 相关的外设。本例是 PA4（含 PA0），调用上面的 DAC_GPIO_Config()函数即可。

<2> 开启 DAC1 时钟。使用任何外设器件，都需要首先开启时钟。DAC 的时钟来自外设总线 1（APB1），需要使用 RCC_APB1PeriphClockCmd()函数启动时钟。

<3> 配置 DAC1 工作模式。DAC 配置主要通过调用函数 DAC_Init()完成。本例只是输出电压，因此不需要触发，不生成噪声或三角波，关闭输出缓冲器。

<4> 允许 DAC1 转换。初始化 DAC 之后，调用 DAC_Cmd()函数允许 DAC 通道转换。

<5> 设置 DAC1 的输出（初）值。调用 DAC_SetChannel1Data()函数设置 DAC1 的数字量，该函数的原型如下：

```c
void DAC_SetChannel1Data(uint32_t DAC_Align, uint16_t Data)
```

该函数将数字量值 Data 提供给 DAC 通道 1 的数据保持寄存器。参数 DAC_Align 说明数据对齐方式，可以是 8 位数据右对齐（DAC_Align_8b_R）、12 位数据左对齐（DAC_Align_12b_L）

或 12 位数据右对齐（DAC_Align_12b_R）。

本例输出数字量初值可以为 0，采用比较简单的 12 位数据右对齐方式。

通过以上几个步骤的设置，就能使用 DAC 通道 1 输出不同的模拟电压了。

DAC_Config()函数的代码如下：

```
void DAC_Config(void)
{
    DAC_InitTypeDef    DAC_InitStructure;
    DAC_GPIO_Config();                                              // 配置 PA4
    RCC_APB1PeriphClockCmd(RCC_APB1Periph_DAC, ENABLE);             // 开启 DAC 的时钟
    DAC_InitStructure.DAC_Trigger = DAC_Trigger_None;               // 不需要触发
    /* 不生成噪声或三角波 */
    DAC_InitStructure.DAC_WaveGeneration = DAC_WaveGeneration_None;
    /* 可省略 */
    DAC_InitStructure.DAC_LFSRUnmask_TriangleAmplitude = DAC_TriangleAmplitude_4095;
    DAC_InitStructure.DAC_OutputBuffer = DAC_OutputBuffer_Disable;  // 禁止输出缓冲器
    DAC_Init(DAC_Channel_1, &DAC_InitStructure);                    // 初始化 DAC1
    DAC_Cmd(DAC_Channel_1, ENABLE);                                 // 启动 DAC1
    DAC_SetChannel1Data(DAC_Align_12b_R, 0);                        // 输出初值
}
```

本例不生成噪声或三角波，对其屏蔽位或幅值可以不必设置成员 DAC_InitStructure.DAC_LFSRUnmask_TriangleAmplitude。

对应源程序文件 dac.c 的头文件 dac.h 可以是：

```
#ifndef __DAC_H
#define __DAC_H
#include "stm32f10x.h"
void DAC_Config(void);
#endif                                                              // __DAC_H
```

### 3. 主程序（main.c 文件）

主程序在完成 DAC1（含 GPIO 和按键 KEY1）和 USART1 初始化后，进入循环。检测用户是否按键。待按键释放（一次按键结束），输出值增加 100；增量到最大值，又从 0 开始输出。同时，计算出理论的模拟电压值，并通过串口显示，以便对比。

主程序代码如下：

```
#include "stm32f10x.h"
#include "usart1.h"
#include "dac.h"
void Delay(__IO uint32_t nCount);
int main(void)
{
    uint32_t   DAC_Value=0;              // 声明输出的数字量
    float    value;                      // 声明计算出的理论模拟电压值
    USART1_Config();                     // USART1 初始化
    DAC_Config();                        // DAC 通道 1 初始化
    while(1)
```

```
            {
                /* 检测按键 KEY1 (PA0) 是否按下 */
                if(GPIO_ReadInputDataBit(GPIOA,GPIO_Pin_0)==0)
                {
                    Delay(0xffffff);                                      // 延迟去抖动
                    if(GPIO_ReadInputDataBit(GPIOA, GPIO_Pin_0)== 0)      // 按键按下
                    {
                        while(GPIO_ReadInputDataBit(GPIOA, GPIO_Pin_0) == 0);  // 等待按键释放
                        /* 每次按键，DAC 输出值加 100 */
                        if(DAC_Value<(4096-100))
                            DAC_Value=DAC_Value+ 100;
                        else
                            DAC_Value=0;                                  // 超过最大值 4096 后，重新从 0 开始
                        DAC_SetChannel1Data(DAC_Align_12b_R, DAC_Value);  // 输出数字量
                        /* 计算理论模拟电压值 */
                        value=DAC_GetDataOutputValue(DAC_Channel_1)*3.3/4095;
                        printf("%f\n",value);                             // 显示计算理论模拟电压值
                    }
                }
            }
            ……                                                            // 简单延时函数（略）
```

主程序中，先利用 DAC_GetDataOutputValue()函数获得输出的数字量，然后按照 DAC 参考电压（3.3 V）计算理论模拟电压值。程序运行过程中，使用万用表测量实际输出的模拟电压值，并进行对比。不过，万用表的测量结果与通过串口在终端显示的理论值可能存在较大误差。这是因为通常开发板是利用 USB 接口供电的，而 USB 接口输出电流有限，致使 DAC 的参考电压 $V_{REF}$ 达不到 3.3 V。为此，用万用表测量开发板上实际的 $V_{REF}$ 参考电压值，将主程序中的 3.3 改为实际的 $V_{REF}$ 电压值。

# 习 题 10

10-1 单项或多项选择题（选择一个或多个符合要求的选项）

（1）STM32 的 ADC 时钟（ADCCLK）不能超过（　　）。

　　A. 14 MHz　　　　B. 36 MHz　　　　C. 56 MHz　　　　D. 72 MHz

（2）STM32 的 ADC 模块具有（　　）特点。

　　A. 12 位分辨率、逐次逼近式 A/D 转换　　B. 具有内置的 ADC 自校准能力
　　C. 只有 ADC1 可以连接两个内部信号源　　D. 支持正负电压的采样测量

（3）提供给 DAC 通道进行转换的数字量必须写入（　　）。

　　A. 数据保持寄存器（ADC_DHRx）　　　　B. 数据输出寄存器（ADC_DORx）
　　C. 控制寄存器（ADC_CR）　　　　　　　D. 软件触发寄存器（ADC_SWTRIGR）

（4）STM32 的 DAC 模块具有（　　）特点。

　　A. 支持 8 位或 12 位的数字输入信号　　　B. 支持内部定时器、外部引脚和软件触发

C. 每个通道转换结束产生中断请求　　　　D. 具有三角波和噪声波生成能力

(5)假设参考电压 $V_{REF+}$ 为 3.3 V，12 位 DAC 在数字量为 1365 时，理论输出电压值约为(　　)。
A. 0.1 V　　　　B. 1.1 V　　　　C. 2.1 V　　　　D. 3.1 V

10-2　简述 STM32 微控制器 ADC 中，规则组和注入组的区别。

10-3　对于 STM32F103xx 系列微控制器，其高速外设时钟 PCLK2 可达 72 MHz。计算其 ADC 的最短转换时间。

10-4　ADC 支持模拟看门狗，简述其作用。它与独立看门狗（IWDG）和窗口看门狗（WWDG）一样吗？为什么也称为"看门狗"？

10-5　简述 ADC 的单次模式、连续模式、扫描模式和断续模式的区别。

10-6　例 10-1 中用到 ADC1 的数据寄存器 ADC1_DR，请阅读第 8 章有关 DMA 配置时 USART1 数据寄存器 USART1_DR 的地址计算过程，说明你如何计算出 ADC1 的数据寄存器地址 ADC1_DR_Address。

10-7　计算例 10-1 中所示程序设置的 A/D 转换时间。

10-8　假设 ADC1 的通道 11（PC1 引脚）连接一个模拟电压输入信号，利用第 9 章的定时器定时 10 s 中断，实现每隔 10 s 采样一次模拟输入电压值，并将转换的结果通过串口显示出来。

10-9　简述利用 STM32 驱动程序库对 DAC 初始化配置的主要步骤。

10-10　假设 LED 灯连接 PA4 引脚，利用 DAC 的输出控制 LED 灯渐变（如模拟手机呼吸灯的亮暗变化）。DAC 选择通道 1（DAC_OUT1，对应 PA4 引脚），随着输出数字量的改变，引起输出电压渐变，进而控制 LED 灯亮暗变化。

10-11　利用 DAC 输出正弦波。

10-12　假设 ADC1 的通道 11（PC1 引脚）连接一个模拟电压输入信号，利用第 9 章的定时器定时 10 s 中断，实现每隔 10 s 采样一次模拟输入电压值，并将 ADC1 输出数字量作为 DAC 通道 2 的输入，由 DAC 还原其模拟电压值，形成一个简单的闭环系统。

# 参 考 文 献

[1] 陈志旺等．STM32嵌入式微控制器快速上手（第2版）．北京：电子工业出版社，2014．

[2] 刘火良，杨森．STM32库开发实战指南．北京：机械工业出版社，2013．

[3] 宁杨，周毓林．嵌入式系统基础及应用．北京：清华大学出版社，2012．

[4] Joseph Yiu. The Definitive Guide to the ARM Cortex-M3 and Cortex-M4 Processors，Third Edition. Elsevier Inc., 2014.

[5] ARM．Cortex-M3 Devices Generic User Guide．http://infocenter.arm.com/，2010．

[6] Vincent Mahout．Assembly Language Programming: ARM Cortex-M3．ISTE Ltd，2012．

[7] Keil．ARM Compiler v5.04 for µVision armasm User Guide．ARM，2014．

[8] ARM Keil．Getting Started—Creating Applications with MDKVision 5 for ARM Cortex-M Microcontrollers．http://www.keil.com，2014

[9] Trevor Martin. The Insider's Guide STM32: An Engineer's Introduction To The STM32 Series Version 1.8．Hitex(UK) Ltd，2009．

[10] STMicroelectronics．RM0008 Reference manual: STM32F101xx, STM32F102xx, STM32F103xx, STM32F105xx and STM32F107xx advanced ARM-based 32-bit MCUs, DocID13902 Rev16．www.stmicroelectronics.com.cn，2015．

[11] STMicroelectronics．STM32F103xC, STM32F103xD, STM32F103xE Datasheet-production data, DocID14611 Rev 12．www.stmicroelectronics.com.cn，2015．

[12] STMicroelectronics. STM32F10x Standard Peripherals Firmware Library. http://www.stmicroelectronics.com.cn，2011．

注：由于正文中多处提及有关参考文献，特别使用简称如下：
[7] ARM汇编语言用户指南
[10] STM32参考手册
[11] STM32数据手册
[12] STM32固件库手册